注册结构工程师
专业考试考题精解
钢结构木结构

马瑞强　编著

清华大学出版社

北　京

内 容 简 介

　　如何在尽可能短的时间内掌握一级注册结构工程师专业考试的要点,保证复习的效率与效果,是每一个应试者最为关心的问题之一。全书以考题年份为序划分章节,对 2003—2019 年的国家一级注册结构工程师专业考试的钢结构、木结构考题进行了精细的解答。考题基本由五部分组成:考试题目、解答过程、解答流程、审题要点、主要考点。

　　作者对钢结构、木结构考题按最新的钢结构、木结构设计标准进行了较大修订,不但给出每道题的详细解答过程,而且对解题过程中容易忽视的问题给予提示,使考生能全面理解知识点并掌握解题技巧。

图书在版编目(CIP)数据

　　注册结构工程师专业考试考题精解钢结构木结构/马瑞强编著.—北京:清华大学出版社,2021.6
　　ISBN 978-7-302-58026-3

　　Ⅰ.①注…　Ⅱ.①马…　Ⅲ.①钢结构-资格考试-题解 ②木结构-资格考试-题解
Ⅳ.①TU3-44

　　中国版本图书馆 CIP 数据核字(2021)第 078622 号

责任编辑:刘一琳
封面设计:陈国熙
责任校对:欧　洋
责任印制:丛怀宇

出版发行:清华大学出版社
　　　　网　　　址:http://www.tup.com.cn,http://www.wqbook.com
　　　　地　　　址:北京清华大学学研大厦 A 座　　　　邮　　编:100084
　　　　社 总 机:010-62770175　　　　　　　　　　　邮　　购:010-62786544
　　　　投稿与读者服务:010-62776969,c-service@tup.tsinghua.edu.cn
　　　　质量反馈:010-62772015,zhiliang@tup.tsinghua.edu.cn
印 装 者:北京国马印刷厂
经　　销:全国新华书店
开　　本:185mm×260mm　　　　印　　张:14.5　　　　字　　数:350 千字
版　　次:2021 年 7 月第 1 版　　　　　　　　　　　印　　次:2021 年 7 月第 1 次印刷
定　　价:55.00 元

产品编号:091360-01

前　言

　　如何在尽可能短的时间内,掌握国家一级注册结构工程师专业考试的要点,保证复习的效率与效果,是每一个应试者最为关心的问题之一。全书以考题年份为序划分章节,对2003—2019 年的国家一级注册结构工程师专业考试的钢结构、木结构考题进行了精细的解答。编者对钢结构、木结构考题按最新的钢结构、木结构设计标准进行了较大的修订,不但给出每道题的详细解答过程,而且对解题过程中容易忽视的问题给予提示,使考生能全面理解知识点并掌握解题技巧。本书主要特色为:

　　(1)采用最新规范进行解答。

　　(2)对 2003—2019 年的国家一级注册结构工程师专业考试的钢结构、木结构考题进行精细的解答。

　　(3)考题基本由五部分组成:考试题目、解答过程、解答流程、审题要点、主要考点。

　　本书由马瑞强编著,曹兰芝、吴彦林、胡田亚、郭猛、赵东黎、巩艳国、黄荣、李传涛等参与了编写工作。

　　根据各位读者的建议,在这个版本中,采用《建筑结构可靠性设计统一标准》(GB 50068—2018)永久荷载的分项系数 $\gamma_G = 1.3$ 和可变荷载的分项系数 $\gamma_Q = 1.5$,如此修改,导致原有考题的答案发生变化。

　　本书编写过程中,参考了读者对作者其他注册结构工程师考试辅导书的建议和意见,在此感谢读者面对面、QQ 群的真诚交流;同时作者参考了相关的规范标准、政策文件和文献资料,在此一并致谢。由于编者水平有限,时间仓促,如有不足之处,恳请读者批评指正。

　　编者将在"QQ 群文件"发布最新考题的解析和本书勘误表;本书设 QQ 群为大家提供讨论交流的平台,如有任何意见或建议均可在 QQ 群:653588184 中讨论。

编　者

2021 年 2 月

目　录

第1章　2003年钢结构

题1～题8：某露天原料堆场，设有两台桥式吊车，起重量 $Q=16\text{t}$，中级工作制；堆场跨度为 30m，长为 120m，柱距为 12m，纵向设置双片十字交叉形柱间支撑。栈桥柱的构件尺寸及主要构造如图 1-1 所示，采用 Q235B 钢，焊接采用 E43 型焊条。

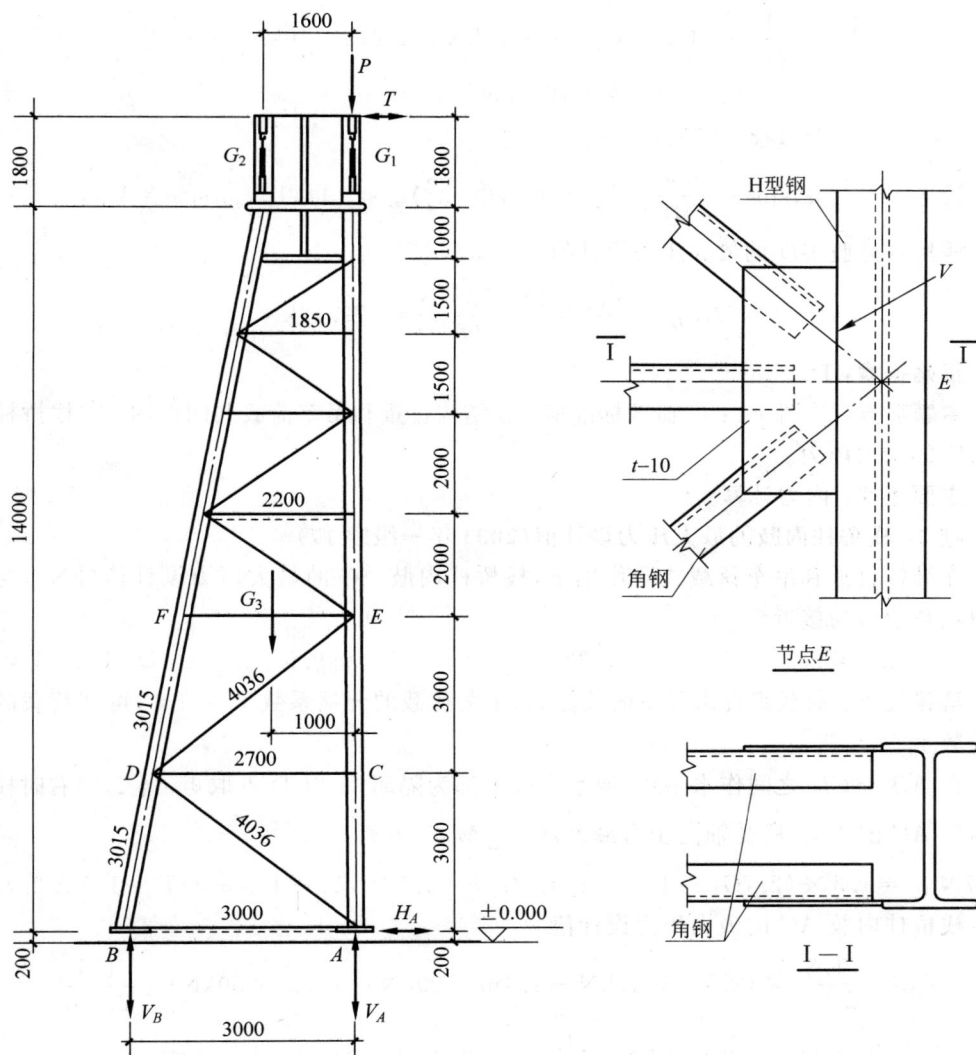

图 1-1　栈桥柱的构件尺寸及主要构造

荷载标准值：

(1) 结构自重：吊车梁 $G_1=40\text{kN}$，辅助桁架 $G_2=20\text{kN}$，栈桥柱 $G_3=50\text{kN}$。

(2) 吊车荷载：垂直荷载 $P=583.4\text{kN}$，横向水平荷载 $T=18.1\text{kN}$。

题 1：栈桥柱外肢的最大压力设计值（2003 年一级题 16）

在结构自重和吊车荷载共同作用下，栈桥柱外肢 BD 的最大压力设计值（kN），与下列何项数值最为接近？

      A. 123.3   B. 161.5   C. 171.1   D. 180.4

解答过程[①]：当水平荷载 T 向左时，B 支座向上反力 V_B 最大。

荷载组合由可变荷载控制，永久荷载的分项系数 $\gamma_G = 1.3$，可变荷载的分项系数 $\gamma_Q = 1.5$。对 A 点取矩，得平衡方程

$$3V_B = 1.3 \times (1.6G_2 + 1.0G_3) + 1.5 \times (14 + 1.8)T$$

$$V_B = \frac{1}{3\text{m}} \times [1.3 \times (1.6\text{m} \times 20\text{kN} + 1.0\text{m} \times 50\text{kN}) + 1.5 \times$$

$$(14\text{m} + 1.8\text{m}) \times 18.1\text{kN}]$$

$$= 178.523\text{kN}$$

设 $\angle ABD = \alpha$，$\sin\alpha = \dfrac{3000\text{mm}}{3015\text{mm}} = 0.995$，由 $\sum Y_B = 0$ 可得 $N_{BD}\sin\alpha = V_B$，

栈桥柱外肢 BD 的最大压力设计值

$$N_{BD} = \frac{V_B}{\sin\alpha} = \frac{178.523\text{kN}}{0.995} = 179.42\text{kN}$$

正确答案：D

审题要点：①图 1-1；②荷载标准值；③结构自重和吊车荷载共同作用；④栈桥柱外肢 BD 的最大压力。

主要考点：内力计算。

题 2：栈桥柱内肢的最大压力设计值（2003 年一级题 17）

在结构自重和吊车荷载共同作用下，栈桥柱内肢 AC 的最大压力设计值（kN），与下列何项数值最为接近？

      A. 748.8   B. 1032.5   C. 1049.5   D. 1114.1

解答过程：荷载组合由可变荷载控制，永久荷载的分项系数 $\gamma_G = 1.3$，可变荷载的分项系数 $\gamma_Q = 1.5$。

在 AB 与 CD 之间作水平线，取水平线上部为隔离体，对 D 点取矩，当 T 向右时栈桥柱内肢 AC 的 N_{AC} 所受轴向压力最大，由 $\sum M_D = 0$ 得

$$2.7N_{AC} = 1.3 \times (2.7G_1 + 1.1G_2 + 1.7G_3) + 1.5 \times (14 + 1.8 - 3)T + 1.5 \times 2.7P$$

栈桥柱内肢 AC 的最大压力设计值

$$N_{AC} = \frac{1.3}{2.7\text{m}} \times (2.7\text{m} \times 40\text{kN} + 1.1\text{m} \times 20\text{kN} + 1.7\text{m} \times 50\text{kN}) + \frac{1.5}{2.7\text{m}} \times$$

$$(12.8\text{m} \times 18.1\text{kN}) + \frac{1.5}{2.7\text{m}} \times (2.7\text{m} \times 583.4\text{kN}) = 1107.33\text{kN}$$

正确答案：D

[①] 本小题解答中采用的荷载组合为可变荷载控制的情况，未进行永久荷载控制情况的计算。基于钢结构设计的惯例，一般是由可变荷载组合控制。

审题要点：①栈桥柱内肢 AC 的最大压力设计值；②图 1-1。

主要考点：内力计算。

题 3：栈桥柱底部斜杆的最大压力设计值（2003 年一级题 18）

在结构自重和吊车荷载共同作用下，栈桥柱底部斜杆 AD 的最大压力设计值(kN)，与下列何项数值最为接近？

　　A. 24.5　　　　　B. 30.6　　　　　C. 37.9　　　　　D. 40.6

解答过程：在 AB 与 CD 之间作水平线，取上部为隔离体，应满足 $\sum X = 0$，由此可见当 T 向右时 N_{AD} 最大，对 A 点取矩，得平衡方程

$$3V_B = 1.3 \times (1.6G_2 + 1.0G_3) - 1.5 \times 15.8T$$

$$V_B = \frac{1}{3\text{m}} \times [1.3 \times (1.6\text{m} \times 20\text{kN} + 1.0\text{m} \times 50\text{kN}) - 1.5 \times (15.8\text{m} \times 18.1\text{kN})]$$

$$= -107.457\text{kN}(\text{拉力})$$

设 $\angle ABD = \alpha$，$\sin\alpha = 0.995$，$\cos\alpha = 0.0996$，有

$$N_{BD} = \frac{V_B}{\sin\alpha} = \frac{-100.66\text{kN}}{0.995} = -107.997\text{kN}$$

设 $\angle ADC = \beta$，$\cos\beta = \dfrac{2700\text{mm}}{4036\text{mm}} = 0.669$，由 $\sum X = 0$ 得

$$N_{AD}\cos\beta = N_{BD}\cos\alpha + 1.5T$$

栈桥柱底部斜杆 AD 的最大压力设计值

$$N_{AD} = \frac{1}{0.669} \times (-107.997\text{kN} \times 0.0996 + 1.5 \times 18.1\text{kN}) = 24.504\text{kN}$$

正确答案：A

审题要点：①底部斜杆 AD 的最大压力设计值；②图 1-1。

主要考点：内力计算。

题 4：构件抗压强度设计值的折减系数（2003 年一级题 19）

栈桥柱腹杆 DE 采用两个中间无联系的等边角钢，其截面为 $\llcorner 125 \times 8$（$i_x = 38.3\text{mm}$，$i_{\min} = 25\text{mm}$），当按轴心受压构件计算稳定性时，试问，构件抗压强度设计值 f 的折减系数，与下列何项数值最为接近？

　　A. 0.725　　　　　B. 0.756　　　　　C. 0.818　　　　　D. 0.842

解答过程：根据《钢结构设计标准》(GB 50017—2017，《钢标》)表 7.4.1-1 注 2，对中间无联系的等边角钢组成的腹杆，应按斜平面考虑，则杆 DE 的计算长度

$$l_0 = 0.9l = 0.9 \times 4036\text{mm} = 3632\text{mm}$$

根据《钢标》第 7.6.1 条第 2 款，长细比应按 $i_{\min}$ 确定，则长细比

$$\lambda = \frac{l_0}{i_{\min}} = \frac{3632\text{mm}}{25\text{mm}} = 145.3 > 20$$

根据《钢标》式(7.6.1-2)，等边角钢构件抗压强度设计值 f 的折减系数

$$\eta = 0.6 + 0.0015\lambda = 0.6 + 0.0015 \times 145.3 = 0.818 < 1.0$$

正确答案：C

解答流程：构件抗压强度设计值的折减系数计算流程见流程图 1-1。

《钢标》表7.4.1-1注2 → $\boxed{l_0 = 0.9l}$

《钢标》第7.6.1条第2款 → 长细比应按$i_{\min}$确定 $\Bigg\}$ → $\boxed{\lambda = \dfrac{l_0}{i_{\min}}}$

取计算所得η ← 是 ← $\eta = 0.6 + 0.0015\lambda < 1.0?$ ← 《钢标》式(7.6.1-2)

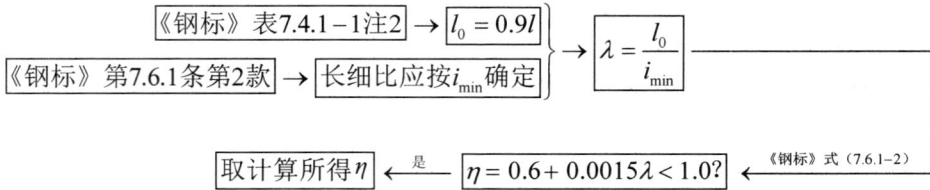

流程图 1-1   构件抗压强度设计值的折减系数

审题要点：①无联系等边角钢；②计算稳定性时的强度折减系数。

主要考点：①中间无联系的等边角钢组成的腹杆计算长度；②长细比计算；③抗压强度设计值的折减系数。

题5：构件抗压强度设计值的折减系数（2003年一级题20）

栈桥柱腹杆 DE 采用中间有缀条联系的等边角钢，其截面∟75×6（$i_x = 23.1$mm，$i_{\min} = 14.9$mm），当按轴心受压构件计算稳定性时，试问，构件抗压强度设计值 f 的折减系数，与下列何项数值最为接近？

    A. 0.862   B. 0.836   C. 0.821   D. 0.810

解答过程：根据《钢标》第7.4.6条，当两角钢中间有缀条时，由于缀条的限制作用，应取与角钢肢边平行轴的回转半径 i_x。

根据《钢标》表7.4.1，可知腹杆 DE 在平面内的计算长度为 $l_{0x} = 0.8l$；采用中间有缀条联系的等边角钢，在平面外的计算长度为 $l_{0y} = l/2$，应由平面内稳定控制。

计算长度 $l_{0x} = 0.8l = 0.8 \times 4036$mm $= 3229$mm，长细比

$$\lambda_x = \frac{l_{0x}}{i_x} = \frac{3229\text{mm}}{23.1\text{mm}} = 139.8 > 20$$

根据《钢标》式(7.6.1-2)，构件抗压强度设计值 f 的折减系数

$$\eta = 0.6 + 0.0015\lambda = 0.6 + 0.0015 \times 139.8 = 0.810 < 1.0$$

正确答案：D

解答流程：构件抗压强度设计值的折减系数的计算流程见流程图1-2。

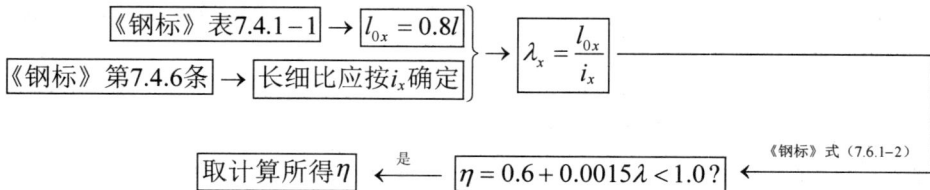

《钢标》表7.4.1-1 → $\boxed{l_{0x} = 0.8l}$

《钢标》第7.4.6条 → 长细比应按i_x确定 $\Bigg\}$ → $\boxed{\lambda_x = \dfrac{l_{0x}}{i_x}}$

取计算所得η ← 是 ← $\eta = 0.6 + 0.0015\lambda < 1.0?$ ← 《钢标》式(7.6.1-2)

流程图 1-2   构件抗压强度设计值的折减系数

审题要点：①中间有缀条联系的等边角钢；②计算稳定性时的强度折减系数。

主要考点：①角钢肢边平行轴的回转半径；②腹杆在平面内（外）的计算长度；③长细比的计算；④抗压强度设计值的折减系数。

题6：杆件最经济合理的截面（2003年一级题21）

栈桥柱腹杆 CD 作为减小受压肢长细比的杆件，假定，采用两个中间无联系的等边角钢，试问，杆件最经济合理的截面，与下列何项数值最为接近？

A. ∟90×6（i_x＝27.9mm，i_{min}＝18mm）

B. ∟80×6（i_x＝24.7mm，i_{min}＝15.9mm）

C. ∟75×6（i_x＝23.1mm，i_{min}＝14.9mm）

D. ∟63×6（i_x＝19.3mm，i_{min}＝12.4mm）

解答过程：根据《钢标》表 7.4.6，可知腹杆 CD 的容许长细比[λ]＝200。

根据《钢标》表 7.4.1-1 注 2，对中间无联系的等边角钢组成的腹杆，应按斜平面考虑，腹杆在斜平面内的计算长度 l_0＝0.9l＝0.9×2700mm＝2430mm，则所需最小回转半径

$$i_{min}=\frac{l_0}{[\lambda]}=\frac{2430mm}{200}=12.15mm$$

正确答案：D

解答流程：杆件最经济合理的截面的计算流程见流程图 1-3。

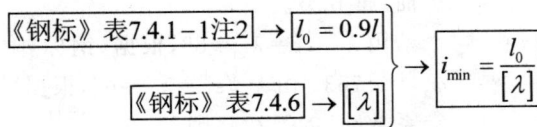

流程图 1-3 杆件最经济合理的截面

审题要点：①栈桥柱腹杆 CD 作为减小受压肢长细比的杆件；②中间无联系的等边角钢；③杆件最经济合理的截面。

主要考点：①腹杆容许长细比；②腹杆在斜平面内的计算长度；③回转半径计算。

题 7：地脚锚栓的拉应力（2003 年一级题 22）

在施工过程中，吊车资料发生变更，根据最新的吊车资料，栈桥柱外肢底座最大拉力设计值 V_B＝108kN，原设计地脚锚栓为 2M30，试问，在新的情况下，地脚锚栓的拉应力（N/mm^2），与下列何项数值最为接近？

A. 76.1   B. 96.3   C. 152.2   D. 192.6

解答过程：地脚锚栓 2M30 的有效截面面积为

$$A_e＝2×561mm^2＝1122mm^2$$

地脚锚栓的拉应力

$$\sigma=\frac{V_B}{A_e}=\frac{108×10^3N}{1122mm^2}=96.3N/mm^2$$

正确答案：B

审题要点：①最新的吊车资料；②最大拉力设计值；③原设计地脚锚栓。

主要考点：①地脚锚栓的有效截面面积；②拉应力计算式。

题 8：柱肢最大压应力（2003 年一级题 23）

根据最新的吊车资料，栈桥柱吊车肢最大压力设计值 N_{AE}＝1204kN，原设计柱肢截面为轧制 H 型钢 H400×200×8×13（A＝8412mm^2，i_x＝168mm，i_y＝45.4mm）。当柱肢 AE 按轴心受压构件计算稳定性时，试问，柱肢最大压应力（N/mm^2），与下列何项数值最为接近？

提示：不考虑柱肢各段内力变化对计算长度的影响。

A. 166.8   B. 185.2   C. 188.1   D. 215.0

解答过程：根据图 1-1，柱肢平面外计算长度 $l_{0x}=14\text{m}$，长细比 $\lambda_x=\dfrac{l_{0x}}{i_x}=\dfrac{14000\text{mm}}{168\text{mm}}=$

83[①]；柱肢平面内计算长度取 CE 节段的几何长度 $l_{0y}=3\text{m}$，则长细比 $\lambda_y=\dfrac{l_{0y}}{i_y}=\dfrac{3000\text{mm}}{45.4\text{mm}}=66$。

根据题干"采用 Q235B 钢"，由《钢标》表 3.5.1 注 1，钢号修正系数

$$\varepsilon_k=\sqrt{\frac{235}{f_y}}=\sqrt{\frac{235\text{N/mm}^2}{235\text{N/mm}^2}}=1$$

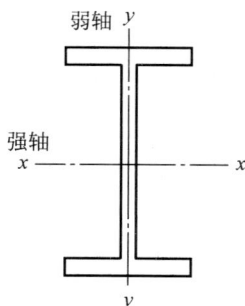

根据《钢标》表 7.2.1-1，轧制 H 型钢 $\dfrac{b}{h}=\dfrac{200\text{mm}}{400\text{mm}}=$

$0.5<0.8$，对强轴（图 1-2 的 x 轴）属 a 类，对弱轴（图 1-2 的 y 轴）属 b 类。

由 $\lambda_x/\varepsilon_k=\lambda_x=83$，根据《钢标》附录表 D.0.1，稳定系数 $\varphi_x=0.763$；由 $\lambda_y/\varepsilon_k=\lambda_y=66$，根据《钢标》附录表 D.0.2，稳定系数 $\varphi_y=0.774$，则

$$\varphi_{\min}=\min(\varphi_x,\varphi_y)=\min(0.763,0.774)=0.763$$

根据《钢标》式（7.2.1），按轴心受压构件计算稳定性时，柱肢最大压应力

图 1-2　H 型钢截面

$$\frac{N}{\varphi_{\min}A}=\frac{1204\times10^3\text{N}}{0.763\times8412\text{mm}^2}=187.6\text{N/mm}^2$$

正确答案：C

解答流程：柱肢最大压应力的计算流程见流程图 1-4。

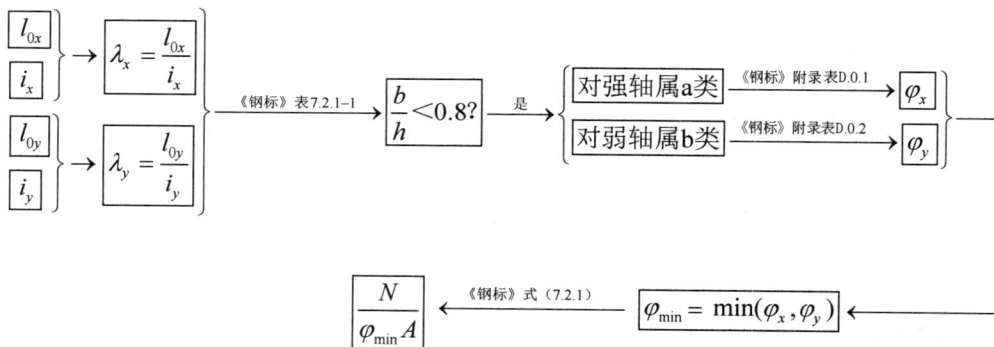

流程图 1-4　柱肢最大压应力

审题要点：①栈桥柱吊车肢最大压力设计值；②当柱肢 AE 按轴心受压构件计算稳定性；③提示。

主要考点：①平面内（外）计算长度；②长细比计算；③截面类型的判定；④稳定系数查取。

---

① 书中按照行业习惯将计算精度进行默认，自动保留所需位数，以等号代替约等号。

题 9：节点域腹板的最小计算厚度（2003 年一级题 24）

一座建于地震区的钢结构建筑，其工字形截面梁与工字形截面柱为刚性节点连接；梁腹板高度 $h_b = 2700\text{mm}$，柱腹板高度 $h_c = 450\text{mm}$。试问，对节点仅按稳定性的要求计算时，在节点域腹板的最小计算厚度 t_w（mm），与下列何项数值最为接近？

　　　　A. 35　　　　　　B. 25　　　　　　C. 15　　　　　　D. 12

解答过程：根据《建筑抗震设计规范》（GB 50011—2010，《抗规》，2016 年版）式（8.2.5-7），对节点仅按稳定性要求计算时，在节点域腹板的最小计算厚度

$$t_w \geqslant \frac{h_b + h_c}{90} = \frac{2700\text{mm} + 450\text{mm}}{90} = 35\text{mm}$$

注意：本题给定的参数值梁腹板高度 $h_b = 2700\text{mm}$，柱腹板高度 $h_c = 450\text{mm}$，比《抗规》的 h_{b1} 和 h_{c1} 少一个翼缘厚度。

正确答案：A

审题要点：①地震区；②工字形截面梁与工字形截面柱；③节点域腹板的最小计算厚度。

主要考点：节点域腹板的最小计算厚度。

题 10：高强度螺栓的数量（2003 年一级题 25）

某钢管结构，其弦杆的轴心拉力设计值 $N = 1050\text{kN}$，受施工条件的限制，弦杆的工地拼接采用在钢管端部焊接法兰盘端板的高强度螺栓连接，选用 M22 的高强度螺栓，其性能等级为 8.8 级，摩擦面的抗滑移系数 $\mu = 0.5$。法兰盘端板的抗弯刚度很大，不考虑附加拉力的影响。试问，高强度螺栓的数量与下列何项数值最为接近？

　　　　A. 6　　　　　　B. 8　　　　　　C. 10　　　　　　D. 12

解答过程：查《钢标》表 11.4.2-2，得 8.8 级、M22 高强度螺栓预拉力 $P = 150\text{kN}$。

根据《钢标》式（11.4.2-2），每个高强度螺栓抗拉承载力 $N_t^b = 0.8P = 0.8 \times 150\text{kN} = 120\text{kN}$，则需要的高强度螺栓的数量

$$n \geqslant \frac{N}{N_t^b} = \frac{1050\text{kN}}{120\text{kN}} = 8.75$$

取 $n = 10$。

注：对于此类求取螺栓数量的考题，解答时一定注意所求取的数值要大于计算值，因为本题求取的是材料抗力。

正确答案：C

解答流程：高强度螺栓的数量计算流程见流程图 1-5。

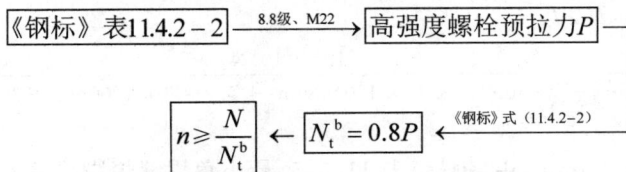

流程图 1-5　高强度螺栓的数量

审题要点：①轴心拉力设计值；②M22 的高强度螺栓，其性能等级为 8.8 级。

主要考点：①高强度螺栓预拉力值的查取；②单个螺栓抗拉承载力的计算。

题 11：直角焊缝的焊脚尺寸（2003 年一级题 26）

箱形柱的柱脚如图 1-3 所示，采用 Q235 钢材，E43 系列焊条，柱底端刨平，沿柱周边用角焊缝与柱底板焊接。试问，其直角焊缝的焊脚尺寸 h_f（mm）与下列何项数值最为接近？

    A. 10　　　　　　　B. 14　　　　　　　C. 16　　　　　　　D. 20

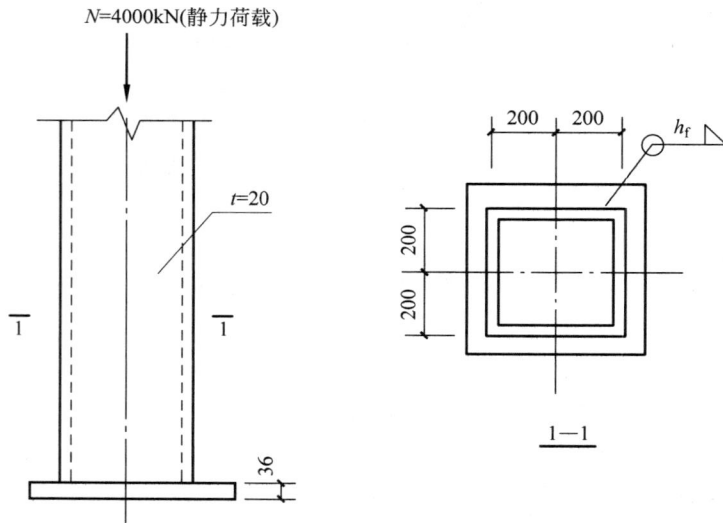

图 1-3　箱形柱的柱脚

解答过程：根据题干"采用 Q235 钢材，E43 系列焊条"，查《钢标》表 4.4.5，得焊缝抗拉强度设计值 $f_f^w = 160\text{N/mm}^2$。

根据《钢标》第 12.7.3 条，柱端部为刨平时，连接焊缝所受剪力

$$V = 0.15N_{max} = 0.15 \times 4000\text{kN} = 600\text{kN}$$

因剪力为水平方向的力（图 1-4），则 4 条焊缝中有两条边按正面角焊缝计算，另两边按侧面角焊缝计算。

根据《钢标》第 11.2.2 条第 1 款，由角焊缝计算公式得焊脚尺寸

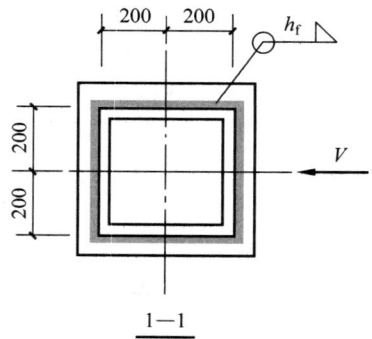

图 1-4　柱脚的 4 条焊缝

$$h_f \geqslant \frac{V}{0.7l_{w1}\beta_f f_f^w + 0.7l_{w2}f_f^w}$$

$$= \frac{600 \times 10^3\,\text{N}}{0.7 \times 2 \times (200\text{mm} + 200\text{mm}) \times 1.22 \times 160\text{N/mm}^2 + 0.7 \times 2 \times (200\text{mm} + 200\text{mm}) \times 160\text{N/mm}^2}$$

$$= 3.02\text{mm}$$

母材的厚度 $t = 20\text{mm}$，由《钢标》表 11.3.5，最小角焊缝焊脚尺寸 $h_{fmin} = 6\text{mm}$。

根据备选项，取直角焊缝的焊脚尺寸 $h_f = 10\text{mm}$。

正确答案：A

解答流程：直角焊缝的焊脚尺寸的计算流程见流程图 1-6。

《钢标》表4.4.5 → 焊缝抗拉强度设计值 f_f^w

《钢标》第12.7.3条 → $V=0.15N_{max}$

《钢标》第11.2.2条 → $h_f \geq \dfrac{N}{0.7l_{w1}\beta_f f_f^w + 0.7l_{w2}f_f^w}$ → h_f

《钢标》表11.3.5 → h_{fmin}

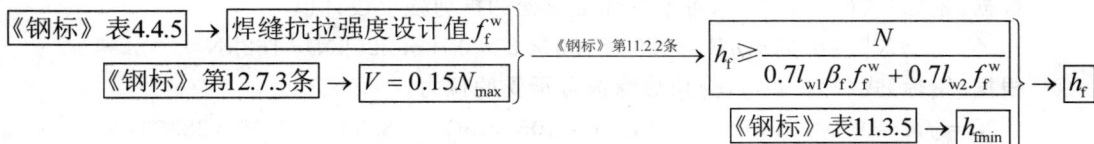

流程图 1-6　直角焊缝的焊脚尺寸

审题要点：①图 1-3；②Q235 钢材，E43 系列；③柱底端刨平。

主要考点：①焊缝抗拉强度设计值的查取；②柱端部刨平；③最小角焊缝焊脚尺寸的构造要求；④焊脚尺寸的计算值。

题 12：高强度螺栓的承载力不低于板件承载力的条件下，求拼接螺栓的数目（2003 年一级题 27）

某工地拼接实腹梁的受拉翼缘板采用高强度螺栓摩擦型连接，如图 1-5 所示。受拉翼缘板采用 Q345 钢，截面为 -1050×100，$f=270\text{N/mm}^2$。高强度螺栓采用 M24（孔径 $d_0=26\text{mm}$），10.9 级，摩擦面抗滑移系数 $\mu=0.4$。试问，在高强度螺栓的承载力不低于板件承载力的条件下，拼接螺栓的数目与下列何项数值最为接近？

A. 170　　　　　　B. 220　　　　　　C. 240　　　　　　D. 310

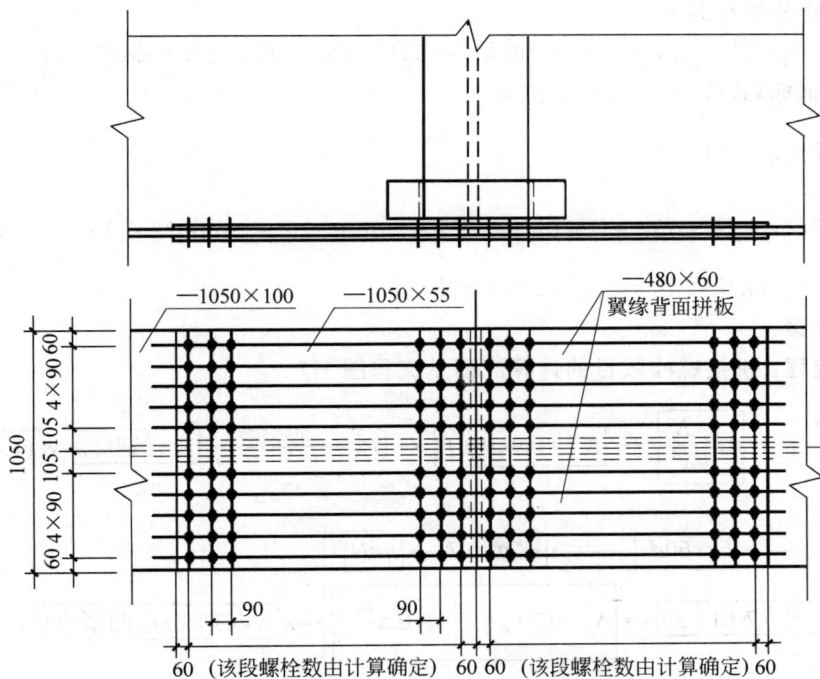

图 1-5　高强度螺栓摩擦型连接

解答过程：查《钢标》表 11.4.2-2，得 10.9 级 M24 螺栓预拉力 $P=225\text{kN}$，根据图 1-5，传力摩擦面数量 $n_f=2$，按标准孔径[①]取 $k=1.0$。

---

① 《钢标》中没有孔形的相关参数，所以在 2018 年之前的考题，解答中均按照标准孔径取 $k=1.0$ 来处理。

根据《钢标》式(11.4.2-1),每个高强度螺栓的抗剪强度设计值

$$N_v^b = 0.9kn_f\mu P = 0.9 \times 1.0 \times 2 \times 0.4 \times 225\text{kN} = 162\text{kN}$$

根据《钢标》式(7.1.1-1),受拉翼缘板可承受的拉力

$$N = fA = 270\text{N/mm}^2 \times (100\text{mm} \times 1050\text{mm}) = 28350 \times 10^3\text{N} = 28350\text{kN}$$

由等强度原则得

$$n \geqslant \frac{N}{N_v^b} = \frac{28350\text{kN}}{162\text{kN}} = 175$$

取 220 个,一排布置 10 个螺栓则有 22 排,此时连接长度

$$(22-1) \times 90\text{mm} = 1890\text{mm} > 60d_0 = 60 \times 26\text{mm} = 1560\text{mm}$$

取 $\eta = 0.7$。

此时,螺栓群承载力

$$\eta n N_v^b = 0.7 \times 220 \times 162\text{kN} = 24948\text{kN} < N = fA = 28350\text{kN}$$

取 240 个,一排布置 10 个螺栓则有 24 排,取 $\eta = 0.7$。

此时,螺栓群承载力

$$\eta n N_v^b = 0.7 \times 240 \times 162\text{kN} = 27216\text{kN} < N = fA = 28350\text{kN}$$

取 310 个,一排布置 10 个螺栓则有 31 排,取 $\eta = 0.7$。

此时,螺栓群承载力

$$\eta n N_v^b = 0.7 \times 310 \times 162\text{kN} = 35154\text{kN} > N = fA = 28350\text{kN}$$

根据《钢标》式(7.1.1-3)计算拉力

$$N = 0.7f_u A_n / \left(1 - 0.5\frac{n_1}{n}\right)$$

$$= 0.7 \times 470\text{N/mm}^2 \times [100\text{mm} \times (1050\text{mm} - 10 \times 26\text{mm})] / \left(1 - 0.5 \times \frac{10}{310}\right)$$

$$= 26417.1\text{kN} < N = fA = 28350\text{kN}$$

正确答案: D

解答流程: 拼接螺栓数目的计算流程见流程图 1-7。

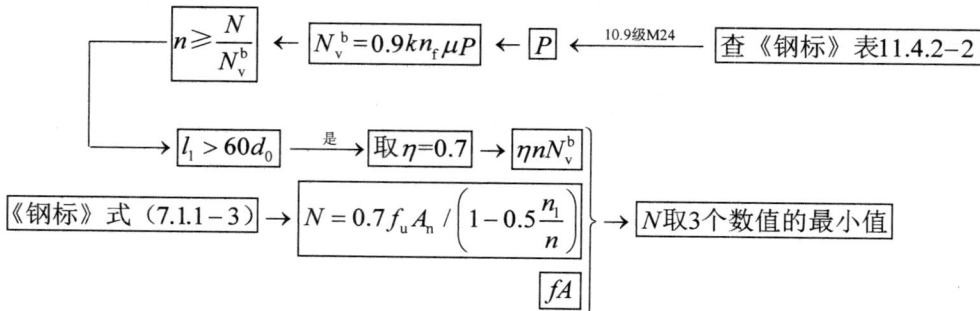

流程图 1-7 拼接螺栓的数目

审题要点: ①10.9级;②摩擦面抗滑移系数 μ;③高强度螺栓的承载力不低于板件承载力的条件。

主要考点: ①螺栓预拉力值的查取;②高强度螺栓的抗剪强度设计值计算;③等承

载力连接的概念；④连接长度较大时，折减系数的计算。

题 13：采用何种截面形式才较为合理（2003 年一级题 28）

某大跨度主桁架，节间长度为 6m，桁架弦杆侧向支撑点之间的距离为 12m。试问，采用下列何种截面形式才较为合理？

提示： $y-y$ 轴为桁架平面。

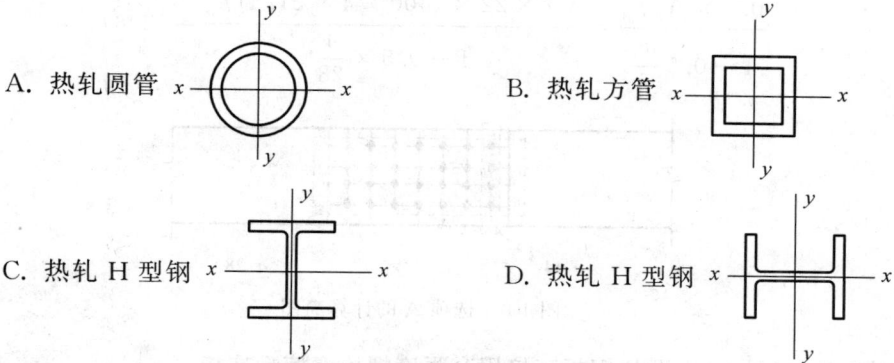

A. 热轧圆管 x —⊙— x

B. 热轧方管 x —▣— x

C. 热轧 H 型钢 x —I— x

D. 热轧 H 型钢 x —H— x

解答过程： 一般桁架结构计算中，杆件按照轴心受力构件考虑。

弦杆平面内计算长度 $l_{0x}=6\text{m}$；弦杆平面外计算长度 $l_{0y}=12\text{m}$。根据等稳定原则有

$$\lambda_x=\frac{l_{0x}}{i_x}\approx\lambda_y=\frac{l_{0y}}{i_y}, \quad \frac{6}{i_x}\approx\frac{12}{i_y}$$

即 $i_y\approx2i_x$，可知选项 D 有可能满足要求。

正确答案： D

审题要点： ①节间长度为 6m；②侧向支撑点之间的距离为 12m；③提示：$y-y$ 轴为桁架平面。

主要考点： ①平面内（外）计算长度；②等稳定原则。

题 14：何种连接形式板件的抗拉承载力最高（2003 年一级题 29）

受拉板件（Q235 钢，-400×22），工地采用高强度螺栓摩擦型连接（M20，10.9 级，$\mu=0.45$），试问，下列选项中，哪种连接形式板件的抗拉承载力最高？

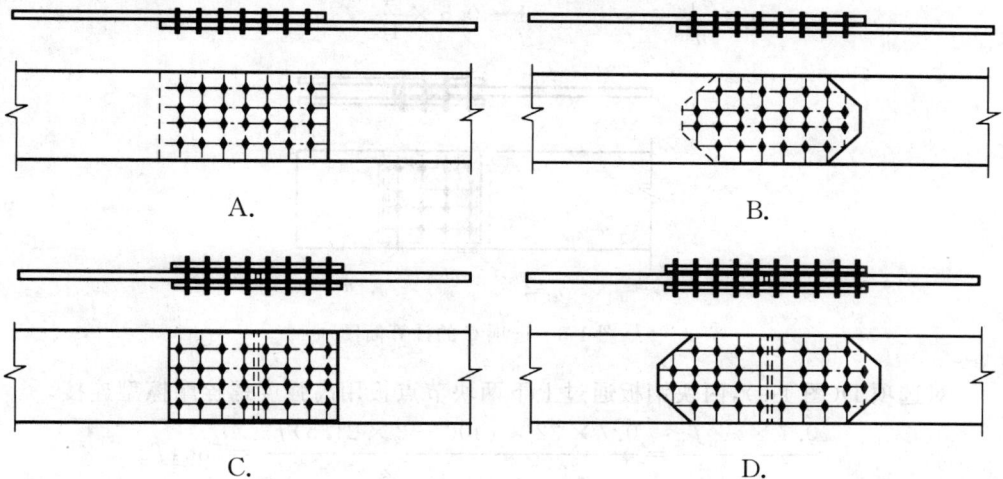

A.

B.

C.

D.

解答过程：将《钢标》式(7.1.1-3)变形为

$$N \leqslant \frac{0.7A_n f_u}{1-0.5\dfrac{n_1}{n}}$$

对选项 A(图 1-6)，两块钢板直接用高强度螺栓摩擦型连接，

$$\frac{0.7 \times A_n f_u}{1-0.5\dfrac{n_1}{n}} = \frac{0.7 \times 22 \times (400-4 \times 21.5)f_u}{1-0.5 \times \dfrac{4}{28}} = 5208 f_u$$

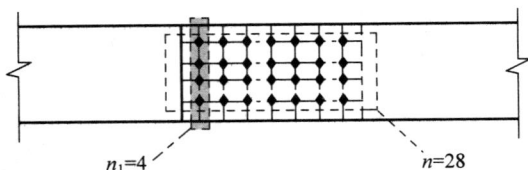

图 1-6　选项 A 的计算简图

对选项 B(图 1-7)，两块钢板直接用高强度螺栓摩擦型连接，

$$\frac{0.7 \times A_n f_u}{1-0.5\dfrac{n_1}{n}} = \frac{0.7 \times 22 \times (400-2 \times 21.5)f_u}{1-0.5 \times \dfrac{2}{28}} = 5701 f_u$$

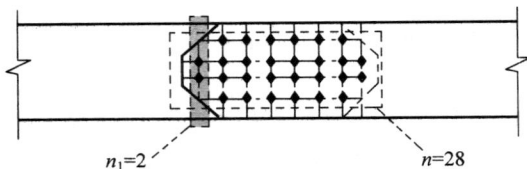

图 1-7　选项 B 的计算简图

对选项 C(图 1-8)，两块钢板通过上下两块节点板用高强度螺栓摩擦型连接，

$$\frac{0.7 \times A_n f_u}{1-0.5\dfrac{n_1}{n}} = \frac{0.7 \times 22 \times (400-4 \times 21.5)f_u}{1-0.5 \times \dfrac{4}{16}} = 5526 f_u$$

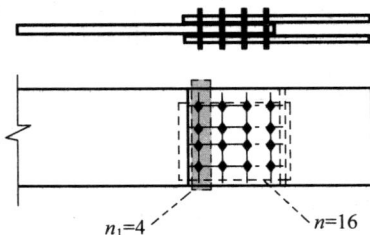

图 1-8　选项 C 的计算简图

对选项 D(图 1-9)，两块钢板通过上下两块节点板用高强度螺栓摩擦型连接，

$$\frac{0.7 \times A_n f_u}{1-0.5\dfrac{n_1}{n}} = \frac{0.7 \times 22 \times (400-2 \times 21.5)f_u}{1-0.5 \times \dfrac{2}{16}} = 5864 f_u$$

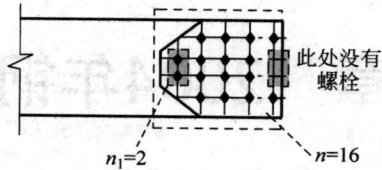

图 1-9　选项 D 的计算简图

注：根据题目要求仅考虑板件的承载力，无须考虑节点本身的承载力。

正确答案：D

主要考点：①高强度螺栓摩擦型连接的计算；②螺栓布置对承载力的影响；③$1-0.5\dfrac{n_1}{n}$。

第 2 章　2004 年钢结构

　　题 15～题 24：某宽厚板车间冷床区为三跨等高厂房，跨度均为 35m，边列柱间距为 10m，中列柱间距为 20m，局部为 60m。采用三跨连续式焊接工字形屋架，其间距为 10m，屋面梁与钢柱为固接，厂房屋面采用彩色压形钢板，屋面坡度为 1/20，檩条采用多跨连续式 H 型钢檩条，其间距为 5m，檩条与屋面梁搭接。屋面梁檩条及屋面上弦水平支撑的局部布置示意如图 2-1(a)所示，且系杆仅与檩条相连。

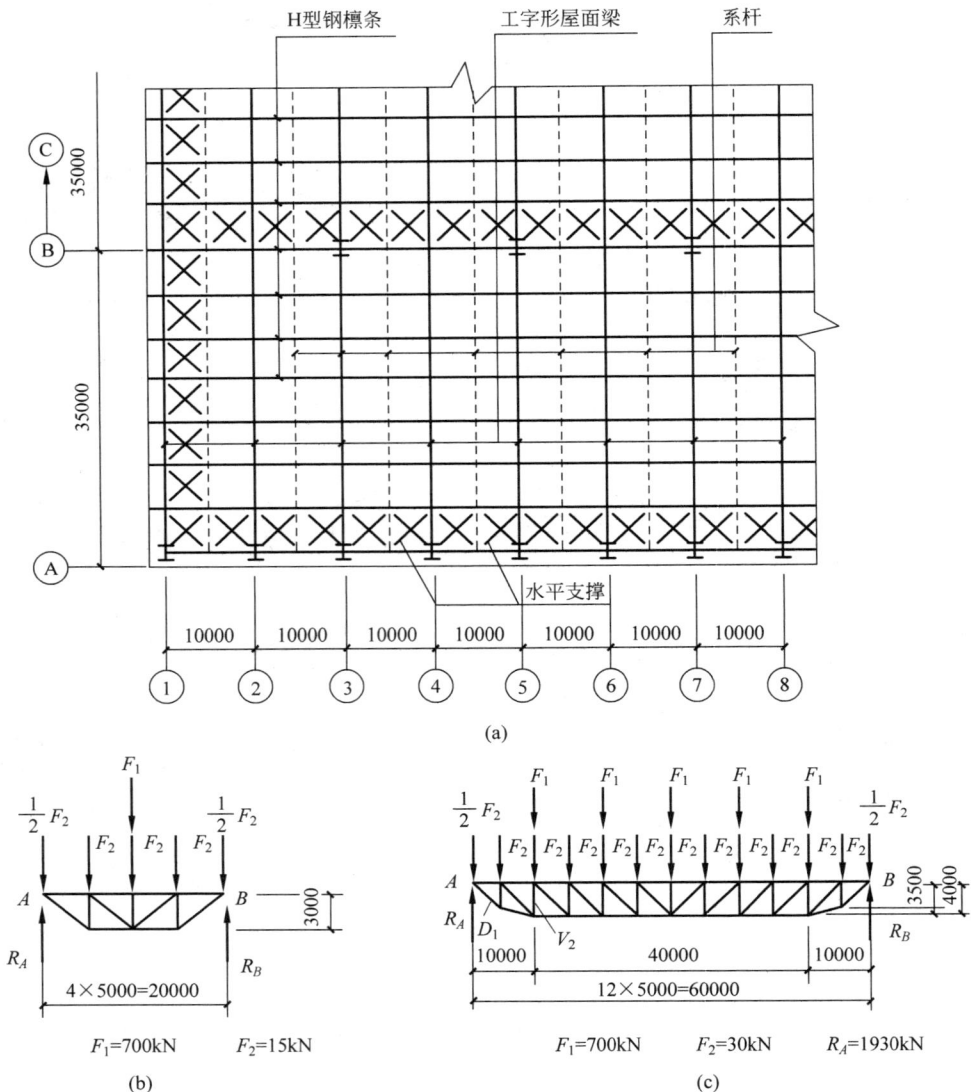

(a)

$F_1=700\text{kN}$　　　$F_2=15\text{kN}$

(b)

$F_1=700\text{kN}$　　　$F_2=30\text{kN}$　　　$R_A=1930\text{kN}$

(c)

图 2-1　屋面梁、檩条及屋面上弦水平支撑的局部布置

（a）平面布置；（b）20m 跨度托架计算简图；（c）60m 跨度托架计算简图

中列柱柱顶设有 20m 和 60m 跨度的托架,托架与钢柱采用铰接连接,托架的简图和荷载设计值如图 2-1(b)、(c)所示,屋面梁支撑在托架竖杆的侧面,且屋面梁的顶面高于托架顶面约 150mm。檩条、屋面梁、20m 跨度托架,均采用 Q235 钢;60m 托架采用 Q345B 钢。手工焊接时,分别用 E43、E50,焊缝质量二级。20m 托架采用轧制 T 型钢,T 形钢翼缘板与托架平面垂直;60m 托架杆件采用轧制 H 型钢,腹板与托架平面垂直。

题 15:多跨连续檩条支座最大弯矩设计值(2004 年一级题 16)

屋面均布荷载设计值(包括檩条自重)$q=1.5\text{kN/m}^2$ 时,试问,多跨($\geqslant 5$ 跨)连续檩条支座最大弯矩设计值(kN·m),与下列何项数值最为接近?

提示:可按照 $M=0.105ql^2$ 计算。

A. 93.8　　　　　　B. 78.8　　　　　　C. 67.5　　　　　　D. 46.9

解答过程:由图 2-1 可知,檩条间距为 5m,檩条所承受的均布荷载设计值为

$$q'=5\times q=5\text{m}\times 1.5\text{kN/m}^2=7.5\text{kN/m}$$

檩条跨度为 10m,多跨($\geqslant 5$ 跨)连续檩条支座最大弯矩设计值为

$$M=0.105q'l^2=0.105\times 7.5\text{kN/m}\times(10\text{m})^2=78.75\text{kN·m}$$

正确答案:B

审题要点:①图 2-1;②均布荷载设计值;③提示。

主要考点:连续檩条支座最大弯矩。

题 16:按抗弯强度计算时,梁上翼缘最大应力(2004 年一级题 17)

屋面梁设计值 $M=2450\text{kN·m}$,采用双轴对称的焊接工字形截面,翼缘板为-350×16,腹板为-1500×12,$W_x=12810\times 10^3\text{mm}^3$,截面无孔。试问,当按抗弯强度计算时,梁上翼缘最大应力(N/mm²)与下列何项数值最为接近?

A. 182.1　　　　　　B. 191.3　　　　　　C. 200.2　　　　　　D. 205.0

解答过程:根据题干中"檩条、屋面梁、20m 跨度托架,均采用 Q235 钢",由《钢标》表 3.5.1 注 1,钢号修正系数

$$\varepsilon_\text{k}=\sqrt{\frac{235}{f_\text{y}}}=\sqrt{\frac{235\text{N/mm}^2}{235\text{N/mm}^2}}=1$$

梁受压翼缘的自由外伸宽度与其厚度比

$$\frac{b}{t}=\frac{\dfrac{350\text{mm}-12\text{mm}}{2}}{16\text{mm}}=10.6<11\varepsilon_\text{k}=11$$

根据《钢标》表 3.5.1,可知构件的截面板件宽厚比等级为 S2 级。

根据《钢标》第 6.1.2 条第 1 款,取截面塑性发展系数 $\gamma_x=1.05$,根据题干所述"截面无孔",则

$$W_{\text{n}x}=W_x=12810\times 10^3\text{mm}^3$$

根据《钢标》式(6.1.1),当按抗弯强度计算时,梁上翼缘最大应力

$$\frac{M_x}{\gamma_x W_{\text{n}x}}=\frac{2450\times 10^6\text{N·mm}}{1.05\times 12810\times 10^3\text{mm}^3}=182.1\text{N/mm}^2$$

正确答案:A

本题有争议之处在于,焊接工字形截面腹板的高厚比

$$\frac{h_0}{t_w} = \frac{1500mm}{12mm} = 125 > 124\varepsilon_k = 124$$

根据《钢标》表 3.5.1,可知构件的截面板件宽厚比等级为 S5 级。

根据《钢标》第 6.1.2 条第 1 款,取截面塑性发展系数 $\gamma_x = 1.0$,则

$$\frac{M_x}{\gamma_x W_{nx}} = \frac{2450 \times 10^6 N \cdot mm}{1.0 \times 12810 \times 10^3 mm^3} = 191.3 N/mm^2$$

选 B。

解答流程:按抗弯强度计算的梁上翼缘最大应力的计算流程见流程图 2-1。

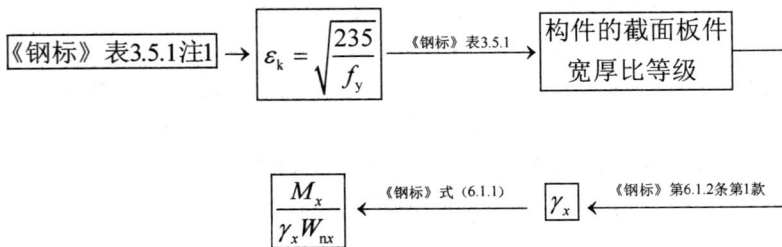

流程图 2-1 按抗弯强度计算的梁上翼缘最大应力

审题要点:①屋面梁设计值;②翼缘板为 -350×16。

主要考点:①梁受压翼缘的宽厚比;②截面塑性发展系数的查取;③梁上翼缘最大应力的计算。

题 17:托架支座反力设计值(2004 年一级题 18)

试问,20m 托架支座反力设计值(kN)与下列何项数值最为接近?

  A. 730   B. 350   C. 380   D. 372.5

解答过程:由竖向力平衡关系,20m 托架支座反力设计值

$$R_A = R_B = \frac{1}{2}\left(3F_2 + 2 \times \frac{F_2}{2} + F_1\right) = 2F_2 + \frac{F_1}{2} = 2 \times 15kN + \frac{700kN}{2} = 380kN$$

正确答案:C

审题要点:图 2-1。

主要考点:反力计算。

题 18:轴心受压构件进行稳定计算的杆件最大压应力(2004 年一级题 19)

20m 托架上弦杆的轴心压力设计值 $N = 1217kN$,采用轧制 T 型钢 T200×408×21×21,$i_x = 53.9mm$,$i_y = 97.3mm$,$A = 12570mm^2$,试问,当按轴心受压构件进行稳定性计算时,杆件最大压应力(N/mm^2)与下列何项数值最为接近?

提示:①只给出上弦杆最大的轴心压力设计值,可不考虑轴心应力变化对杆件计算长度的影响;②为简化计算,取绕对称轴 λ_y 代替 λ_{yz}。

  A. 189.6   B. 144.9   C. 161.4   D. 180.6

解答过程:托架上弦杆平面内计算长度 $l_{0x} = 5000mm$,长细比

$$\lambda_x = \frac{l_{0x}}{i_x} = \frac{5000mm}{53.9mm} = 92.8$$

托架上弦杆平面外计算长度① $l_{0y}=10000\mathrm{mm}$，长细比

$$\lambda_y=\frac{l_{0y}}{i_y}=\frac{10000\mathrm{mm}}{97.3\mathrm{mm}}=102.8$$

根据题干中"檩条、屋面梁、20m 跨度托架，均采用 Q235 钢"，由《钢标》表 3.5.1 注 1，钢号修正系数

$$\varepsilon_k=\sqrt{\frac{235}{f_y}}=\sqrt{\frac{235\mathrm{N/mm^2}}{235\mathrm{N/mm^2}}}=1$$

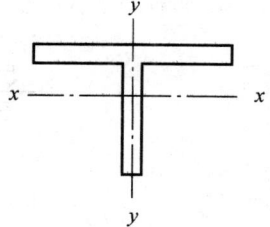

根据《钢标》表 7.2.1-1 可知，对图 2-2 的 x 轴、y 轴均属于 b 类。

由 $\lambda_x/\varepsilon_k=\lambda_x=92.8$，根据《钢标》附录表 D.0.2，稳定系数 $\varphi_x=0.601$，由 $\lambda_y/\varepsilon_k=\lambda_y=102.8$，根据《钢标》附录表 D.0.2，稳定系数 $\varphi_y=0.535$，稳定系数 $\varphi_{\min}=\min(\varphi_x,\varphi_y)=0.535$。

图 2-2　T 型钢截面

根据《钢标》式(7.2.1)，按轴心受压构件进行稳定性计算时，杆件最大压应力

$$\frac{N}{\varphi_{\min}A}=\frac{1217\times10^3\mathrm{N}}{0.535\times12570\mathrm{mm^2}}=181\mathrm{N/mm^2}$$

正确答案：D

解答流程：轴心受压构件进行稳定计算的杆件最大压应力的计算流程见流程图 2-2。

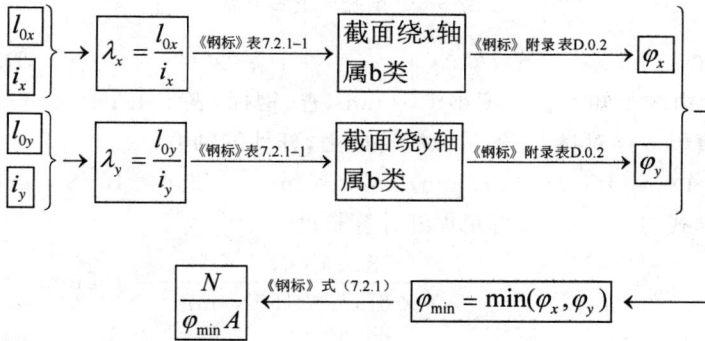

流程图 2-2　轴心受压构件进行稳定计算的杆件最大压应力

审题要点：①轴心受压构件进行稳定计算时；②提示"②"为简化计算，取绕对称轴 λ_y 代替 λ_{yz}。

主要考点：①平面内(外)计算长度的取值；②长细比的计算；③截面类型的判定；④稳定系数的计算。

题 19：等强连接的角焊缝长度（2004 年一级题 20）

20m 托架下弦节点如图 2-3 所示，托架各杆件与节点板之间采用强度相等的对接焊缝连接，焊缝质量二级，斜腹杆翼缘板拼接板为 $2-100\times12$，拼接板与节点板之间采用角焊缝连接，取 $h_f=6\mathrm{mm}$，试问，按等强连接时，角焊缝长度 l_1(mm) 与下列何项数值最为接近？

---

① 工字形屋面梁可作为平面外支撑点。

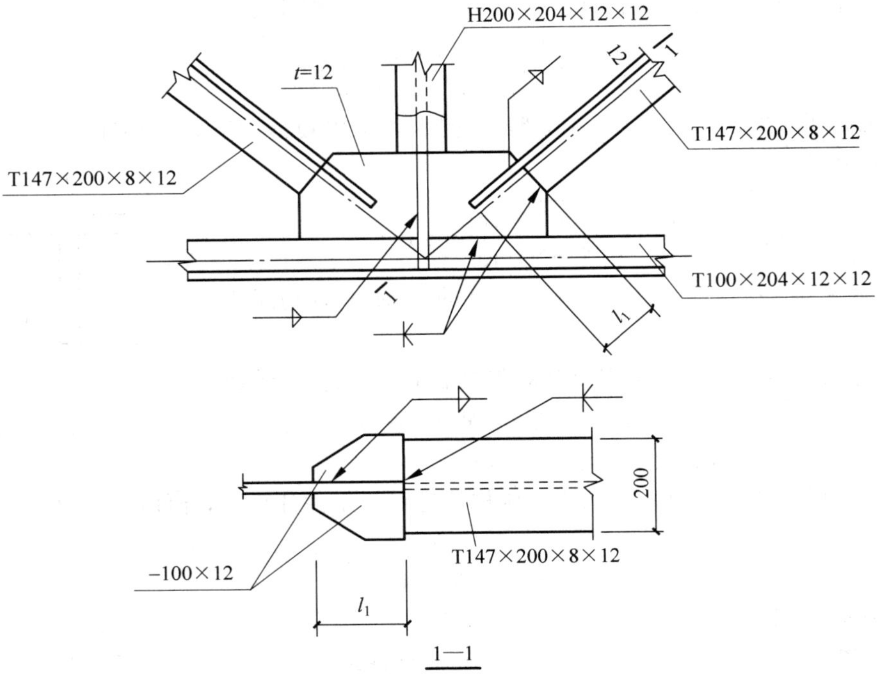

图 2-3　20m 托架下弦节点

　　A. 360　　　　　　　B. 310　　　　　　　C. 260　　　　　　　D. 210

解答过程：由题干知钢板厚度小于 16mm，查《钢标》表 4.4.1 得 $f=215\text{N/mm}^2$。
T 形杆件腹板等强对接，一侧翼缘所传内力，杆件的轴力

$$N = Af = (100\text{mm} \times 12\text{mm}) \times 215\text{N/mm}^2 = 258 \times 10^3 \text{N} = 258\text{kN}$$

根据《钢标》式(11.2.2-2)，得角焊缝计算长度

$$l_\text{w} = \frac{N}{h_\text{e} f_\text{f}^\text{w}} = \frac{258 \times 10^3 \text{N}}{2 \times 0.7 \times 6\text{mm} \times 160\text{N/mm}^2} = 192\text{mm}$$

实际长度

$$l_1 = l_\text{w} + 2h_\text{f} = 192\text{mm} + 2 \times 6\text{mm} = 204\text{mm}$$

正确答案：D

解答流程：等强连接的角焊缝长度的计算流程见流程图 2-3。

$$\boxed{《钢标》\ 表4.4.1} \xrightarrow{\text{钢板厚度}} \boxed{f} \rightarrow \boxed{N = Af} \xrightarrow{《钢标》式\ (11.2.2-2)} \boxed{l_\text{w} = \frac{N}{h_\text{e} f_\text{f}^\text{w}}} \rightarrow \boxed{l_1 = l_\text{w} + 2h_\text{f}}$$

流程图 2-3　等强连接的角焊缝长度

审题要点：采用角焊接连接，取 $h_\text{f} = 6\text{mm}$。
主要考点：①等强连接的概念；②角焊缝计算长度与实际长度的关系。
题 20：托架端斜杆的轴心拉力设计值（2004 年一级题 21）
试问，60m 托架端斜杆 D_1 的轴心拉力设计值(kN)与下列何项数值最为接近？
　　A. 2736　　　　　　　B. 2757　　　　　　　C. 3339　　　　　　　D. 3365

解答过程：由 A 点竖向力平衡方程，得

$$\frac{3.5}{\sqrt{3.5^2+5^2}}D_1 = R_A - 0.5F_2$$

将 $R_A = 1930\text{kN}$，$F_2 = 30\text{kN}$ 代入上式，得 60m 托架端斜杆 D_1 的轴心拉力设计值

$$D_1 = \frac{1930\text{kN} - 0.5 \times 30\text{kN}}{3500\text{mm}/\sqrt{(3500\text{mm})^2+(5000\text{mm})^2}} = 3339.4\text{kN}$$

正确答案：C

审题要点：图 2-1。

主要考点：力学计算。

题 21：托架下弦杆最大轴心拉力设计值（2004 年一级题 22）

试问，60m 托架下弦杆最大轴心拉力设计值（kN），与下列何项数值最为接近？

　　A. 11969　　　　B. 8469　　　　C. 8270　　　　D. 8094

解答过程：将托架整体视作受弯构件，其跨中弯矩最大，因而跨中下弦杆拉力也最大。

将托架从中间切开，取左半边为隔离体，对上弦中点左边第一个节点取矩，得

$4N = 1930\text{kN} \times 25\text{m} - (15\text{kN} \times 25\text{m} + 30\text{kN} \times 20\text{m} + 730\text{kN} \times 15\text{m} + 30\text{kN} \times$
$\quad 10\text{m} + 730\text{kN} \times 5\text{m})$

则 60m 托架下弦杆最大轴心拉力设计值 $N = 8093.75\text{kN}$。

正确答案：D

审题要点：图 2-1。

主要考点：力学计算。

题 22：轴心受压构件进行稳定性计算的杆件最大压应力（2004 年一级题 23）

60m 托架上弦杆最大轴心压力设计值 $N = 8550\text{kN}$，拟采用热轧 H 型钢 H428×407×20×35，$i_x = 182\text{mm}$，$i_y = 104\text{mm}$，$A = 36140\text{mm}^2$，试问，当按轴心受压构件进行稳定性计算时，杆件最大压应力（N/mm²）与下列何项数值最为接近？

提示：只给出杆件最大轴心压力值，可不考虑轴心压力变化对杆件计算长度的影响。

　　A. 307.2　　　　B. 276.2　　　　C. 248.6　　　　D. 230.2

解答过程：根据大题干"腹板与托架平面垂直"。

托架上弦杆平面内计算长度 $l_{0y} = 5000\text{mm}$，长细比

$$\lambda_y = \frac{l_{0y}}{i_y} = \frac{5000\text{mm}}{104\text{mm}} = 48.1$$

托架上弦杆平面外计算长度 $l_{0x} = 10000\text{mm}$，长细比

$$\lambda_x = \frac{l_{0x}}{i_x} = \frac{10000\text{mm}}{182\text{mm}} = 54.9$$

根据题干"60m 托架采用 Q345B 钢"，由《钢标》表 3.5.1 注 1，得钢号修正系数

$$\varepsilon_k = \sqrt{\frac{235}{f_y}} = \sqrt{\frac{235\text{N/mm}^2}{345\text{N/mm}^2}} = 0.825$$

则 $\lambda_x/\varepsilon_k = 54.9/0.825 = 66.5$，$\lambda_y/\varepsilon_k = 48.1/0.825 = 58.3$。

因热轧 H 型钢的 $\dfrac{b}{h}=\dfrac{407\text{mm}}{427\text{mm}}=0.953>0.8$，根据《钢标》表 7.2.1-1 及注，对强轴（图 2-4 的 x 轴）截面属 a 类，（图 2-4 的 y 轴）属 b 类。

根据《钢标》附录表 D.0.1，得稳定系数 $\varphi_x=0.856$；根据《钢标》附录表 D.0.2，得稳定系数 $\varphi_{\min}=\varphi_y=0.816$。

根据《钢标》式（7.2.1），当按轴心受压构件进行稳定性计算时，杆件最大压应力

$$\frac{N}{\varphi_{\min}A}=\frac{8550\times10^3\,\text{N}}{0.816\times36140\,\text{mm}^2}=290\text{N/mm}^2$$

图 2-4　H 型钢截面

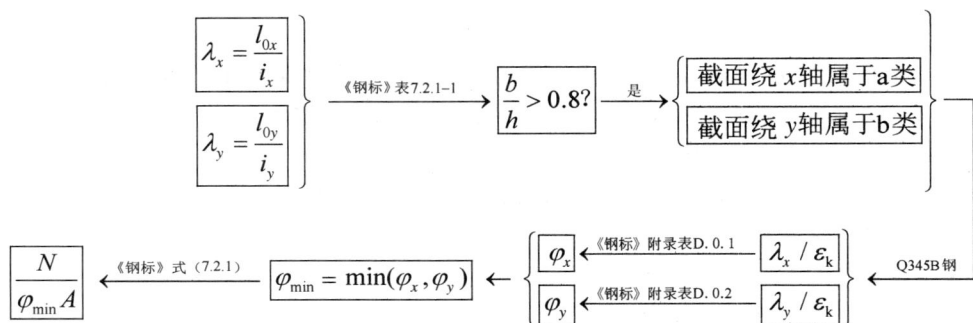

正确答案：A

解答流程：轴心受压构件进行稳定性计算的杆件最大压应力的计算流程见流程图 2-4。

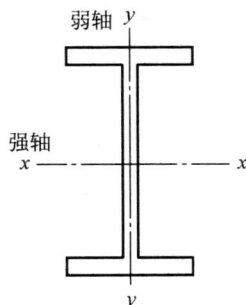

流程图 2-4　轴心受压构件进行稳定性计算的杆件最大压应力

审题要点：①$i_x=182\text{mm}$，$i_y=104\text{mm}$；②轴心受压构件进行稳定性计算。

主要考点：①平面内（外）计算长度的取值；②长细比的计算；③截面类型的判定；④稳定系数的查取。

题 23：轴心受压构件进行稳定性计算的杆件最大压应力（2004 年一级题 24）

60m 托架腹杆 V_2 的轴心压力设计值 $N=1855\text{kN}$，拟用热轧 H 型钢 H390×300×10×16，$i_x=169\text{mm}$，$i_y=72.6\text{mm}$，$A=13670\text{mm}^2$，试问，当按轴心受压构件进行稳定性计算时，杆件最大压应力（N/mm²）与下列何项数值最为接近？

　　A. 162　　　　　　B. 194　　　　　　C. 253　　　　　　D. 303

解答过程：根据《钢标》表 7.4.1-1，可得 60m 托架腹杆 V_2 在桁架平面内计算长度 $l_{0y}=0.8l=0.8\times4000\text{mm}=3200\text{mm}$，长细比

$$\lambda_y=\frac{l_{0y}}{i_y}=\frac{3200\text{mm}}{72.6\text{mm}}=44.1$$

腹杆在桁架平面外计算长度 $l_{0x}=l=4000\text{mm}$，长细比

$$\lambda_x=\frac{l_{0x}}{i_x}=\frac{4000\text{mm}}{169\text{mm}}=23.7$$

因热轧 H 型钢的 $\dfrac{b}{h}=\dfrac{300\mathrm{mm}}{390\mathrm{mm}}=0.77<0.8$，根据《钢标》

弱轴 y

强轴

表 7.2.1-1，可知图 2-5 截面绕 x 轴属 a 类，绕 y 轴属 b 类。

根据题干中的"60m 托架采用 Q345B 钢"，由《钢标》表 3.5.1 注 1，钢号修正系数

$$\varepsilon_{\mathrm{k}}=\sqrt{\frac{235}{f_y}}=\sqrt{\frac{235\mathrm{N/mm}^2}{345\mathrm{N/mm}^2}}=0.825$$

由 $\lambda_x/\varepsilon_{\mathrm{k}}=23.7/0.825=28.7$，根据《钢标》附录表 D.0.1，得稳定系数 $\varphi_x=0.965$；由 $\lambda_y/\varepsilon_{\mathrm{k}}=44.1/0.825=53.4$，根据《钢标》附录表 D.0.2，得稳定系数 $\varphi_{\min}=\varphi_y=0.84$。

图 2-5　H 型钢截面

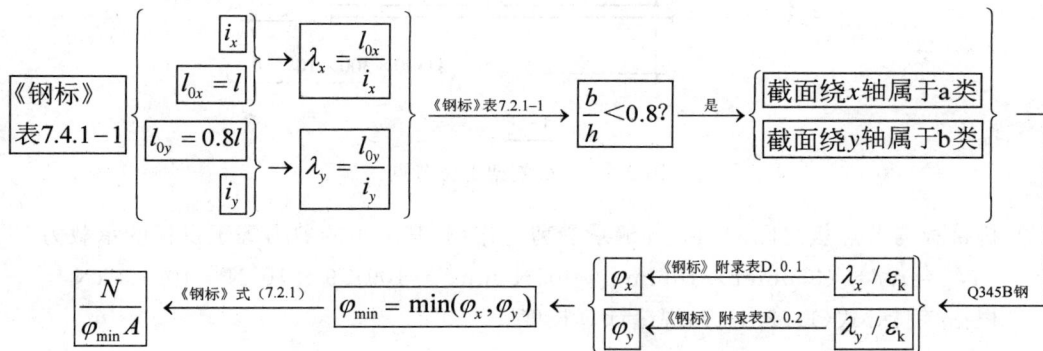

根据《钢标》式（7.2.1），当按轴心受压构件进行稳定性计算时，杆件最大压应力

$$\frac{N}{\varphi_{\min}A}=\frac{1855\times10^3\mathrm{N}}{0.84\times13670\mathrm{mm}^2}=161.5\mathrm{N/mm}^2$$

正确答案：A

解答流程：轴心受压构件进行稳定性计算的杆件最大压应力的计算流程见流程图 2-5。

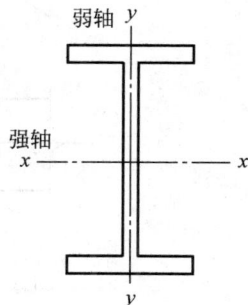

流程图 2-5　轴心受压构件进行稳定性计算的杆件最大压应力

审题要点：①$i_x=169\mathrm{mm}$，$i_y=72.6\mathrm{mm}$；②轴心受压构件进行稳定性计算。

主要考点：①平面内（外）计算长度的取值；②长细比的计算；③截面类型的判定；④稳定系数的查取。

题 24：拼接板件与节点板间采用坡口焊接的 T 形焊缝的长度（2004 年一级题 25）

60m 托架上弦节点如图 2-6 所示，各杆件与节点板间采用等强对接焊缝，质量等级二级，斜腹杆腹板的拼接板为－358×10。试问当拼接板件与节点板间采用坡口焊接的 T 形缝时，T 形焊缝的长度 l_1（mm）与下列何项数值最为接近？

　A. 310　　　　　B. 330　　　　　C. 560　　　　　D. 620

解答过程：60m 托架采用 Q345B 钢，钢板厚度小于 16mm，查《钢标》表 4.4.1，得钢板强度设计值 $f=305\mathrm{N/mm}^2$；根据《钢标》表 4.4.5，得焊缝抗剪强度设计值 $f_{\mathrm{v}}^{\mathrm{w}}=175\mathrm{N/mm}^2$。

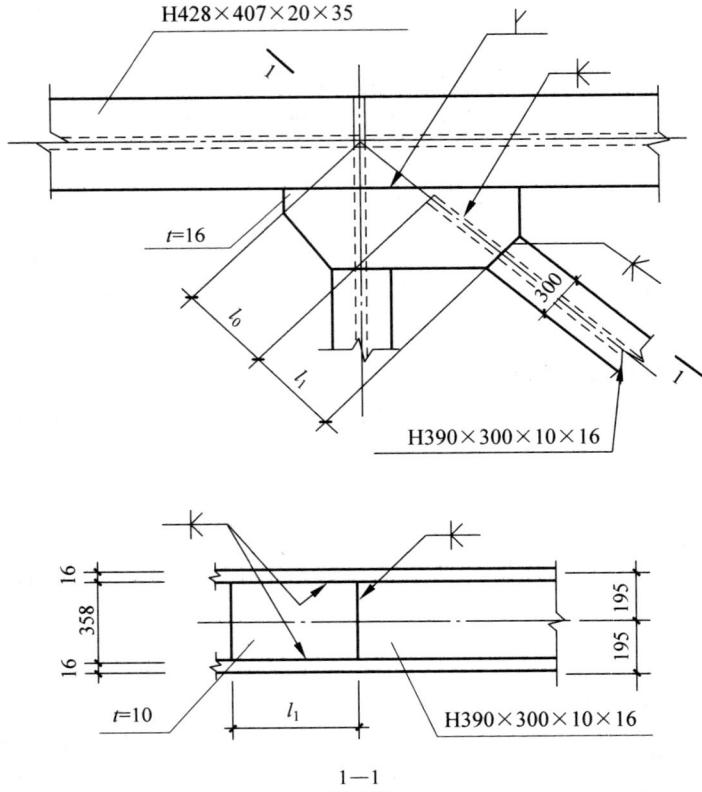

图 2-6　60m 托架上弦节点

拼接板与节点板之间的两条焊缝承受剪力作用,其承担的剪力等于拼板的承载力

$$N_1 = Af = (358\text{mm} \times 10\text{mm}) \times 305\text{N/mm}^2 = 1091.9 \times 10^3\text{N} = 1091.9\text{kN}$$

根据《钢标》式(11.2.1-1),焊缝计算长度

$$l_\text{w} = \frac{N_1}{2tf_\text{v}^\text{w}} = \frac{1091.9 \times 10^3\text{N}}{2 \times 10\text{mm} \times 175\text{N/mm}^2} = 312\text{mm}$$

实际焊缝长度

$$l_1 = l_\text{w} + 2t = 312\text{mm} + 2 \times 10\text{mm} = 332\text{mm}$$

注:本题解答关键点在于看清图 2-6 的对接焊缝符号。

正确答案:B

解答流程:拼接板件与节点板间采用坡口焊接的 T 形焊缝的长度计算流程见流程图 2-6。

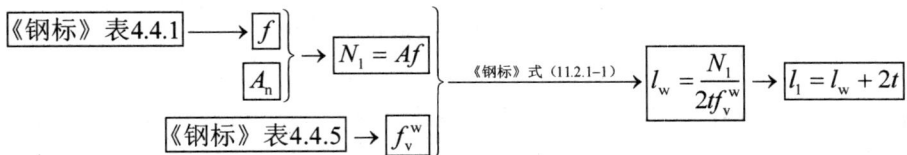

流程图 2-6　拼接板件与节点板间采用坡口焊接的 T 形焊缝的长度

审题要点：①等强对接焊缝；②质量等级二级；③采用坡口焊接的 T 形缝。

主要考点：①受力计算；②焊缝抗剪强度设计值；③实际焊缝长度。

题 25：中心支撑的形式（2004 年一级题 26）

地震区有一采用框架支撑结构的多层钢结构房屋，试问，下列关于其中心支撑的形式，何项不宜选用？

　　　　A. 交叉支撑　　　　　B. 人字支撑　　　　　C. 单斜杆　　　　　D. K 形支撑

解答过程：根据《抗规》第 8.1.6 条第 3 款，抗震设防结构中心支撑不宜采用 K 形支撑。

正确答案：D

审题要点：①地震区；②中心支撑的形式。

主要考点：中心支撑的形式。

题 26：焊接长度（2004 年一级题 27）

有一用 Q235 钢制作的钢柱，作用在柱顶的集中荷载设计值 $F=2500\text{kN}$，拟采用支承加劲肋-400×30 传递集中荷载，加劲肋上端刨平顶紧，柱腹板切槽后与加劲肋焊接如图 2-7 所示，取角焊缝焊脚尺寸 $h_f=16\text{mm}$，试问，焊接长度 l_1（mm）与下列何项数值最为接近？

提示：考虑柱腹板沿角焊缝边缘剪切破坏的可能性。

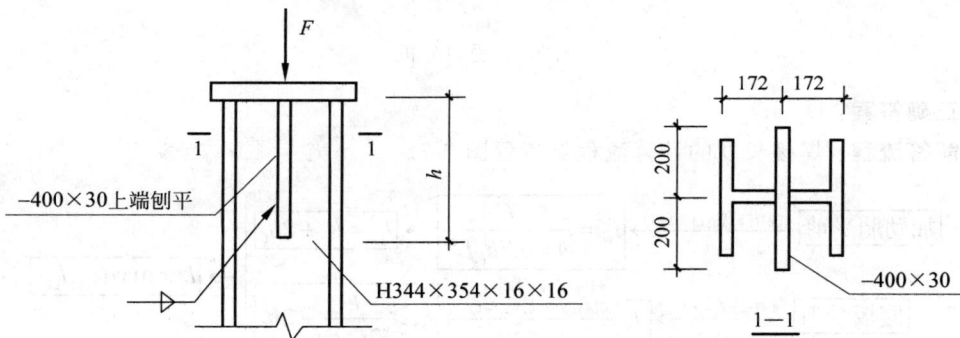

图 2-7　柱腹板切槽后与加劲肋焊接示意

　　　　A. 400　　　　　B. 500　　　　　C. 600　　　　　D. 700

解答过程：集中力 F 首先由支承加劲肋传给侧面角焊缝，根据《钢标》式（11.2.2-3），得角焊缝计算长度

$$l_w=\frac{F}{4\times0.7h_f f_f^w}=\frac{2500\times10^3\text{N}}{4\times0.7\times16\text{mm}\times160\text{N/mm}^2}=349\text{mm}$$

角焊缝实际长度

$$l_{11}=l_w+2h_f=349\text{mm}+2\times16\text{mm}=381\text{mm}$$

根据提示，角焊缝再将力传给柱腹板，由两个剪切面承担，根据《钢标》表 4.4.1，得 $f_v=125\text{N/mm}^2$。

根据《钢标》式（11.2.1-1），角焊缝所需长度

$$l_{12}\geqslant\frac{F}{2t_w f_v}+2h_f=\frac{2500\times10^3\text{N}}{2\times16\text{mm}\times125\text{N/mm}^2}+2\times16\text{mm}=657\text{mm}$$

焊缝长度

$$l_1 = \max(l_{11}, l_{12}) = \max(381\text{mm}, 657\text{mm}) = 657\text{mm}$$

受力分析见图 2-8。

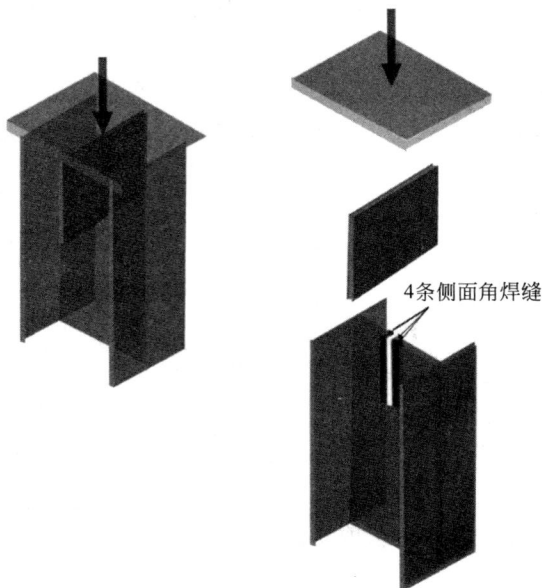

图 2-8　受力分析

正确答案：D

解答流程：焊接长度的计算流程见流程图 2-7。

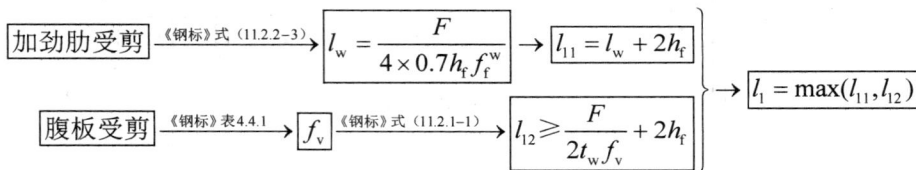

流程图 2-7　焊接长度

审题要点：①支承加劲肋－400×30；②加劲肋上端刨平顶紧；③柱腹板切槽后与加劲肋焊接；④**提示**：考虑柱腹板沿角焊缝边缘剪切破坏的可能性。

主要考点：①受力计算；②焊缝抗剪强度设计值的查取；③计算焊缝长度与实际焊缝长度的关系。

题 27：当端部支座加劲肋作为轴心受压构件，进行稳定性计算时其压应力的大小（2004 年一级题 28）

工字形组合截面的钢吊车梁采用 Q235D 钢制造，腹板－1300×12，支座最大剪力设计值 $V = 1005\text{kN}$，采用突缘支座，端加劲肋选用－400×20（焰切边），试问，当端部支座加劲肋作为轴心受压构件进行稳定性计算时，压应力（N/mm^2）与下列何项数值最为接近？

提示：为简化计算，取绕对称轴 λ_y 代替 λ_{yz}。

A. 127.3　　　　　B. 115.7　　　　　C. 105.2　　　　　D. 100.3

解答过程：根据题干"钢吊车梁采用 Q235D 钢制造"，由《钢标》表 3.5.1 注 1，钢号修正系数

$$\varepsilon_k = \sqrt{\frac{235}{f_y}} = \sqrt{\frac{235\text{N/mm}^2}{235\text{N/mm}^2}} = 1$$

根据《钢标》第 6.4.2 条第 1 款，应按承受支座反力的轴心受压构件验算支承加劲肋在腹板平面外的稳定性。

根据《钢标》第 6.3.7 条，验算时考虑加劲肋每侧 $15t_w\varepsilon_k$ 范围内腹板面积，计算长度 l_0 取为腹板高度 h_0（图 2-9）。

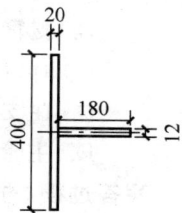

面积

$$A = 400\text{mm} \times 20\text{mm} + (15 \times 12\text{mm}) \times 12\text{mm} = 10160\text{mm}^2$$

惯性矩

$$I_y = \frac{20\text{mm} \times (400\text{mm})^3}{12} + \frac{(15 \times 12\text{mm}) \times (12\text{mm})^3}{12}$$
$$= 1.0667 \times 10^8 \text{mm}^4$$

图 2-9　加劲板的计算平面简图

回转半径

$$i_y = \sqrt{\frac{I_y}{A}} = \sqrt{\frac{1.0667 \times 10^8 \text{mm}^4}{10160\text{mm}^2}} = 102.4\text{mm}$$

长细比

$$\lambda_y = \frac{l_0}{i_y} = \frac{1300\text{mm}}{102.4\text{mm}} = 12.7$$

根据《钢标》表 7.2.1-1 可知，截面绕 y 轴属于 b 类，根据《钢标》附录表 D.0.2，得稳定系数 $\varphi_y = 0.987$，当端部支座加劲肋作为轴心受压构件进行稳定性计算时，根据《钢标》式（7.2.1），当端部支座加劲肋作为轴心受压构件进行稳定性计算时，压应力

$$\frac{N}{\varphi_y A} = \frac{1005 \times 10^3 \text{N}}{0.987 \times 10160\text{mm}^2} = 100.2\text{N/mm}^2$$

正确答案：D

解答流程：当端部支座加劲肋作为轴心受压构件进行稳定性计算时其压应力的大小见流程图 2-8。

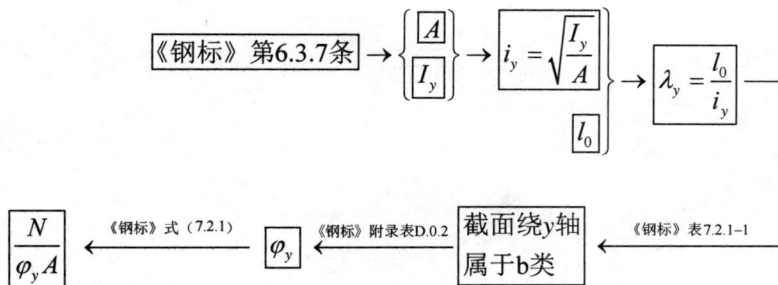

流程图 2-8　当端部支座加劲肋作为轴心受压构件进行稳定性计算时压应力的大小

审题要点：①腹板－1300×12；②突缘支座；③提示。

主要考点：①腹板平面外的稳定性；②长细比的计算；③截面类型的判定；④稳定系数的查取。

题 28：钢管结构构造要求（2004 年一级题 29）

下述钢管结构构造要求哪项不妥？

    A. 节点处除搭接型节点外,应尽可能避免偏心,各管件轴线之间夹角不宜小于 30°

    B. 支管与主管间连接焊缝应沿全周焊缝连接并平滑过渡,支管壁厚小于 6mm 时,可不切坡口

    C. 在支座节点处应将支管插入主管内

    D. 主管的直径和壁厚应分别大于支管的直径和壁厚

解答过程：根据《钢标》第 13.2.1 条第 2 款、第 3 款,选项 A 正确。

根据《钢标》第 13.2.1 条第 4 款,选项 B 正确。

根据《钢标》第 13.2.1 条第 1 款,支管与主管的连接处不得将支管插入主管内,选项 C 不妥。

根据《钢标》第 13.2.1 条第 1 款,选项 D 正确。

正确答案：C

主要考点：钢管结构构造。

第3章 2005年钢结构

题 **29**~题 **36**：胶带机通廊悬挂在厂房框架上，通廊宽 8m，两侧为走道，中间为卸料和布料设备。结构布置如图 3-1 所示。通廊结构采用 Q235 钢，手工焊使用 E43 焊条，质量等级为二级。

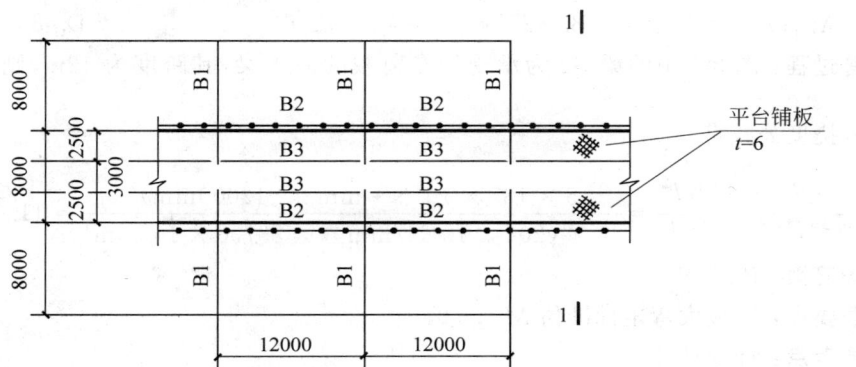

(a) 通廊结构平面

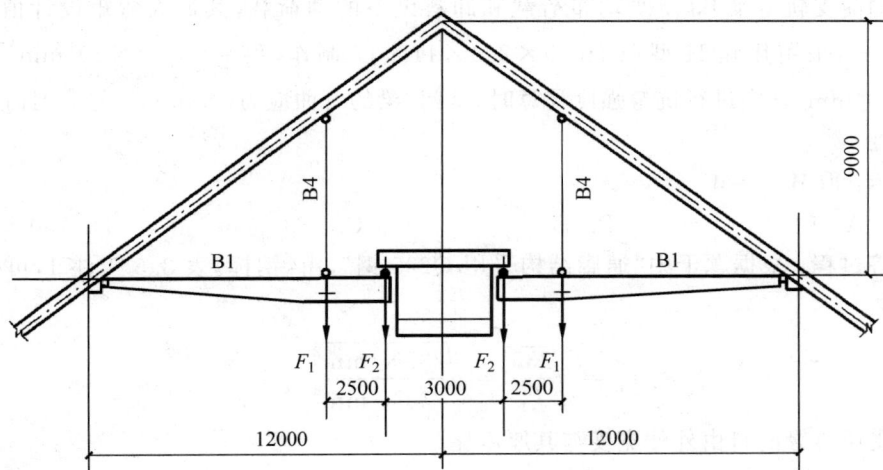

(b) 1—1剖面

图 3-1 结构布置

题 **29**：横梁最大弯矩设计值（2005 年一级题 16）

轨道梁 B3 支承在横梁 B1 上，已知轨道梁作用在横梁上的荷载设计值（已含结构自重）$F_2=305kN$，试问，横梁最大弯矩设计值（kN·m）应与下列何项数值最为接近？

　　A. 1525　　　　　　B. 763　　　　　　C. 508　　　　　　D. 381

解答过程：图 3-1 横梁 B1 为单跨简支外伸梁，外伸长度 2.5m，横梁上最大弯矩设计值为

$$M = 305\text{kN} \times 2.5\text{m} = 762.5\text{kN} \cdot \text{m}$$

正确答案：B

审题要点：①轨道梁 B3 支承在横梁 B1 上；②横梁上的荷载设计值。

主要考点：内力计算。

题 30：梁的挠度值（2005 年一级题 17）

已知简支平台梁 B2 承受均布荷载，其最大弯矩标准值 $M_x = 135\text{kN} \cdot \text{m}$，采用热轧 H 型钢 H400×200×8×13 制作，$I_x = 23700 \times 10^4\ \text{mm}^4$，$W_x = 1190 \times 10^3\ \text{mm}^3$。试问，该梁的挠度值（mm）与下列何项数值最为接近？

    A. 30   B. 42   C. 60   D. 83

解答过程：图 3-1 中的梁 B2 为承受均布荷载的简支梁，其跨度为 12m，则将 $M_k = \dfrac{q_k l^2}{8}$ 代入挠度公式有

$$v = \frac{5q_k l^4}{384EI} = \frac{5M_k l^2}{48EI} = \frac{5 \times 135 \times 10^6\,\text{N} \cdot \text{mm} \times (12000\text{mm})^2}{48 \times (206 \times 10^3\,\text{N/mm}^2) \times 23700 \times 10^4\,\text{mm}^4} = 41.5\text{mm}$$

正确答案：B

审题要点：①最大弯矩标准值 M_x；②I_x。

主要考点：挠度计算。

题 31：抗弯强度计算的梁弯曲应力（2005 年一级题 18）

已知简支轨道梁 B3 承受均布荷载和卸料设备的动荷载，其最大弯矩设计值 $M_x = 450\text{kN} \cdot \text{m}$，采用热轧 H 型钢 H600×200×11×17 制作，$I_x = 78200 \times 10^4\ \text{mm}^4$，$W_x = 2610 \times 10^3\ \text{mm}^3$。当进行抗弯强度计算时，试问，梁的弯曲应力（N/mm²）与下列何项数值最为接近？

提示：取 $W_{nx} = W_x$。

    A. 195   B. 174   C. 164   D. 130

解答过程：根据题干中"通廊结构采用 Q235 钢"，由《钢标》表 3.5.1 注 1，可得钢号修正系数

$$\varepsilon_k = \sqrt{\frac{235}{f_y}} = \sqrt{\frac{235\,\text{N/mm}^2}{235\,\text{N/mm}^2}} = 1$$

梁受压翼缘的自由外伸宽度与其厚度比

$$\frac{b}{t} = \frac{\dfrac{200\text{mm} - 11\text{mm}}{2}}{17\text{mm}} = 5.6 < 9\varepsilon_k = 9$$

腹板的宽厚比为

$$\frac{h_0}{t_w} = \frac{600\text{mm} - 2 \times 17\text{mm}}{11\text{mm}} = 51.455 < 65\varepsilon_k = 65$$

根据《钢标》表 3.5.1，可知构件的截面板件宽厚比等级为 S1 级。

根据《钢标》第 6.1.2 条第 1 款，取塑性发展系数 $\gamma_x = 1.05$；根据"提示：取 $W_{nx} = W_x$"，根据《钢标》式（6.1.1），当进行抗弯强度计算时，梁的弯曲应力

$$\frac{M_x}{\gamma_x W_{nx}} = \frac{450 \times 10^6 \text{N} \cdot \text{mm}}{1.05 \times 2610 \times 10^3 \text{mm}^3} = 164.2 \text{N/mm}^2$$

正确答案：C

解答流程：抗弯强度计算的梁弯曲应力的计算流程见流程图 3-1。

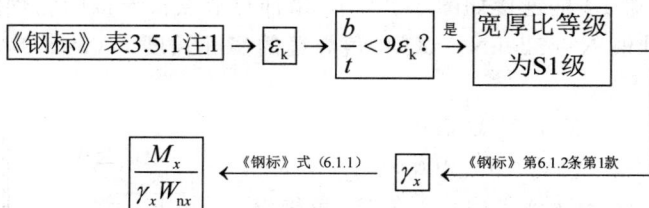

$$\boxed{《钢标》表3.5.1注1} \rightarrow \boxed{\varepsilon_k} \rightarrow \boxed{\frac{b}{t} < 9\varepsilon_k ?} \xrightarrow{\text{是}} \boxed{\begin{array}{c}\text{宽厚比等级}\\\text{为S1级}\end{array}}$$

$$\boxed{\frac{M_x}{\gamma_x W_{nx}}} \xleftarrow{《钢标》式(6.1.1)} \boxed{\gamma_x} \xleftarrow{《钢标》第6.1.2条第1款}$$

流程图 3-1　抗弯强度计算的梁弯曲应力

审题要点：①最大弯矩设计值；②$W_x = 2610 \times 10^3 \text{mm}^3$；③抗弯强度计算；④提示：取 $W_{nx} = W_x$。

主要考点：①塑性发展系数的查取；②梁的弯曲应力计算。

题 32：按照轴心受拉构件进行强度计算的最大拉应力（2005 年一级题 19）

吊杆 B4 的轴心拉力设计值 $N = 520 \text{kN}$，采用 2 ㄷ 16a，其横截面面积为 4390mm^2，槽钢腹板厚度 6.5mm。槽钢腹板与节点板之间采用高强度螺栓摩擦型连接，共 6 个 M20 的高强度螺栓（孔径 21mm），沿杆件轴线分两排布置。试问，当按照轴心受拉构件进行强度计算时，吊杆的最大拉应力（N/mm²）与下列何项数值最为接近？

提示：仅仅在吊杆端部连接部位有孔。

　　A. 135　　　　　　　B. 119　　　　　　　C. 113　　　　　　　D. 96

解答过程：根据《钢标》式（7.1.1-1），吊杆自身应力（非连接部位处）

$$\sigma_1 = \frac{N}{A} = \frac{520 \times 10^3 \text{N}}{4390 \text{mm}^2} = 118.5 \text{N/mm}^2$$

根据《钢标》式（7.1.1-3），高强度螺栓摩擦型连接部位最大应力

$$\sigma_2 = \left(1 - 0.5\frac{n_1}{n}\right)\frac{N}{A_n}$$

$$= \left(1 - 0.5 \times \frac{2}{6}\right) \times \frac{520 \times 10^3 \text{N}}{4390 \text{mm}^2 - 2 \times 2 \times (6.5\text{mm} \times 24\text{mm})}$$

$$= 115.065 \text{N/mm}^2$$

则吊杆的最大拉应力为 118.5N/mm^2。

正确答案：B

解答流程：按照轴心受拉构件进行强度计算的最大拉应力计算流程见流程图 3-2。

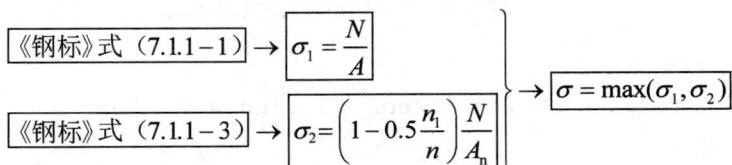

$$\boxed{《钢标》式(7.1.1-1)} \rightarrow \boxed{\sigma_1 = \frac{N}{A}}$$
$$\boxed{《钢标》式(7.1.1-3)} \rightarrow \boxed{\sigma_2 = \left(1 - 0.5\frac{n_1}{n}\right)\frac{N}{A_n}} \Big\} \rightarrow \boxed{\sigma = \max(\sigma_1, \sigma_2)}$$

流程图 3-2　按照轴心受拉构件进行强度计算的最大拉应力

审题要点：①轴心拉力设计值；②6 个 M20 的高强度螺栓；③分两排布置；④轴心受拉构件进行强度计算时。

主要考点：①拉杆应力的计算；②高强度螺栓连接部位最大应力的计算。

题 33：角焊缝的实际长度（2005 年一级题 20）

吊杆 B4 与横梁 B1 的连接如图 3-2 所示，吊杆与节点板连接的角焊缝 $h_f = 6mm$；吊杆的轴心拉力设计值 $N = 520kN$。试问，角焊缝的实际长度 l_1（mm）应与下列何项数值最为接近？

　　　A. 220　　　　　　　B. 280

　　　C. 350　　　　　　　D. 400

解答过程：根据《钢标》式（11.2.2-2），角焊缝计算长度

$$l_w = \frac{N}{\sum h_e f_f^w}$$

$$= \frac{520 \times 10^3 N}{(4 \times 0.7 \times 6mm) \times 160N/mm^2}$$

$$= 193.4mm$$

角焊缝的实际长度

$$l_1 = l_w + 2h_f = 193.4mm + 2 \times 6mm = 205.4mm$$

图 3-2　吊杆 B4 与横梁 B1 的连接

正确答案：A

解答流程：角焊缝的实际长度的计算流程见流程图 3-3。

$$\boxed{《钢标》式（11.2.2-2）} \rightarrow \boxed{l_w = \frac{N}{\sum h_e f_f^w}} \rightarrow \boxed{l_1 = l_w + 2h_f}$$

流程图 3-3　角焊缝的实际长度

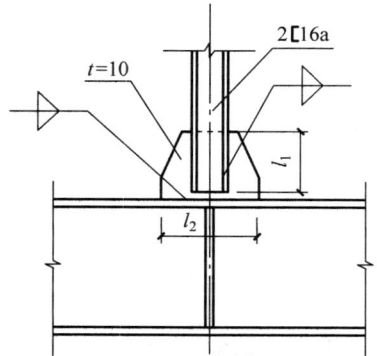

审题要点：①角焊缝 h_f；②轴心拉力设计值 N；③角焊缝的实际长度。

主要考点：角焊缝计算（实际）长度。

题 34：角焊缝的实际长度（2005 年一级题 21）

同题 33 的条件，节点板与横梁 B1 连接的角焊缝 $h_f = 10mm$，并沿边满焊。试问，角焊缝的实际长度 l_2（mm），应与下列何项数值最为接近？

　　　A. 220　　　　　　B. 280　　　　　　C. 350　　　　　　D. 400

解答过程：根据《钢标》式（11.2.2-1），正面角焊缝直接承受动力荷载时，不考虑强度增大系数，所需角焊缝计算长度

$$l_w = \frac{N}{\sum h_e \beta_f f_f^w} = \frac{520 \times 10^3 N}{(2 \times 0.7 \times 10mm) \times 160N/mm^2} = 232mm$$

角焊缝的实际长度

$$l_2 = l_w + 2h_f = 232mm + 2 \times 10mm = 252mm$$

正确答案：B

解答流程：角焊缝的实际长度计算流程见流程图 3-4。

$$\boxed{\text{正面角焊缝}} \rightarrow \boxed{\text{《钢标》式（11.2.2-1）}} \rightarrow \boxed{l_{\text{w}} = \dfrac{N}{\sum h_{\text{e}} \beta_{\text{f}} f_{\text{f}}^{\text{w}}}} \rightarrow \boxed{l_2 = l_{\text{w}} + 2h_{\text{f}}}$$

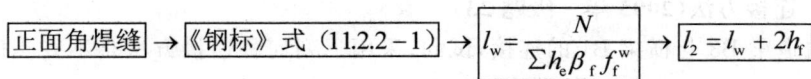

流程图 3-4　角焊缝的实际长度

审题要点：横梁 B1 连接的角焊缝。

主要考点：①正面角焊缝承受动力荷载，不考虑强度增大系数；②角焊缝计算（实际）长度。

题 35：铆钉的数量（2005 年一级题 22）

同题 33 的条件，吊杆与节点板改用铆钉连接，铆钉采用 BL3 钢，孔径为 $d_0 = 21\text{mm}$，按照 Ⅱ 类孔考虑。试问，铆钉的数量与下列何项数值最为接近？

A. 6　　　　　　　　B. 8　　　　　　　　C. 10　　　　　　　　D. 12

解答过程：根据题干可知 Ⅱ 类孔、BL3 铆钉，查《钢标》表 4.4.7，得 $f_{\text{v}}^{\text{r}} = 155\text{N/mm}^2$，根据大题干可知 Q235 钢、Ⅱ 类孔，根据《钢标》表 4.4.7，得 $f_{\text{c}}^{\text{r}} = 365\text{N/mm}^2$，根据《钢标》式（11.4.1-2），可得一个铆钉的受剪承载力设计值

$$N_{\text{v}}^{\text{r}} = n_{\text{v}} \frac{\pi d_0^2}{4} f_{\text{v}}^{\text{r}} = 2 \times \frac{3.14 \times (21\text{mm})^2}{4} \times 155\text{N/mm}^2 = 107.3 \times 10^3\text{N} = 107.3\text{kN}$$

根据《钢标》式（11.4.1-4）得

$$\sum t = \min(10\text{mm}, 2 \times 6.5\text{mm}) = 10\text{mm}$$

由此可得一个铆钉的承压承载力设计值

$$N_{\text{c}}^{\text{r}} = d_0 \sum t f_{\text{c}}^{\text{r}} = 21\text{mm} \times 10\text{mm} \times 365\text{N/mm}^2 = 76.65 \times 10^3\text{N} = 76.65\text{kN}$$

$$N^{\text{r}} = \min(N_{\text{v}}^{\text{r}}, N_{\text{c}}^{\text{r}}) = 76.65\text{kN}$$

则铆钉的数量

$$n \geqslant \frac{N}{N^{\text{r}}} = \frac{520\text{kN}}{76.65\text{kN}} = 6.8$$

正确答案：B

解答流程：铆钉的数量计算流程见流程图 3-5。

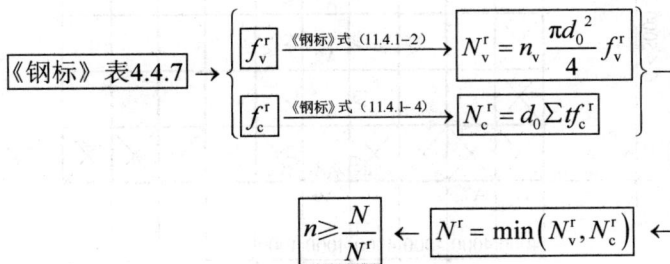

$$\boxed{\text{《钢标》表4.4.7}} \rightarrow \begin{cases} \boxed{f_{\text{v}}^{\text{r}}} \xrightarrow{\text{《钢标》式（11.4.1-2）}} \boxed{N_{\text{v}}^{\text{r}} = n_{\text{v}} \dfrac{\pi d_0^2}{4} f_{\text{v}}^{\text{r}}} \\ \boxed{f_{\text{c}}^{\text{r}}} \xrightarrow{\text{《钢标》式（11.4.1-4）}} \boxed{N_{\text{c}}^{\text{r}} = d_0 \sum t f_{\text{c}}^{\text{r}}} \end{cases}$$

$$\boxed{n \geqslant \dfrac{N}{N^{\text{r}}}} \leftarrow \boxed{N^{\text{r}} = \min(N_{\text{v}}^{\text{r}}, N_{\text{c}}^{\text{r}})}$$

流程图 3-5　铆钉的数量

审题要点：①铆钉采用 BL3 钢；②Ⅱ 类孔。

主要考点：铆钉连接计算。

题 36：连接方法（2005 年一级题 23）

关于轨道梁 B3 与横梁 B1 的连接，试问，采用下列何种连接方法是不妥当的，并简述理由。

提示：轨道梁与横梁直接承受动力荷载。

  A. 铆钉连接   B. 焊缝连接

  C. 高强度螺栓摩擦型连接   D. 高强度螺栓承压型连接

解答过程：根据《钢标》第 11.5.4 条第 3 款，高强度承压型螺栓不应用于直接承受动力荷载的结构。

正确答案：D

审题要点：提示：轨道梁与横梁直接承受动力荷载。

主要考点：连接方法的选择。

题 37～题 42：某原料均化库厂房跨度 48m，采用三铰拱刚架结构，并设有悬挂的胶带机通廊和纵向天窗，厂房剖面如图 3-3(a) 所示。

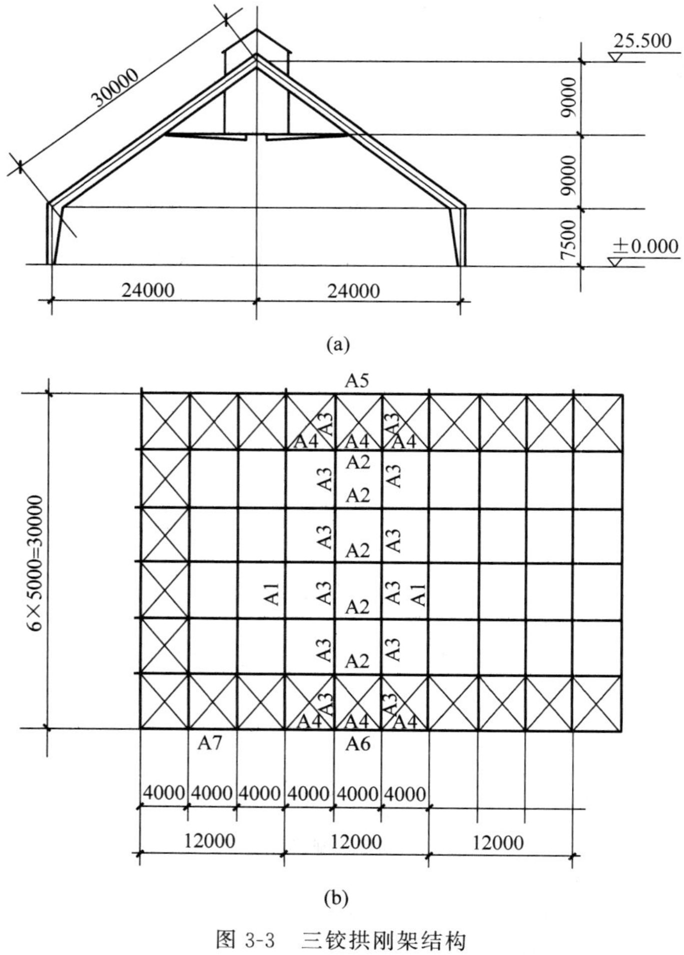

(a)

(b)

图 3-3　三铰拱刚架结构

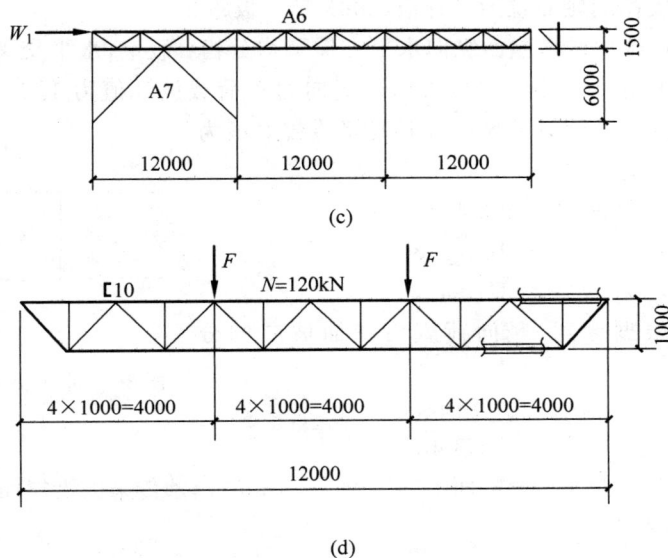

(c)

(d)

图 3-3(续)

　　钢架梁(A1)、桁架式大檩条(A2)、檩条(A3)及屋面梁水平支撑(A4)的局部布置如图 3-3(b)所示。屋面采用彩色压型钢板,跨度 4m 的冷弯型钢小檩条(图中未示出),支承在钢架梁和檩条上,小檩条沿屋面坡向的檩距为 1.25m。跨度为 5m 的檩条(A3)支承在桁架式大檩条上;跨度为 12m 的桁架式大檩条(A2)支承在钢架梁(A1)上,其沿屋面坡向的檩距为 5m。钢架柱及柱间支撑(A7)的局部布置如图 3-3(c)所示。桁架式大檩条结构布置如图 3-3(d)所示。

　　三铰拱刚架结构采用 Q345B 钢材,手工焊接时使用 E50 电焊条;其他结构均采用 Q235B 钢材,手工焊接时使用 E43 电焊条;所有焊接结构,要求焊缝质量等级为二级。

　　题 37:在竖向荷载作用下的最大弯矩设计值(2005 年一级题 24)

　　屋面竖向均布荷载设计值为 $1.2kN/m^2$(包括屋面结构自重、雪荷载、灰荷载;按水平投影计算),单跨简支的檩条(A3)在竖向荷载作用下的最大弯矩设计值(kN·m)与下列何项数值最为接近?

　　　　A. 15　　　　　　　B. 12　　　　　　　C. 9.6　　　　　　　D. 3.8

　　解答过程:根据图 3-3(b),檩条(A3)的间距为 4m,则水平投影方向线荷载

$$q_0 = 4m \times 1.2kN/m^2 = 4.8kN/m$$

根据图 3-3(a)、(b),檩条实际长度为 5m,水平方向投影长度为 4m。

按投影跨度计算的最大弯矩设计值

$$M = \frac{q_0 l^2}{8} = \frac{4.8kN/m \times (4m)^2}{8} = 9.6kN \cdot m$$

　　正确答案:C

　　审题要点:①图 3-3;②跨度为 5m 的檩条(A3);③竖向均布荷载设计值。

　　主要考点:内力计算。

题 38：交叉支撑的轴心拉力设计值（2005 年一级题 25）

屋面的坡向荷载由两道屋面纵向水平支撑平均分担；假定，水平交叉支撑（A4）在其平面内只考虑能承担拉力（图 3-4），当屋面竖向均布荷载设计值为 1.2kN/m^2 时，试问，交叉支撑的轴心拉力设计值（kN），与下列何项数值最为接近？

提示：A4 的计算简图如图 3-4 所示。

　　A. 88.6　　　　　　B. 73.8

　　C. 44.3　　　　　　D. 34.6

解答过程：根据题意，竖向荷载沿屋面坡向的分量为

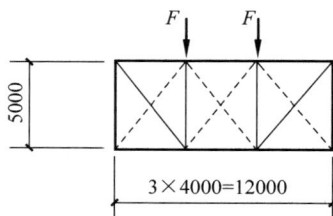

图 3-4　水平交叉支撑计算简图

$$q_1 = q \times \frac{18\text{m}}{30\text{m}} = 1.2\text{kN/m}^2 \times \frac{18\text{m}}{30\text{m}} = 0.72\text{kN/m}^2$$

檩条间距为 4m，由水平投影面上的跨距为 24m 的檩条传来的沿屋面坡向的荷载值

$$F = 0.72\text{kN/m}^2 \times 4\text{m} \times \frac{24\text{m}}{2} = 34.56\text{kN}$$

在图 3-4 中，虚线杆均为压杆，不考虑其承受的荷载，利用下节点竖向合力为零的原则，交叉支撑的轴心拉力设计值

$$N = \frac{34.56\text{kN}}{\dfrac{5000\text{mm}}{\sqrt{(5000\text{mm})^2 + (4000\text{mm})^2}}} = 44.3\text{kN}$$

正确答案：C

审题要点：①只能承担拉力；②交叉支撑的轴心拉力设计值；③提示：A4 的计算简图如图 3-4 所示。

主要考点：内力计算。

题 39：作用在钢架柱顶的风荷载设计值（2005 年一级题 26）

山墙骨架柱间距 4m，上端支承在屋面横向水平支撑上；假定，山墙骨架柱两端均为铰接。当迎风面山墙上的风荷载设计值为 0.6kN/m^2 时，试问，作用在钢架柱顶的风荷载设计值 W_1（kN）与下列何项数值最为接近？

提示：参见图 3-3（c），在钢架柱顶作用风荷载 W_1。

　　A. 205　　　　　　B. 172　　　　　　C. 119　　　　　　D. 93

解答过程：迎风面山墙总面积

$$A = 48\text{m} \times \frac{18\text{m}}{2} + 7.5\text{m} \times 48\text{m} = 792\text{m}^2$$

一排骨架柱承担总风力的 1/2（图 3-5），又假定山墙骨架柱两端为铰接，故作用在钢架柱的顶风荷载设计值

$$W_1 = \frac{1}{2} \times \frac{1}{2} \times (792\text{m}^2 \times 0.6\text{kN/m}^2) = 119\text{kN}$$

正确答案：C

审题要点：山墙骨架柱两端均为铰接。

主要考点：内力计算。

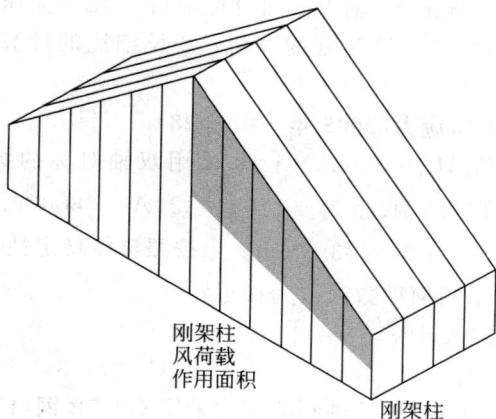

图 3-5　风荷载作用面积

题 40：轴心受压构件最大压应力（2005 年一级题 27）

桁架大檩条 A2 上弦杆的轴心压力设计值 $N=120\text{kN}$，采用 $\llcorner 10$，$A=1274\text{mm}^2$，$i_x=39.5\text{mm}$（x 轴为截面对称轴），$i_y=14.1\text{mm}$；槽钢的腹板与桁架平面垂直。当上弦杆按照轴心受压构件进行稳定性计算时，试问，最大压应力（N/mm^2）与下列何项数值最为接近？

　　　　A. 101.0　　　　　　B. 126.4　　　　　　C. 143.4　　　　　　D. 171.6

解答过程：根据《钢标》表 7.4.1-1，并结合图 3-3（b）、（d）可知上弦杆平面内计算长度 $l_{0y}=1000\text{mm}$，平面外计算长度 $l_{0x}=4000\text{mm}$（x、y 轴为构件的局部坐标轴，见图 3-6）。

$$\text{长细比 } \lambda_y=\frac{l_{0y}}{i_y}=\frac{1000\text{mm}}{14.1\text{mm}}=71,\qquad \text{长细比 } \lambda_x=\frac{l_{0x}}{i_x}=\frac{4000\text{mm}}{39.5\text{mm}}=101$$

根据《钢标》表 7.2.1-1，截面绕 x 轴、y 轴均属于 b 类。

根据《钢标》附录表 D.0.2，稳定系数 $\varphi_x=0.745$，$\varphi_y=0.549$，$\varphi_{\min}=\min(\varphi_x,\varphi_y)=0.549$。根据《钢标》式（7.2.1），按照轴心受压构件进行稳定性计算时，最大压应力

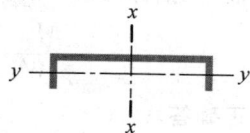

$$\frac{N}{\varphi_{\min}A}=\frac{120\times10^3\text{N}}{0.549\times1274\text{mm}^2}=171.6\text{N/mm}^2$$

图 3-6　构件的局部坐标轴

正确答案：D

解答流程：轴心受压构件最大压应力的计算流程见流程图 3-6。

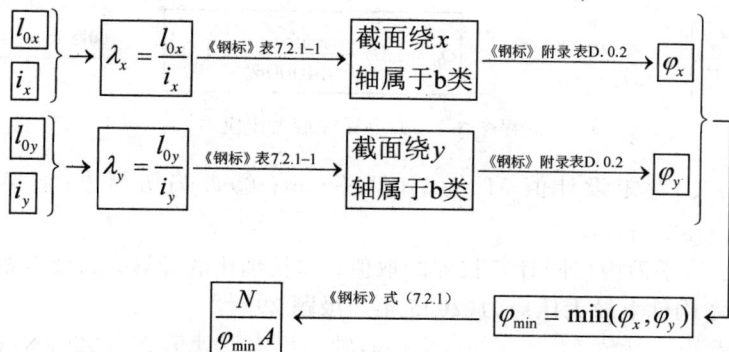

流程图 3-6　轴心受压构件最大压应力

审题要点：①$i_x = 39.5$mm（x 轴为截面对称轴）；②轴心受压构件进行稳定性计算。

主要考点：①平面内（外）计算长度的取值；②长细比的计算；③截面类型的判定；④稳定系数的查取。

题 41：梁上翼缘最大压应力（2005 年一级题 28）

钢架梁的弯矩设计值 $M_x = 5100$kN·m，采用双轴对称的焊接工字形截面；翼缘板为 -400×25（火焰切割边），腹板为 -1500×12，$A = 38000$mm²，工字形截面 $W_x = 19360 \times 10^3$mm³，$i_x = 628$mm，$i_y = 83.3$mm。当按照整体稳定性计算时，试问，梁上翼缘最大压应力（N/mm²）与下列何项数值最为接近？

提示：φ_b 按照近似方法计算。

    A. 243.0   B. 256.2   C. 277.3   D. 289.0

解答过程：根据大题干中"三铰拱刚架结构采用 Q345B 钢材"，由《钢标》表 3.5.1 注 1，钢号修正系数

$$\varepsilon_k = \sqrt{\frac{235}{f_y}} = \sqrt{\frac{235\text{N/mm}^2}{345\text{N/mm}^2}} = 0.825$$

由图 3-3(b) 可知，钢架梁平面外计算长度取侧向大檩条支承间距 5m。

长细比 $\lambda_y = \dfrac{l_{0y}}{i_y} = \dfrac{5000\text{mm}}{83.3\text{mm}} = 60 < 120\varepsilon_k = 120 \times 0.825 = 99$，符合《钢标》附录 C.0.5 条的要求。

根据《钢标》式（C.0.5-1），整体稳定系数

$$\varphi_b = 1.07 - \frac{\lambda_y^2}{44000\varepsilon_k^2} = 1.07 - \frac{60^2}{44000 \times 0.825^2} = 0.95 < 1.0$$

根据《钢标》式（6.2.2），当按照整体稳定性计算时，梁上翼缘最大压应力

$$\frac{M_x}{\varphi_b W_x} = \frac{5100 \times 10^6 \text{N·mm}}{0.95 \times 19360 \times 10^3 \text{mm}^3} = 277.3\text{N/mm}^2$$

正确答案：C

解答流程：梁上翼缘最大压应力的计算流程见流程图 3-7。

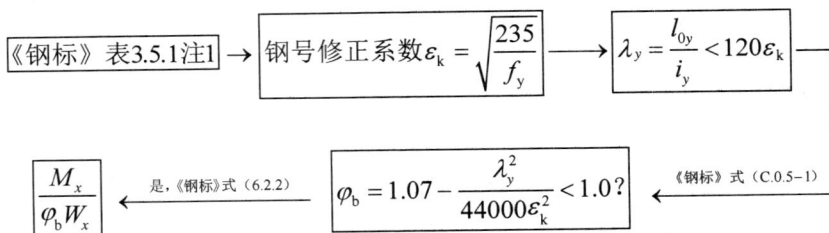

流程图 3-7 梁上翼缘最大压应力

审题要点：①弯矩设计值 $M_x = 5100$kN·m；②火焰切割边；③$W_x = 19360 \times 10^3$mm³；④$i_y = 83.3$mm。

主要考点：①平面内（外）计算长度的取值；②长细比的计算；③稳定系数的查取。

题 42：压弯构件上最大压应力（2005 年一级题 29）

钢架柱的弯矩设计值 $M_x = 5100$kN·m，轴心压力设计值 $N = 920$kN，截面与钢架梁

相同(见题 41)。作为压弯构件,对弯矩作用平面外的稳定性计算时,构件上最大压应力 (N/mm²)与下列何项数值最为接近?

　　提示:φ_b 按近似方法计算,取 $\beta_{tx} = 0.65$。

　　A. 213.1　　　　B. 228.1　　　　C. 277.3　　　　D. 289.0

　　解答过程:根据大题干"三铰拱刚架结构采用 Q345B 钢材",由《钢标》表 3.5.1 注 1, 钢号修正系数

$$\varepsilon_k = \sqrt{\frac{235}{f_y}} = \sqrt{\frac{235 \text{N/mm}^2}{345 \text{N/mm}^2}} = 0.825$$

　　由图 3-3(c)可知,钢架柱平面外计算长度为 6m,长细比

$$\lambda_y = \frac{l_{0y}}{i_y} = \frac{6000 \text{mm}}{83.3 \text{mm}} = 72 < 120\varepsilon_k = 120 \times 0.825 = 99$$

　　符合《钢标》附录 C.0.5 条的要求。

　　根据《钢标》式(C.0.5-1),整体稳定系数

$$\varphi_b = 1.07 - \frac{\lambda_y^2}{44000\varepsilon_k^2} = 1.07 - \frac{72^2}{44000 \times 0.825^2} = 0.9 < 1.0$$

　　根据上题题干"火焰切割边",由《钢标》表 7.2.1-1,可知截面绕 y 轴为 b 类。

　　采用 Q345 钢,$\lambda'_y = \lambda_y / \varepsilon_k = 72/0.825 = 87$,根据《钢标》附录表 D.0.2,得 $\varphi_y = 0.641$。

　　钢架柱为 H 形截面,则 $\eta = 1.0$;根据《钢标》式(8.2.1-3),可得构件上最大压应力

$$\frac{N}{\varphi_y A} + \eta\frac{\beta_{tx}M_x}{\varphi_b W_{1x}} = \frac{920 \times 10^3 \text{N}}{0.641 \times 38000 \text{mm}^2} + 1.0 \times \frac{0.65 \times 5100 \times 10^6 \text{N} \cdot \text{mm}}{0.9 \times 19360 \times 10^3 \text{mm}^3} = 228\text{N/mm}^2$$

　　正确答案:B

　　解答流程:压弯构件上最大压应力的计算流程见流程图 3-8。

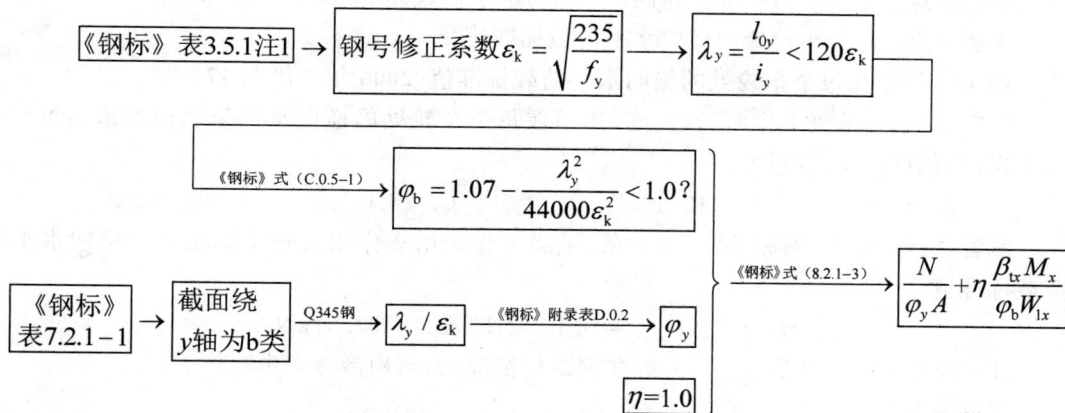

流程图 3-8　压弯构件上最大压应力

　　审题要点:①弯矩作用平面外的稳定性计算时;②提示:φ_b 按近似方法计算,取 $\beta_{tx} = 0.65$。

　　主要考点:①平面内(外)计算长度的取值;②长细比的计算;③截面类型的判定; ④稳定系数的查取。

第4章 2006年钢结构

题43~题46：某单层工业厂房，设有两台 $Q=25/10\text{t}$ 的软钩桥式吊车，吊车每侧有两个车轮，轮距为 4m，最大轮压标准值 $F_{\max}=279.7\text{kN}$，横行小车重量标准值 $g=73.5\text{kN}$，吊车轨道高度 $h_R=130\text{mm}$。

厂房柱距为 12m，采用工字形截面的实腹式钢吊车梁，上翼缘板的厚度 $h_y=18\text{mm}$，腹板厚 $t_w=12\text{mm}$。沿吊车梁腹板平面作用的最大剪力为 V，在吊车梁顶面作用有吊车轮压产生的移动集中荷载 P 和吊车安全走道上的均布荷载 q。

题43：作用在每个车轮处的横向水平荷载标准值（2006年一级题16）

当吊车为中级工作制时，试问，作用在每个车轮处的横向水平荷载标准值（kN）应与下列何项数值最为接近？

    A. 15.9   B. 8.0   C. 22.2   D. 11.1

解答过程：根据题干"$Q=25/10\text{t}$ 的软钩桥式吊车"，根据《建筑结构荷载规范》（GB 50009—2012，《荷规》）表 6.1.2，横向水平荷载标准值的百分数取为 10%。再根据题干"吊车每侧有两个车轮"，两侧共有四个车轮。

根据《荷规》第 6.1.2 条第 3 款，作用在每个车轮处的横向水平荷载标准值

$$T_k=10\%\times\frac{Q+g}{4}=0.1\times\frac{25\text{t}\times9.8\text{kN/t}+73.5\text{kN}}{4}=8\text{kN}$$

注：$Q=25/10\text{t}$ 的含义为大钩起吊质量为 25t，小钩起吊质量为 10t。

正确答案：B

审题要点：①吊车为中级工作制；②横向水平荷载标准值。

主要考点：每个车轮处的横向水平荷载标准值。

题44：作用在每个车轮处的横向水平荷载标准值（2006年一级题17）

假定，吊车为重级工作制时，试问，作用在每个车轮处的横向水平荷载标准值（kN），与下列何项数值最为接近？

    A. 8.0   B. 14.0   C. 28.0   D. 42.0

解答过程：根据《钢标》第 3.3.2 条，重级工作制吊车作用在每个车轮处的横向水平荷载标准值

$$H_k=0.1F_{\max}=0.1\times279.7\text{kN}=27.97\text{kN}$$

注：最大轮压标准值 $F_{\max}$，一般在钢结构标准、钢结构参考书中写作 $P_{k,\max}$。

正确答案：C

错项由来：如果直接使用题43的解答 $T_k=8\text{kN}$，错选 A。

审题要点：①吊车为重级工作制；②横向水平荷载标准值。

主要考点：重级工作制吊车作用在每个车轮处的横向水平荷载标准值。

题45：吊车梁腹板上边缘局部压应力（2006年一级题18）

当吊车工作制为轻、中级或重级时，吊车梁腹板上边缘局部压应力（N/mm²），与下列

何项数值最为接近？

  A. 81.6、81.6、110.1   B. 81.6、85.7、110.1

  C. 81.6、85.7、121.1   D. 85.7、85.7、121.1

  解答过程：根据《荷规》第 6.3.1 条，对轻、中级工作制吊车，动力系数取为 1.05；对重级工作制吊车，动力系数取为 1.1。

  根据《荷规》第 3.2.4 条，吊车荷载的分项系数取为 1.4。

  根据《钢标》第 6.1.4 条第 1 款，对重级工作制吊车梁，取 $\psi=1.35$；对其他吊车梁，取 $\psi=1.0$。

  根据《钢标》式（6.1.4-3），轮压分布长度

$$l_z = a + 5h_y + 2h_R = 50\text{mm} + 5 \times 18\text{mm} + 2 \times 130\text{mm} = 400\text{mm}$$

  根据《钢标》式（6.1.4-1），轻、中级工作制吊车梁腹板上边缘局部压应力

$$\sigma_c = \frac{\psi F}{t_w l_z} = \frac{1.0 \times 1.05 \times 1.4 \times 279.7 \times 10^3 \text{N}}{12\text{mm} \times 400\text{mm}} = 85.7\text{N/mm}^2$$

  根据《钢标》式（6.1.4-1），重级工作制吊车梁腹板上边缘局部压应力

$$\sigma_c = \frac{\psi F}{t_w l_z} = \frac{1.35 \times 1.1 \times 1.4 \times 279.7 \times 10^3 \text{N}}{12\text{mm} \times 400\text{mm}} = 121.1\text{N/mm}^2$$

  正确答案：D

  解答流程：吊车梁腹板上边缘局部压应力的计算流程见流程图 4-1。

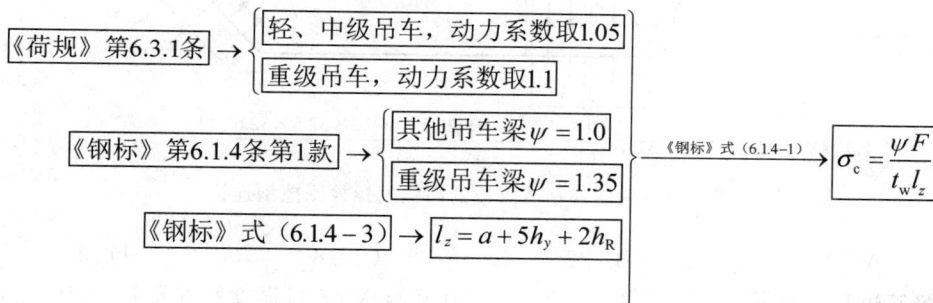

流程图 4-1　吊车梁腹板上边缘局部压应力

  审题要点：梁腹板上边缘局部压应力。

  主要考点：①吊车动力系数的查取；②轮压分布长度的计算；③局部压应力的计算。

  题 46：角焊缝进行强度计算时荷载的共同作用（2006 年一级题 19）

  吊车梁上翼缘板与腹板采用双面角焊缝连接（不需验算疲劳的吊车梁），试问，当对其角焊缝进行强度计算时，应采用下列何项荷载的共同作用？

  A. V 与 P B. V 与 P 和 q C. V 与 q D. P 与 q

  解答过程：根据《钢标》第 11.2.2 条和第 11.2.7 条，V 产生水平方向的剪力，P 和 q 产生垂直方向的剪应力。

  正确答案：B

  审题要点：不需验算疲劳的吊车梁。

  主要考点：角焊缝进行强度计算需要考虑的荷载。

  题 47～题 48：某屋盖工程的大跨度主桁架结构使用 Q345B 钢材，其所有杆件均采用

热轧 H 型钢。H 型钢的腹板与桁架平面垂直。桁架端节点斜杆轴心拉力设计值 $N=12700\text{kN}$。

题 47：顺内力方向每排螺栓数量（2006 年一级题 20）

桁架端节点采用两侧外贴节点板的高强度螺栓摩擦型连接，如图 4-1 所示。螺栓采用 10.9 级 M27 高强度螺栓，摩擦面抗滑移系数取 0.4。试问，顺内力方向每排螺栓数量（个）应与下列何项数值最为接近？

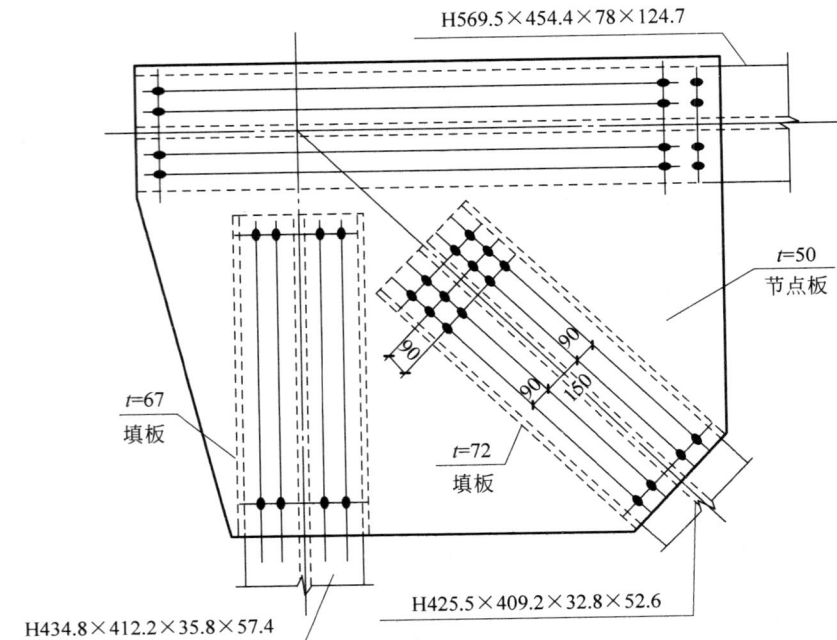

图 4-1　两侧外贴节点板的高强度螺栓摩擦型连接

    A. 26　　　　　　　　B. 22　　　　　　　　C. 18　　　　　　　　D. 16

解答过程：根据《钢标》表 11.4.2-2，得 10.9 级 M27 高强度螺栓预拉力 $P=290\text{kN}$。按标准孔径[①]取 $k=1.0$。

由《钢标》式(11.4.2-1)，一个螺栓的抗剪承载力设计值

$$N_v^b=0.9kn_f\mu P=0.9\times1.0\times1\times0.4\times290\text{kN}=104.4\text{kN}$$

根据大题干"桁架端节点斜杆轴心拉力设计值 $N=12700\text{kN}$"，并由图 4-1 知，斜杆有两个翼缘，每排共有 8 个螺栓，螺栓排数

$$n=\frac{N}{8N_v^b}=\frac{12700\text{kN}}{8\times104.4\text{kN}}=15.2$$

取 $n=16$，螺栓排数 $n=16$，沿着构件长度方向螺栓的间距有 $n-1=15$；根据《钢标》表 11.5.1，取螺栓孔径 $d_0=30\text{mm}$，此时连接长度 $L=90\text{mm}\times(16-1)=1350\text{mm}$。

$$15d_0=15\times30\text{mm}=450\text{mm}<L<60d_0=60\times30\text{mm}=1800\text{mm}$$

根据《钢标》第 11.4.5 条，强度折减系数

---

① 《钢标》中没有孔形的相关参数，所以在 2018 年之前的考题，解答中均按照标准孔径取 $k=1.0$ 来处理。

$$\eta = 1.1 - \frac{L}{150d_0} = 1.1 - \frac{1350\text{mm}}{150 \times 30\text{mm}} = 0.8 > 0.7$$

每排螺栓数

$$n = \frac{16}{0.8} = 20$$

结合选项给出的数据,取 $n = 22$。

此时连接长度

$$90\text{mm} \times (22 - 1) = 1890\text{mm} > 60d_0 = 15 \times 28.5\text{mm} = 1710\text{mm}$$

根据《钢标》第 11.4.5 条,取折减系数 $\eta = 0.7$,

$$0.7 \times 22 \times 8 \times 104.4\text{kN} = 12862\text{kN} > N = 12700\text{kN}$$

满足要求。

正确答案:B

解答流程:顺内力方向每排螺栓数量的计算流程见流程图 4-2。

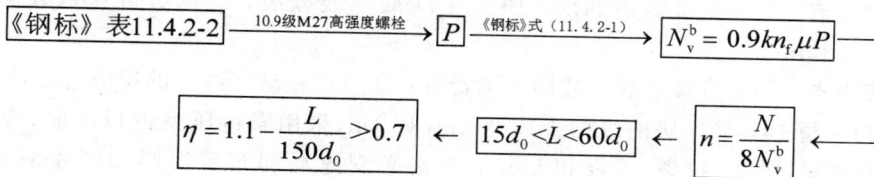

流程图 4-2 顺内力方向每排螺栓数量

审题要点:①桁架端节点斜杆轴心拉力设计值;②10.9 级 M27 高强度螺栓;③摩擦面抗滑移系数取 0.4。

主要考点:①高强度螺栓预拉力的查取;②一个螺栓的抗剪承载力设计值的计算;③强度折减系数的计算。

题 48:节点板破坏线上的拉应力设计值(2006 年一级题 21)

现将桁架的端节点改为等强焊接对接节点的连接形式,如图 4-2 所示。在斜杆轴心拉力作用下,节点板将沿 $AB - BC - CD$ 破坏线撕裂,已经确定 $AB = CD = 400\text{mm}$,其抗剪折算系数均取 $\eta = 0.7$,$BC = 33\text{mm}$。试问,在节点板破坏线上的拉应力设计值(N/mm^2)应与下列何项数值最为接近?

A. 356.0   B. 258.7   C. 178.5   D. 158.2

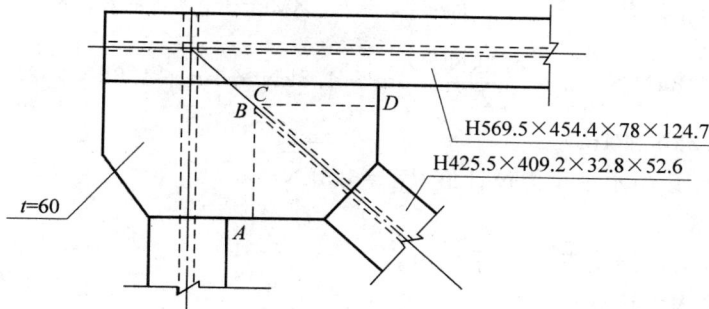

图 4-2 等强焊接对接节点

解答过程：根据《钢标》第12.2.1条，一块节点板上破坏线的面积

$$\sum \eta_i A_i = (0.7 \times 400\text{mm} \times 60\text{mm}) \times 2 + 33\text{mm} \times 60\text{mm} = 35580\text{mm}^2$$

在节点板一条破坏线上的拉应力设计值

$$\frac{N}{\sum \eta_i A_i} = \frac{\dfrac{12700 \times 10^3\text{N}}{2}}{35580\text{mm}^2} = 178.5\text{N/mm}^2$$

正确答案：C

解答流程：节点板破坏线上的拉应力设计值的计算流程见流程图4-3。

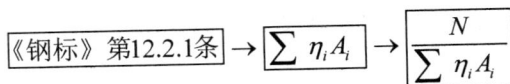

$$\boxed{《钢标》第12.2.1条} \rightarrow \boxed{\sum \eta_i A_i} \rightarrow \boxed{\frac{N}{\sum \eta_i A_i}}$$

流程图4-3　节点板破坏线上的拉应力设计值

审题要点：①节点板将沿 $AB-BC-CD$ 破坏线撕裂；②抗剪折算系数均取 $\eta = 0.7, BC = 33\text{mm}$。

主要考点：①节点板上破坏线面积的计算；②节点板破坏线上的拉应力设计值。

题49～题54：某厂房的纵向天窗宽8m，高4m，采用彩色压型钢板屋面，冷弯型钢檩条。天窗架、檩条、拉条、撑杆和天窗上弦水平支撑局部布置简图如图4-3(a)所示；天窗两侧的垂直支撑如图4-3(b)所示；工程中通常采用的三种形式天窗架的结构简图分别如图4-3(c)～(e)所示。所有构件均采用Q235钢，手工焊接时使用E43型焊条，要求焊缝质量等级为二级。

题49：**天窗架支座水平反力的设计值（2006年一级题22）**

桁架式天窗架如图4-3(c)所示，试问，天窗架支座 A 水平反力 R_H 的设计值(kN)，应与下列何项数值最为接近？

　　A. 3.3　　　　　　B. 4.2　　　　　　C. 5.5　　　　　　D. 6.6

解答过程：图4-3(c)中天窗架支座 A 竖向反力为

$$R_V = F_2 + \frac{1}{2}F_1 + F_1 + F_1 + F_1 + \frac{1}{2}F_1 = 4F_1 + F_2 = 4 \times 4.8\text{kN} + 8\text{kN} = 27.2\text{kN}$$

以 C 点取矩，由 $\sum M_C = 0$ 得

$$R_H \times 7 + F_2 \times 4 + \frac{F_1}{2} \times 4 + F_1 \times 3 + F_1 \times 2 + F_1 \times 1 = R_V \times 4$$

$$R_H \times 7\text{m} + 8\text{kN} \times 4\text{m} + \frac{4.8\text{kN}}{2} \times 4\text{m} + 4.8\text{kN} \times 3\text{m} + 4.8\text{kN} \times 2\text{m} + 4.8\text{kN}$$
$$= 27.2\text{kN} \times 4\text{m}$$

则天窗架支座 A 水平反力设计值 $R_H = 5.5\text{kN}$。

正确答案：C

审题要点：天窗架支座 A 水平反力。

主要考点：内力计算。

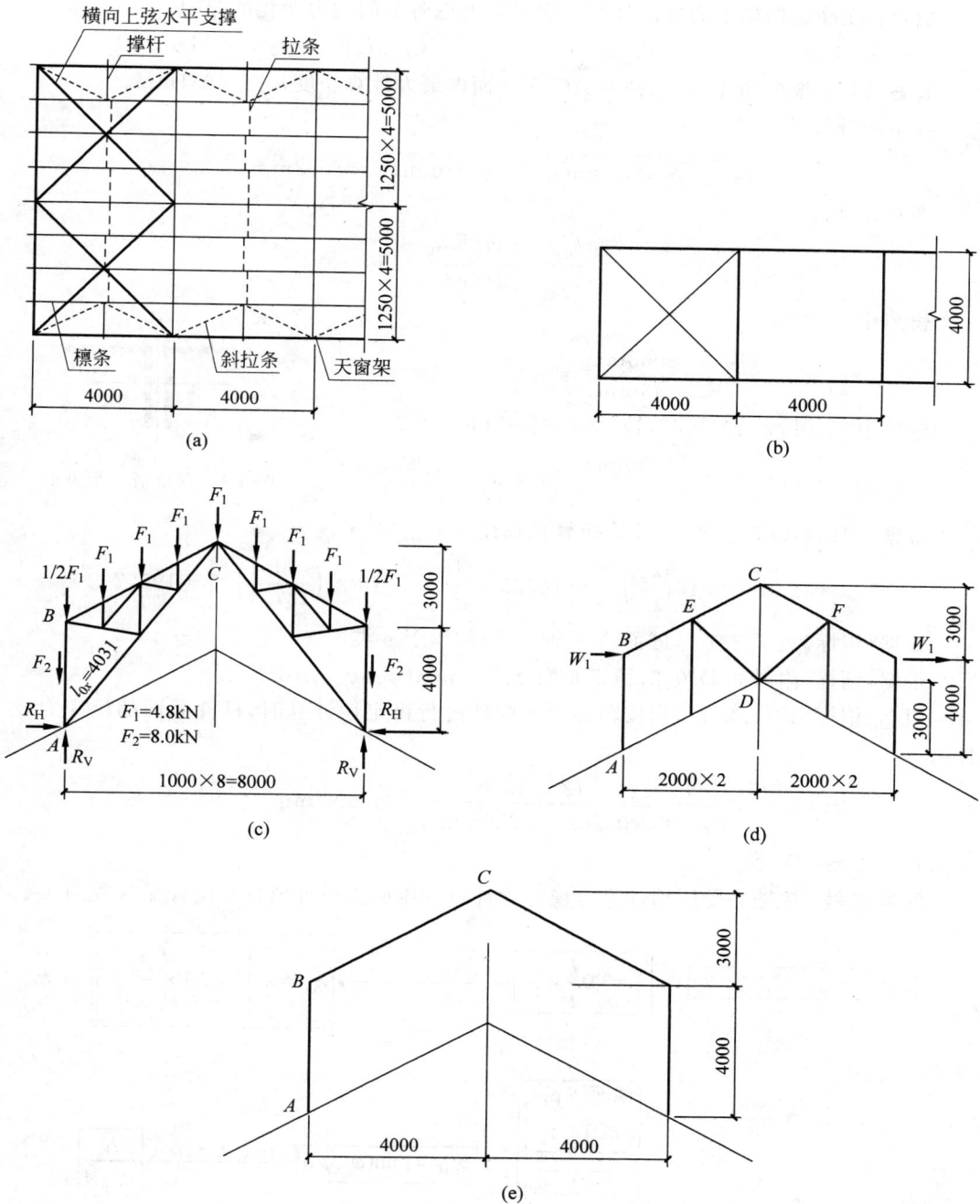

図 4-3　厂房的纵向天窗

题 50：按轴心受压构件进行稳定性计算的压应力设计值（2006 年一级题 23）

在图 4-3(c)中，假定杆件 AC 在各节间最大轴心压力设计值 $N=12$kN。采用 ⌐ 100×6，$A=2386$mm^2，$i_x=31$mm，$i_y=43$mm。当按轴心受压构件进行稳定性计算时，试问，杆件截面的压应力设计值（N/mm^2）应与下列何项数值最为接近？

提示：在确定桁架平面外的计算长度时不考虑各节间内力变化的影响。

　　A. 46.2　　　　　　　B. 35.0　　　　　　　C. 27.8　　　　　　　D. 24.9

解答过程：根据图 4-3(c)，杆件 AC 在平面内最大计算长度 $l_{0x}=4031$mm。

在平面外计算长度

$$l_{0y}=\sqrt{(4000\text{mm})^2+(7000\text{mm})^2}=8062\text{mm}$$

则有长细比

$$\lambda_x=\frac{l_{0x}}{i_x}=\frac{4031\text{mm}}{31\text{mm}}=130$$

长细比

$$\lambda_y=\frac{l_{0y}}{i_y}=\frac{8062\text{mm}}{43\text{mm}}=187.5$$

题目中"采用 ⊤ 100×6"，根据《钢标》式(7.2.2-7)，

$$\lambda_z=3.9\frac{b}{t}=3.9\times\frac{100\text{mm}}{6\text{mm}}=65<\lambda_y=187.5$$

图 4-4　双角钢 T 形截面

根据《钢标》式(7.2.2-5)，计算换算长细比

$$\lambda_{yz}=\lambda_y\left[1+0.16\left(\frac{\lambda_z}{\lambda_y}\right)^2\right]=187.5\times\left[1+0.16\times\left(\frac{65}{187.5}\right)^2\right]=190.7$$

根据《钢标》表 7.2.1-1，截面绕 x 轴、y 轴均属于 b 类。

根据《钢标》附录表 D.0.2，稳定系数 $\varphi_{\min}=\min(\varphi_x,\varphi_y)=0.202$。

根据《钢标》式(7.2.1)，当按轴心受压构件进行稳定性计算时，杆件截面的压应力设计值

$$\frac{N}{\varphi_{\min}A}=\frac{12\times10^3\text{N}}{0.202\times2386\text{mm}^2}=24.9\text{N/mm}^2$$

正确答案：D

解答流程：按轴心受压构件进行稳定性计算的压应力设计值计算流程见流程图 4-4。

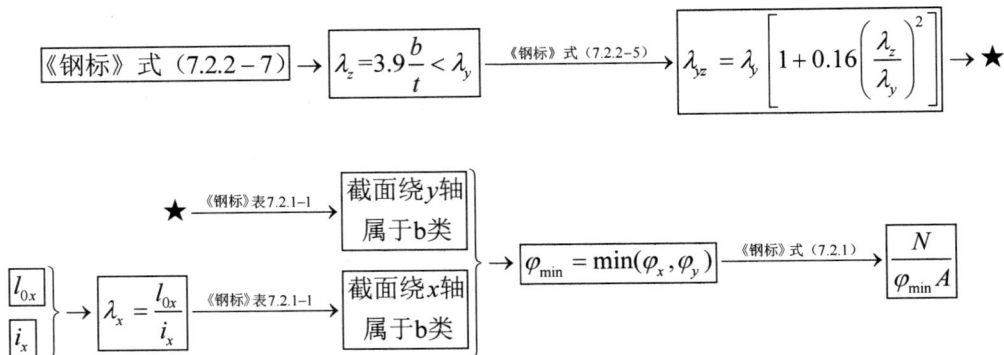

《钢标》式 (7.2.2-7) → $\lambda_z=3.9\dfrac{b}{t}<\lambda_y$ →《钢标》式 (7.2.2-5) → $\lambda_{yz}=\lambda_y\left[1+0.16\left(\dfrac{\lambda_z}{\lambda_y}\right)^2\right]$ → ★

★ —《钢标》表7.2.1-1→ 截面绕 y 轴属于 b 类

$\left.\dfrac{l_{0x}}{i_x}\right\} \to \lambda_x=\dfrac{l_{0x}}{i_x}$ —《钢标》表7.2.1-1→ 截面绕 x 轴属于 b 类

$\Big\} \to \varphi_{\min}=\min(\varphi_x,\varphi_y)$ —《钢标》式 (7.2.1)→ $\dfrac{N}{\varphi_{\min}A}$

流程图 4-4　按轴心受压构件进行稳定性计算的压应力设计值

　　审题要点：①图 4-3(c)各节间最大轴心压力设计值；②$i_x=31$mm，$i_y=43$mm；③轴心受压构件进行稳定性计算；④提示。

　　主要考点：①平面内(外)计算长度的计算；②长细比的计算；③截面类型的判定；

④稳定系数的计算。

题 51：DF 杆的轴心拉力设计值（2006 年一级题 24）

竖杆式天窗架如图 4-3(d)所示。在风荷载作用下，假定，天窗斜杆（DE、DF）仅承担拉力。试问，当风荷载设计值 $W_1 = 2.5$ kN 时，DF 杆的轴心拉力设计值（kN）应与下列何项数值最为接近？

　　A. 8.0　　　　　　B. 9.2　　　　　　C. 11.3　　　　　　D. 12.5

解答过程：将整个天窗架作为隔离体，由于杆 DE 受压退出工作，仅由杆 DF 承受全部水平力。

杆 DF 的长度

$$l_{DF} = \sqrt{(2000\text{mm})^2 + (2500\text{mm})^2} = 3202\text{mm}$$

DF 杆的轴心拉力设计值

$$N_{DF} = (2.5\text{kN} + 2.5\text{kN}) \times \frac{3202\text{mm}}{2000\text{mm}} = 8\text{kN}$$

正确答案：A

审题要点：天窗斜杆（DE、DF）仅承受拉力。

主要考点：内力计算。

题 52：按长细比选择截面（2006 年一级题 25）

在图 4-3(d)中，杆件 CD 的轴心压力很小（远小于其承载能力的 50%），可按长细比选择截面，试问，下列何项截面较为经济合理？

　　A. ┼45×5（$i_{\min} = 17.2$mm）　　　　　　B. ┼50×5（$i_{\min} = 19.2$mm）

　　C. ┼56×5（$i_{\min} = 21.7$mm）　　　　　　D. ┼70×5（$i_{\min} = 27.3$mm）

解答过程：根据《钢标》第 7.4.6 条第 2 款，容许长细比 $[\lambda] = 200$；由《钢标》第 7.4.6 条第 1 款，计算时取最小回转半径；由《钢标》表 7.4.1-1，杆 CD 斜平面内计算长度 $l_0 = 0.9l = 0.9 \times 4000$mm $= 3600$mm。

最小回转半径

$$i_{\min} \geqslant \frac{l_0}{[\lambda]} = \frac{3600\text{mm}}{200} = 18\text{mm}$$

正确答案：B

审题要点：①远小于其承载能力的 50%；②按长细比选择截面。

主要考点：①容许长细比；②斜平面内计算长度。

题 53：按整体稳定性计算的最大压应力设计值（2006 年一级题 26）

两铰拱式天窗架如图 4-3(e)所示，斜梁的最大弯矩设计值 $M_x = 30.2$kN·m，采用热轧 H 型钢 H200×100×5.5×8，$A = 2757$mm²，$W_x = 188 \times 10^3$mm³，$i_x = 82.5$mm，$i_y = 22.1$mm，当按整体稳定性计算时，试问，截面上的最大压应力设计值（N/mm²）应与下列何项数值最为接近？

提示：φ_b 按受弯构件整体稳定系数近似方法计算。

　　A. 171.3　　　　　　B. 180.6　　　　　　C. 205.9　　　　　　D. 152.3

解答过程：根据题意，斜梁平面外计算长度可按两个檩距考虑，即 2.5m。

根据大题干中"所有构件均采用 Q235 钢",由《钢标》表 3.5.1 注 1,钢号修正系数

$$\varepsilon_k = \sqrt{\frac{235}{f_y}} = \sqrt{\frac{235 \text{N/mm}^2}{235 \text{N/mm}^2}} = 1$$

长细比

$$\lambda_y = \frac{l_{0y}}{i_y} = \frac{2500 \text{mm}}{22.1 \text{mm}} = 113 < 120\varepsilon_k = 120 \times 1 = 120$$

符合《钢标》附录 C.0.5 条的要求。

根据《钢标》式(C.0.5-1),可得整体稳定系数

$$\varphi_b = 1.07 - \frac{\lambda_y^2}{44000\varepsilon_k^2} = 1.07 - \frac{113^2}{44000 \times 1^2} = 0.78 < 1.0$$

根据《钢标》式(6.2.2),当按整体稳定性计算时,截面上的最大压应力设计值

$$\frac{M_x}{\varphi_b W_x} = \frac{30.2 \times 10^6 \text{N} \cdot \text{mm}}{0.78 \times 188 \times 10^3 \text{mm}^3} = 205.9 \text{N/mm}^2$$

正确答案:C

解答流程:按整体稳定性计算的最大压应力设计值计算流程见流程图 4-5。

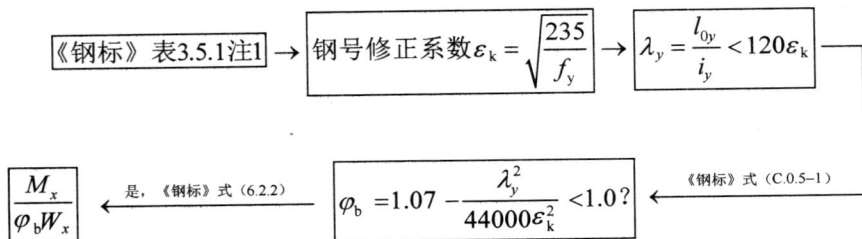

流程图 4-5　按整体稳定性计算的最大压应力设计值

审题要点:①$i_x = 82.5$mm;②整体稳定性计算时;③提示:φ_b 按受弯构件整体稳定系数近似方法计算。

主要考点:①平面内(外)计算长度的计算;②长细比的计算;③稳定系数的计算。

题 54：弯矩作用平面外稳定性计算的构件最大压应力设计值(2006 年一级题 27)

在图 4-3(e)中立柱的最大弯矩设计值 $M_x = 30.2$kN·m,轴心压力设计值 $N = 29.6$kN,采用热轧 H 型钢 H194×150×6×9,$A = 3976 \text{mm}^2$,$W_x = 283 \times 10^3 \text{mm}^3$,$i_x = 83$mm,$i_y = 35.7$mm。作为压弯构件,试问,当对弯矩作用平面外的稳定性进行计算时,构件上最大压应力设计值(N/mm²)应与下列何项最为接近?

提示:φ_b 按近似方法计算,取 $\beta_{tx} = 1$。

　　A. 171.3　　　　　B. 180.6　　　　　C. 205.9　　　　　D. 151.4

解答过程:根据大题干"所有构件均采用 Q235 钢",由《钢标》表 3.5.1 注 1,钢号修正系数

$$\varepsilon_k = \sqrt{\frac{235}{f_y}} = \sqrt{\frac{235 \text{N/mm}^2}{235 \text{N/mm}^2}} = 1$$

长细比

$$\lambda_y = \frac{l_{0y}}{i_y} = \frac{4000\text{mm}}{35.7\text{mm}} = 112 < 120\varepsilon_k = 120 \times 1 = 120$$

符合《钢标》附录 C.0.5 条的要求。

根据题干"热轧 H 型钢 H194×150×6×9",则有 $\dfrac{b}{h} = \dfrac{150\text{mm}}{194\text{mm}} = 0.773 < 0.8$,根据《钢标》表 7.2.1-1,截面绕 y 轴属于 b 类,根据《钢标》附录表 D.0.2,稳定系数 $\varphi_y = 0.481$。

根据《钢标》式(C.0.5-1),整体稳定系数

$$\varphi_b = 1.07 - \frac{\lambda_y^2}{44000\varepsilon_k^2} = 1.07 - \frac{112^2}{44000 \times 1^2} = 0.785 < 1.0$$

热轧 H 型钢为开口截面,取 $\eta = 1.0$。

根据《钢标》式(8.2.1-3),构件上最大压应力设计值

$$\frac{N}{\varphi_y A} + \eta \frac{\beta_{tx} M_x}{\varphi_b W_{1x}} = \frac{29.6 \times 10^3 \text{N}}{0.481 \times 3976\text{mm}^2} + 1.0 \times \frac{1.0 \times 30.2 \times 10^6 \text{N} \cdot \text{mm}}{0.785 \times 283 \times 10^3 \text{mm}^3} = 151.4\text{N/mm}^2$$

正确答案:D

解答流程:弯矩作用平面外稳定性计算的构件最大压应力设计值计算流程见流程图 4-6。

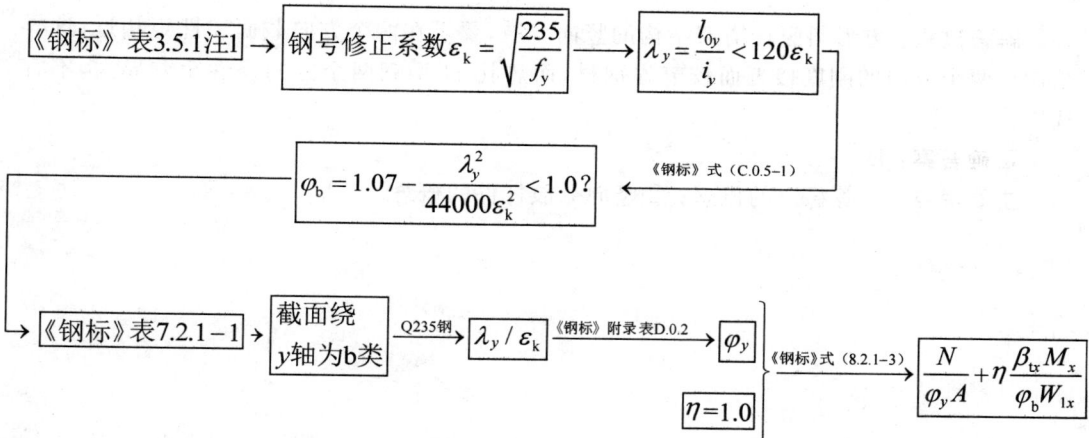

流程图 4-6　弯矩作用平面外稳定性计算的构件最大压应力设计值

审题要点:①立柱的最大弯矩设计值;②轴心压力设计值;③$i_x = 83\text{mm}$,$i_y = 35.7\text{mm}$;④弯矩作用平面外的稳定性计算;⑤提示:φ_b 按近似方法计算,取 $\beta_{tx} = 1$。

主要考点:①平面外计算长度的计算;②长细比的计算;③稳定系数的计算。

题 55:考虑螺栓(或铆钉)孔引起的截面削弱(2006 年一级题 28)

某一主平面内受弯的实腹构件,当构件截面上有螺栓(或铆钉)孔时,下列何项计算要考虑螺栓(或铆钉)孔引起的截面削弱?

　　A. 构件变形计算　　　　　　　　　　　B. 整体稳定计算

　　C. 抗弯强度计算　　　　　　　　　　　D. 抗剪强度计算

解答过程:根据《钢标》第 6.1.1 条,对抗弯强度用净截面计算,选项 C 正确;根据

《钢标》第 3.4.2 条,对变形采用毛截面计算,选项 A 错误;根据《钢标》第 6.2.2 条,对整体稳定采用毛截面计算,选项 B 错误;根据《钢标》第 6.1.3 条,对抗剪强度采用毛截面计算,选项 D 错误。

正确答案:C

审题要点:主平面内受弯的实腹构件。

主要考点:螺栓(或铆钉)孔引起的截面削弱。

题 56:截面形式的竖向分肢杆件(2006 年一级题 29)

方形斜腹杆塔架结构,当从结构构造和节省钢材方面综合考虑时,试问,不宜采用下列选项中何种截面形式的竖向分肢杆件?

A. 热轧方钢管　　　　　　　　　　　　B. 热轧圆钢管

C. 热轧 H 型钢组合截面　　　　　　　D. 热轧 H 型钢

解答过程:方形斜腹杆塔架结构的竖向分肢,要求在两个方向截面惯性矩相近,这样结构在两个方向的刚度接近而较节省钢材,而热扎 H 型钢两个方向惯性矩差异大,不宜选用。

正确答案:D

主要考点:①等稳定的概念;②竖向分肢杆件的概念。

第5章 2007年钢结构

题 57~题 63：某多跨厂房，中列柱的柱距为 12m，采用钢吊车梁。已知吊车梁的截面尺寸如图 5-1(a)所示，吊车梁采用 Q345 钢，使用自动焊和 E50 型焊条的手工焊。吊车梁上行驶两台重级工作制的软钩桥式吊车，起重量 $Q=50/10t$，小车重 $g=15t$，吊车桥架跨度 $L_k=28.0m$，最大轮压标准值 $P_{k,max}=470kN$。一台吊车的轮压分布如图 5-1(b)所示。

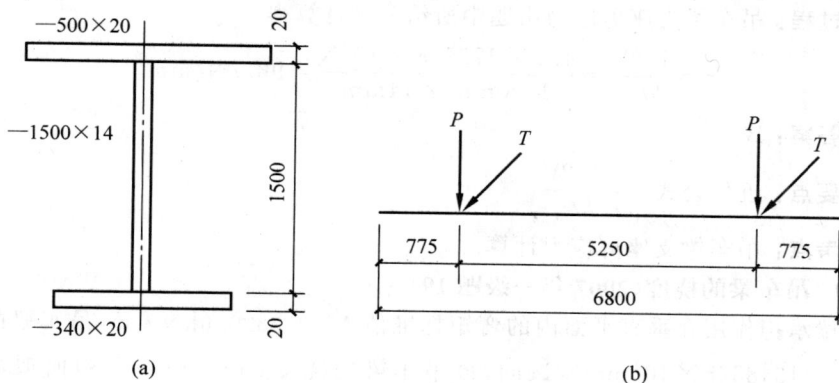

图 5-1　吊车梁的截面尺寸

(a)吊车梁截面尺寸；(b)吊车轮压分布

题 57：每个轮压处因吊车摆动引起的横向水平荷载标准值（2007 年一级题 16）

每个轮压处因吊车摆动引起的横向水平荷载标准值（kN），应与下列何项数值最为接近？

    A. 16.3   B. 34.1   C. 47.0   D. 65.8

解答过程：根据《钢标》第 3.3.2 条，由重级吊车摆动引起的卡轨力

$$H_k = \alpha P_{k,max} = 0.1 \times 470kN = 47kN$$

正确答案：C

审题要点：因吊车摆动引起的横向水平荷载标准值。

主要考点：重型吊车摆动引起的卡轨力。

题 58：弯矩作用下，吊车梁翼缘拉应力（2007 年一级题 17）

吊车梁承担作用在垂直平面内的弯矩设计值 $M_x=4302kN \cdot m$，对吊车梁下翼缘的净截面模量 $W_{nx}^T = 16169 \times 10^3 mm^3$，试问，在该弯矩作用下，吊车梁翼缘拉应力（$N/mm^2$）应与下列何项数值最为接近？

    A. 266   B. 280   C. 291   D. 301

解答过程：根据《钢标》第 6.1.2 条，重级工作制吊车梁需验算疲劳，取 $\gamma_x=1.0$。

根据《钢标》式(6.1.1)，吊车梁翼缘拉应力

$$\frac{M_x}{\gamma_x W_{nx}} = \frac{4302 \times 10^6 N \cdot mm}{1.0 \times 16169 \times 10^3 mm^3} = 266N/mm^2$$

正确答案：A

审题要点：吊车梁翼缘拉应力。

主要考点：①重级工作制吊车梁需验算疲劳；②吊车梁翼缘拉应力计算。

题 59：吊车梁支座剪应力（2007 年一级题 18）

吊车梁支座处最大剪力设计值 $V=1727.8\text{kN}$，采用突缘支座，计算剪应力时，可按近

似公式 $\tau=\dfrac{1.2V}{ht_{\text{w}}}$ 进行计算，式中，h、t_{w} 分别为腹板高度与厚度。试问，吊车梁支座剪应力

(N/mm^2) 应与下列何项数值最为接近？

    A. 80.6   B. 98.7   C. 105.1   D. 115.2

解答过程：吊车梁支座剪应力由题中所给公式计算得

$$\tau=\frac{1.2V}{ht_{\text{w}}}=\frac{1.2\times1727.8\times10^3\text{N}}{1500\text{mm}\times14\text{mm}}=98.7\text{N/mm}^2$$

正确答案：B

审题要点：近似公式 $\tau=\dfrac{1.2V}{ht_{\text{w}}}$。

主要考点：吊车梁支座剪应力计算。

题 60：吊车梁的挠度（2007 年一级题 19）

吊车梁承担作用在垂直平面内的弯矩标准值 $M_{\text{k}}=2820.6\text{kN}\cdot\text{m}$，吊车梁的毛截面

惯性矩 $I_x=1348528\times10^4\text{mm}^4$，试问，该吊车梁的挠度（mm）应与下列何项数值最为

接近？

提示：垂直挠度可按下式近似计算 $f=\dfrac{M_{\text{k}}L^2}{10EI_x}$，式中，$M_{\text{k}}$ 为垂直弯矩标准值，L 为吊

车梁的跨度，E 为钢材弹性模量，I_x 为吊车梁的截面惯性矩。

    A. 9.2   B. 10.8   C. 12.1   D. 14.6

解答过程：垂直挠度按题中提示公式计算得

$$f=\frac{M_{\text{k}}L^2}{10EI_x}=\frac{2820.6\times10^6\text{N}\cdot\text{mm}\times12000^2\text{mm}^2}{10\times206\times10^3\text{mm}^3\times1348528\times10^4\text{mm}^4}=14.6\text{N/mm}^2$$

正确答案：D

审题要求：①吊车梁的毛截面惯性矩；②提示。

主要考点：挠度计算。

题 61：角焊缝的剪应力（2007 年一级题 20）

吊车梁采用突缘支座，支座加劲肋与腹板采用角焊缝连接，取 $h_{\text{f}}=8\text{mm}$，当支座剪力

设计值 $V=1727.8\text{kN}$ 时，试问，角焊缝的剪应力(N/mm^2)应与下列何项数值最为接近？

    A. 104   B. 120   C. 135   D. 142

解答过程：根据《钢标》式(11.2.2-2)，角焊缝的剪应力为

$$\tau=\frac{V}{\sum0.7h_{\text{f}}l_{\text{w}}}=\frac{1727.8\times10^3\text{N}}{2\times0.7\times8\text{mm}\times(1500\text{mm}-2\times8\text{mm})}=104\text{N/mm}^2$$

正确答案：A

审题要点：支座加劲肋与腹板采用角焊缝连接。

主要考点：角焊缝的剪应力。

题 62：两台吊车垂直荷载产生的吊车梁支座处的最大剪力设计值（2007 年一级题 21）

试问，由两台吊车垂直荷载产生的吊车梁支座处的最大剪力设计值（kN），应与下列何项数值最为接近？

　　A. 1787.8　　　　　B. 1624.5　　　　　C. 1191.3　　　　　D. 1083.0

解答过程：根据题干，吊车梁上只能布置 3 个轮子，当两台吊车在如图 5-2 所示位置时，吊车梁支座处剪力最大。

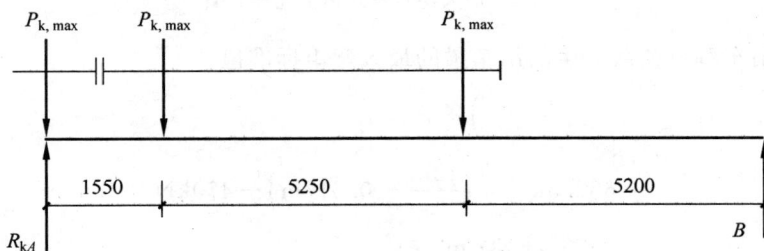

图 5-2　两台吊车的位置

此时，对 B 点取矩得，吊车梁支座剪力标准值

$$R_{kA} = \frac{1}{12m} \times (5.2m + 10.45m + 12m)P_{k,max}$$

$$= \frac{1}{12m} \times (5.2m + 10.45m + 12m) \times 470kN$$

$$= 1083kN$$

根据《荷规》第 6.3.1 条，重级工作制吊车梁，动力系数取 1.1。

则吊车梁支座处的最大剪力设计值

$$R_A = 1.5 \times 1.1 R_{kA} = 1.5 \times 1.1 \times 1083kN = 1786.95kN$$

正确答案：A

审题要点：两台吊车。

主要考点：①吊车梁支座处内力计算；②重级工作制吊车梁动力系数；③吊车梁支座处的最大剪力设计值。

题 63：两台吊车垂直荷载产生的吊车梁的最大弯矩设计值（2007 年一级题 22）

试问，由两台吊车垂直荷载产生的吊车梁的最大弯矩设计值（kN·m），应与下列何项数值最为接近？

　　A. 2677　　　　　B. 2944　　　　　C. 4014　　　　　D. 4416

解答过程：根据题干，吊车梁上只能布置 3 个轮子，当 3 个轮压合力作用点与中间轮压对称于吊车梁中点布置时，吊车梁有最大绝对弯矩值，如图 5-3 所示。

$$3P \times 2a = P \times 5.25 - P \times 1.55$$

$$a = \frac{5.25m - 1.55m}{6} = 0.617m$$

$$R_A = \frac{3P \times \left(\frac{l}{2} - a\right)}{l} = \frac{3 \times 470kN \times \left(\frac{12m}{2} - 0.6167m\right)}{12m} = 632.5kN$$

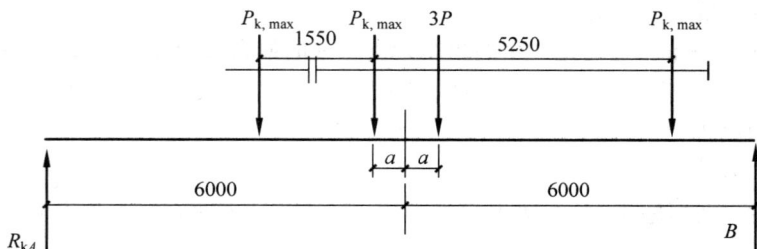

图 5-3　最大绝对弯矩值的轮子位置

由两台吊车垂直荷载产生的吊车梁的最大弯矩标准值

$$M_{k,max} = R_A \left(\frac{l}{2} - a \right) - P \times 1.55$$

$$= 632.5 \text{kN} \times \left(\frac{12 \text{m}}{2} - 0.617 \text{m} \right) - 470 \text{kN} \times 1.55 \text{m}$$

$$= 2676.2 \text{kN} \cdot \text{m}$$

根据《荷规》第 6.3.1 条重级工作制吊车梁的动力系数 1.1，则吊车梁的最大弯矩设计值

$$1.1 \times 1.5 \times 2676.2 \text{kN} \cdot \text{m} = 4415.808 \text{kN} \cdot \text{m}$$

正确答案：D

审题要点：两台吊车。

主要考点：①吊车梁的最大弯矩设计值计算；②重级工作制吊车梁动力系数。

题 64～题 70：某电力炼钢车间单跨厂房，跨度 30m，长 168m，柱距 24m，采用轻型外围结构。厂房内设置两台 $Q = 225/50 \text{t}$ 重级工作制软钩桥式吊车，吊车轨面标高 26m，屋架间距 6m，柱顶设置跨度为 24m 的托架，托架与屋架平接。

沿厂房纵向设有上部柱间支撑和双片的下部柱间支撑，柱子和柱间支撑布置如图 5-4(a) 所示。厂房框架采用单阶钢柱，柱顶与屋面刚接，柱底与基础假定为刚接，钢柱的简图和截面尺寸如图 5-4(b) 所示。钢柱采用 Q345 钢，焊条用 E50 型，柱翼缘板为焰切边。

根据内力分析，厂房框架上段柱和下段柱的内力设计值如下。

上段柱：$M_1 = 2250 \text{kN} \cdot \text{m}$，$N_1 = 4357 \text{kN}$，$V_1 = 368 \text{kN}$；

下段柱：$M_2 = 12950 \text{kN} \cdot \text{m}$，$N_2 = 9820 \text{kN}$，$V_2 = 512 \text{kN}$。

题 64：在框架平面内，上段柱高度（几何尺寸）（2007 年一级题 23）

试问，在框架平面内，上段柱高度 H_1（mm）应与下列何项数值最为接近？

  A. 7000　　　　　B. 10000　　　　　C. 11500　　　　　D. 13000

解答过程：上段柱长度取阶形牛腿顶面到屋架下弦的高度即 10m。

正确答案：B

审题要点：图 5-4。

主要考点：框架平面内上段柱几何高度（不是求取计算长度）。

题 65：在框架平面内，上段柱计算长度系数（2007 年一级题 24）

试问，在框架平面内，上段柱计算长度系数应与下列何项数值最为接近？

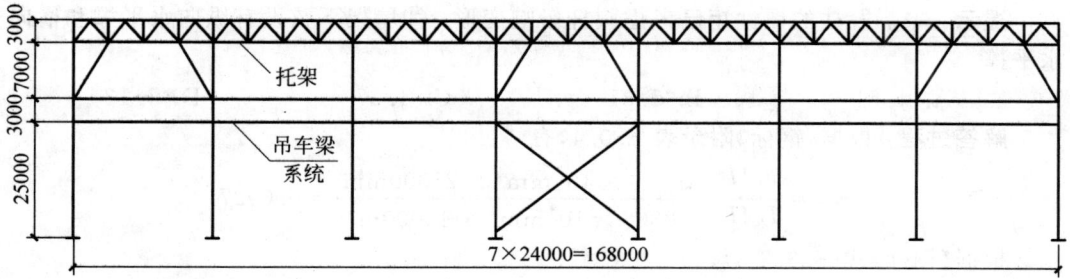

(a)

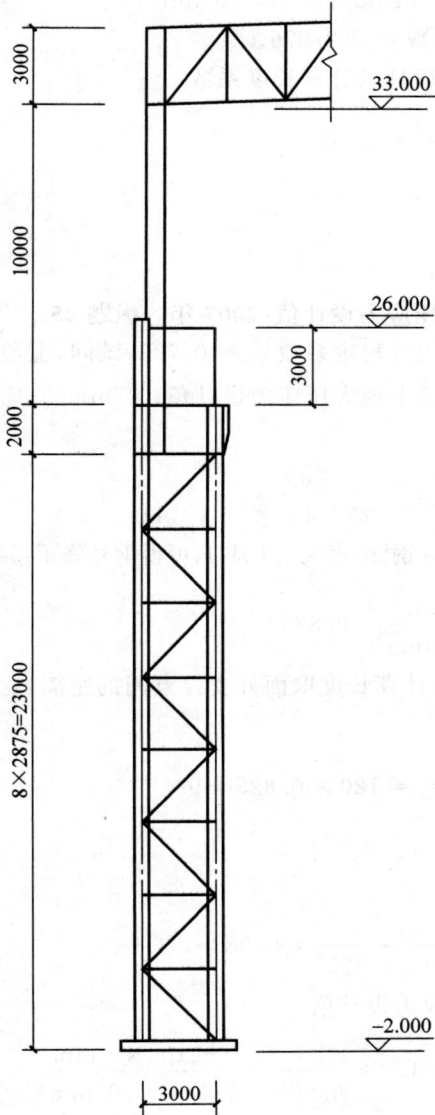

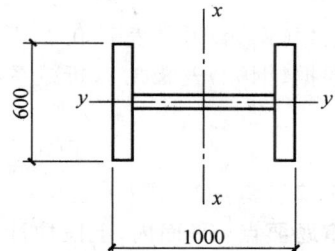

$1000 \times 600 \times 20 \times 25$

$A = 49 \times 10^3 \text{mm}^2$　　$I_x = 856 \times 10^7 \text{mm}^4$

$W_x = 1712 \times 10^4 \text{mm}^3$(无扣孔)

$i_x = 422 \text{mm}$　　　　$i_y = 137 \text{mm}$

上段柱

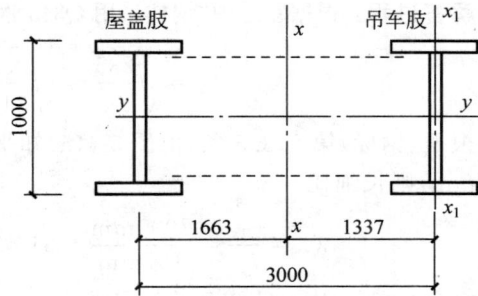

2−400×28　　　　　2−600×28

1−944×25　　　　　1−944×25

$A = 460 \times 10^2 \text{mm}^2$　　$A = 572 \times 10^2 \text{mm}^2$

（无扣孔）　　　　　（无扣孔）

$I_x = 2308 \times 10^8 \text{mm}^4$

下段柱

(b)

图 5-4　柱子和柱间支撑布置

（a）柱及支撑纵向布置；（b）厂房横剖面中柱的构造

提示：①下段柱的惯性矩已考虑腹杆影响变形；②屋架下弦设有纵向水平撑和横向水平撑。

　　　　A. 1.51　　　　　　　B. 1.31　　　　　　　C. 1.27　　　　　　　D. 1.12

解答过程：根据《钢标》附录表 E.0.4，有

$$K_1 = \frac{I_1 H_2}{I_2 H_1} = \frac{856 \times 10^7 \, \text{mm}^4 \times 25000 \, \text{mm}}{2308 \times 10^8 \, \text{mm}^4 \times 10000 \, \text{mm}} = 0.0927$$

根据《钢标》式(8.3.3-3)，

参数　　$$\eta_1 = \frac{H_1}{H_2} \sqrt{\frac{N_1 I_2}{N_2 I_1}} = \frac{10 \times 10^3 \, \text{mm}}{25 \times 10^3 \, \text{mm}} \times \sqrt{\frac{4357 \, \text{kN} \times 2308 \times 10^8 \, \text{mm}^4}{9820 \, \text{kN} \times 856 \times 10^7 \, \text{mm}^4}} = 1.383$$

根据《钢标》附录表 E.0.4，下段柱计算长度系数 $\mu_2 = 2.076$。

根据《钢标》表 8.3.3，折减系数为 $0.8^{①}$，则上段柱的计算长度系数

$$\mu_1 = \frac{\mu_2}{\eta_1} = \frac{2.076 \times 0.8}{1.312} = 1.201$$

正确答案：C

审题要点：平面内，上段柱计算长度系数。

主要考点：框架柱计算长度系数。

题 66：框架平面外稳定性验算的构件上最大压应力设计值（2007 年一级题 25）

已经求得上段柱弯矩作用平面外的轴心受压构件稳定系数 $\varphi_y = 0.797$，试问，上段柱作为压弯构件，进行框架平面外稳定性验算时，构件上最大压应力设计值（N/mm^2），应与下列何项数值最为接近？

提示：$\beta_{tx} = 1.0$。

　　　　A. 208.9　　　　　　　B. 217.0　　　　　　　C. 237.4　　　　　　　D. 245.3

解答过程：根据题干中"钢柱采用 Q345 钢"，由《钢标》表 3.5.1 注 1，可得钢号修正系数

$$\varepsilon_k = \sqrt{\frac{235}{f_y}} = \sqrt{\frac{235 \, \text{N/mm}^2}{345 \, \text{N/mm}^2}} = 0.825$$

根据《钢标》第 8.3.5 条，由图 5-4(a)知平面外计算长度取面外支撑点间的距离 $l_{0y} = 7000 \, \text{mm}$，则长细比

$$\lambda_y = \frac{l_{0y}}{i_y} = \frac{7000 \, \text{mm}}{137 \, \text{mm}} = 51 < 120 \varepsilon_k = 120 \times 0.825 = 99$$

符合《钢标》附录 C.0.5 条的要求。

根据《钢标》式(C.0.5-1)，得整体稳定系数

$$\varphi_b = 1.07 - \frac{\lambda_y^2}{44000 \varepsilon_k^2} = 1.07 - \frac{51^2}{44000 \times 0.825^2} = 0.983 < 1.0$$

根据《钢标》式(8.2.1-3)，可得构件上最大压应力设计值

$$\frac{N}{\varphi_y A} + \eta \frac{\beta_{tx} M_x}{\varphi_b W_{1x}} = \frac{4357 \times 10^3 \, \text{N}}{0.797 \times 490 \times 10^2 \, \text{mm}^2} + 1.0 \times \frac{1 \times 2250 \times 10^6 \, \text{N} \cdot \text{mm}}{0.983 \times 17120 \times 10^3 \, \text{mm}^3}$$

$$= 245.3 \, \text{N/mm}^2$$

---

① 按照多于 6 个柱子且有纵向水平支撑查《钢标》表 8.3.3。

正确答案：D

解答流程：框架平面外稳定性验算的构件上最大压应力设计值计算流程见流程图 5-1。

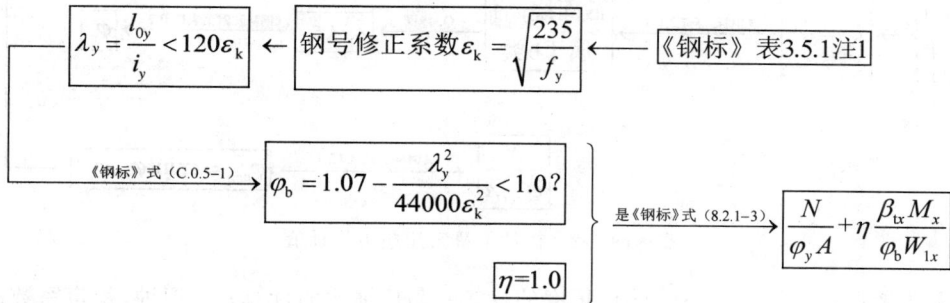

$$\lambda_y = \frac{l_{0y}}{i_y} < 120\varepsilon_k \leftarrow \text{钢号修正系数} \varepsilon_k = \sqrt{\frac{235}{f_y}} \leftarrow \text{《钢标》表3.5.1注1}$$

《钢标》式（C.0.5-1）$\varphi_b = 1.07 - \dfrac{\lambda_y^2}{44000\varepsilon_k^2} < 1.0?$

是《钢标》式（8.2.1-3）$\dfrac{N}{\varphi_y A} + \eta \dfrac{\beta_{tx} M_x}{\varphi_b W_{1x}}$

$\eta = 1.0$

流程图 5-1 框架平面外稳定性验算的构件上最大压应力设计值

审题要点：平面外的轴心受压构件稳定系数。

主要考点：①平面内（外）计算长度的计算；②长细比的计算；③压应力设计值；④稳定系数的计算。

题 67：构件上最大压应力设计值（2007 年一级题 26）

下段柱吊车柱肢的轴心压力设计值 $N = 9759.5$kN，采用焊接 H 形钢 H1000×600×25×28，$A = 57200$mm²，$i_x = 412$mm，$i_y = 133$mm。吊车柱肢作为轴心受压构件，进行框架平面外稳定验算时，试问，构件上最大压应力设计值（N/mm²）应与下列何项数值最为接近？

A. 195.2　　　　B. 213.1　　　　C. 234.1　　　　D. 258.3

解答过程：根据《钢标》第 8.3.5 条，由图 5-4 可知下段柱框架平面外计算长度 $l_{0y} = 23\text{m} + 2\text{m} = 25\text{m} = 25000$mm，长细比

$$\lambda_y = \frac{l_{0y}}{i_x} = \frac{25000\text{mm}}{412\text{mm}} = 60.7$$

此处 i_x 为构件局部坐标的 x 轴，整体坐标为 y 轴。

根据《钢标》表 7.2.1-1，截面类型绕 x 轴无论是何种翼缘制作方式均属于 b 类，截面绕 y 轴属于 b 类。因采用 Q345 钢，需调整为 $\lambda_y/\varepsilon_k = 60.7/0.825 = 73.5$，根据《钢标》附录表 D.0.2 得 $\varphi_y = 0.7285$。

根据《钢标》式（7.2.1），吊车柱肢作为轴心受压构件，进行框架平面外稳定验算时，构件上最大压应力设计值

$$\frac{N}{\varphi_{min} A} = \frac{9759.5 \times 10^3 \text{N}}{0.7285 \times 57200 \text{mm}^2} = 234.2\text{N/mm}^2$$

正确答案：C

解答流程：构件上最大压应力设计值的计算流程见流程图 5-2。

审题要点：①$i_x = 412$mm，$i_y = 133$mm；②平面外稳定验算时。

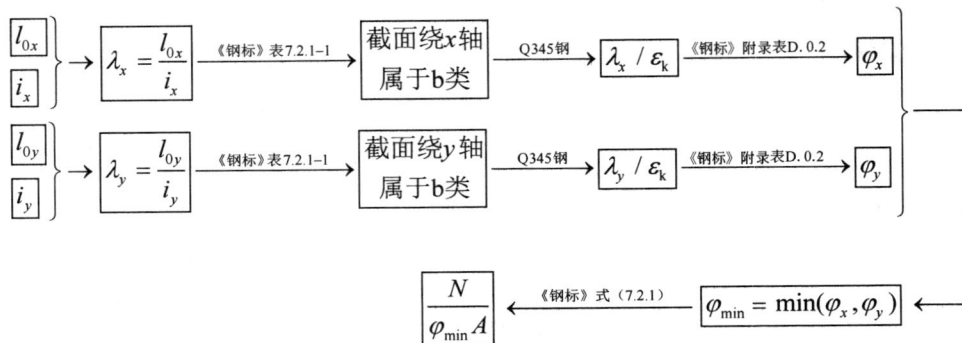

流程图 5-2　构件上最大压应力设计值

主要考点：①平面内(外)计算长度的计算；②长细比的计算；③钢种、稳定系数的查取；④压应力设计值。

题 68：角焊缝的剪应力（**2007 年一级题 27**）

阶形柱采用单壁式肩梁，腹板厚 60mm，肩梁上端作用在吊车柱肢腹板的集中荷载设计值 $F=8120\text{kN}$，吊车柱肢腹板切槽后与肩梁之间用角焊缝连接，采用 $h_f=16\text{mm}$，为增加连接强度，柱肢腹板局部由 -944×25 改为 -944×30，试问，角焊缝的剪应力（N/mm^2）应与下列何项数值最为接近？

提示：该角焊缝内力并非沿侧面角焊缝全长分布。

A. 95　　　　　　B. 155　　　　　　C. 173　　　　　　D. 189

解答过程：单肩梁的竖向尺寸为 2000mm，根据提示及《钢标》第 11.2.6 条，侧面角焊缝的计算长度大于 $60h_f$ 时，焊缝的承载力设计值应乘以折减系数 α_f，即

$$\alpha_f = 1.5 - \frac{l_w}{120h_f} = 1.5 - \frac{2000\text{mm}}{120\times16\text{mm}} = 1.5 - 1.04 = 0.46 < 0.5$$

取 $\alpha_f = 0.5$。

根据《钢标》式(11.2.2-1)，可得角焊缝的剪应力

$$\tau = \frac{N}{0.7h_f\times4\alpha_f l_w} = \frac{8120\times10^3\text{N}}{0.7\times16\text{mm}\times4\times0.5\times2000\text{mm}} = 181.25\text{N/mm}^2$$

正确答案：D

审题要点：①腹板切槽后与肩梁之间用角焊缝连接；②提示：该角焊缝内力并非沿侧面角焊缝全长分布。

主要考点：①侧面角焊缝的计算长度限值；②角焊缝的剪应力计算。

题 69：斜腹杆进行稳定性验算的压应力设计值（**2007 年一级题 28**）

下段柱斜腹杆采用 $2\llcorner140\times10$，$A=5475\text{mm}^2$，$i_x=43.4\text{mm}$，两个角钢的轴心压力设计值 $N=709\text{kN}$。该角钢斜腹杆与柱肢的翼缘板节点板内侧单面连接。各与一个翼缘连接的两角钢之间用缀条相连。当对斜腹杆进行稳定性验算时，试问，其压应力设计值（N/mm^2）应与下列何项数值最为接近？

提示：腹杆计算时，按有节点板考虑。

A. 150　　　　　　B. 170　　　　　　C. 184　　　　　　D. 215

解答过程：根据图 5-4(b)知,斜腹杆几何长度

$$l = \sqrt{(3000\text{mm})^2 + (2875\text{mm})^2} = 4155\text{mm}$$

根据《钢标》表 7.4.1-1,由于有节点板,腹杆的平面内计算长度为 $0.8l$,平面外,由于缀条的作用,使得平面外计算长度有所缩减,故应按平面内稳定控制。

长细比

$$\lambda_x = \frac{l_{0x}}{i_x} = \frac{0.8 \times 4155\text{mm}}{43.4\text{mm}} = 76.6$$

根据《钢标》表 7.2.1-1,截面绕 x 轴属于 b 类;因采用 Q345 钢,$\lambda_x/\varepsilon_k = 76.6/0.825 = 92.8$,根据《钢标》附录表 D.0.2 得 $\varphi_x = 0.603$,根据《钢标》式(7.2.1),压应力设计值

$$\frac{N}{\varphi_{\min}A} = \frac{N}{\varphi_x A} = \frac{709 \times 10^3\text{N}}{0.603 \times 5475\text{mm}^2} = 214.75\text{N}/\text{mm}^2$$

正确答案：D

解答流程：斜腹杆进行稳定性验算的压应力设计值计算流程见流程图 5-3。

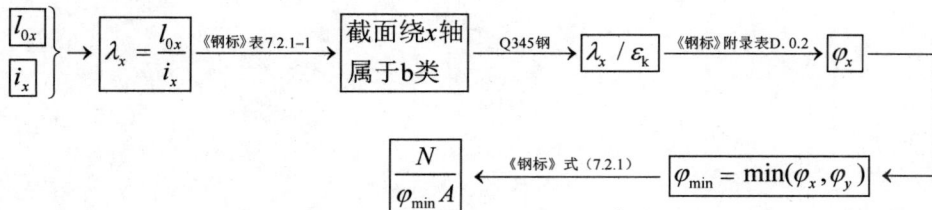

流程图 5-3　斜腹杆进行稳定性验算的压应力设计值

审题要点：①两角钢之间用缀条相连;②斜腹杆进行稳定性验算;③提示:腹杆计算时,按有节点板考虑。

主要考点：①平面内(外)计算长度的计算;②长细比的计算;③钢种、稳定系数的查取;④压应力设计值。

题 70：角焊缝的实际长度（2007 年一级题 29）

条件同题 69,柱子的斜腹杆与柱肢节点板采用单面连接。已知腹杆轴心力设计值 $N = 709\text{kN}$,试问当角焊缝 $h_f = 10\text{mm}$ 时,角焊缝的实际长度(mm)应与下列何项数值最为接近?

A. 240　　　　　B. 320　　　　　C. 200　　　　　D. 400

解答过程：参照《钢标》第 4.4.5 条第 4 款 2),单角钢单面连接强度折减系数为 0.85。E50 型焊条,角焊缝强度设计值 $f_f^w = 200\text{N}/\text{mm}^2$,等边角钢连接时,肢背受力最大,为轴心力的 70%,其焊缝计算长度

$$l_w = \frac{0.7N}{2 \times 0.7h_f \times 0.85f_f^w}$$

$$= \frac{0.7 \times 709 \times 10^3\text{N}}{2 \times 0.7 \times 10\text{mm} \times 0.85 \times 200\text{N}/\text{mm}^2}$$

$$= 209\text{mm}$$

角焊缝的实际长度

$$l_1 = l_w + 2h_f = 209\text{mm} + 2 \times 10\text{mm} = 229\text{mm}$$

正确答案： A

审题要点： ①单面连接；②角焊缝的实际长度。

主要考点： ①单角钢单面连接强度折减系数的查取；②角焊缝强度设计值的查取；③角焊缝计算（实际）长度的计算。

第6章 2008年钢结构

题71~题75：某皮带运输通廊为钢平台结构,采用钢支架支承平台,固定支架未示出。钢材采用 Q235B 钢,焊条为 E43 型,焊接工字钢翼缘为火焰切割边,平面布置及构件如图 6-1 所示,图中长度单位为 mm。

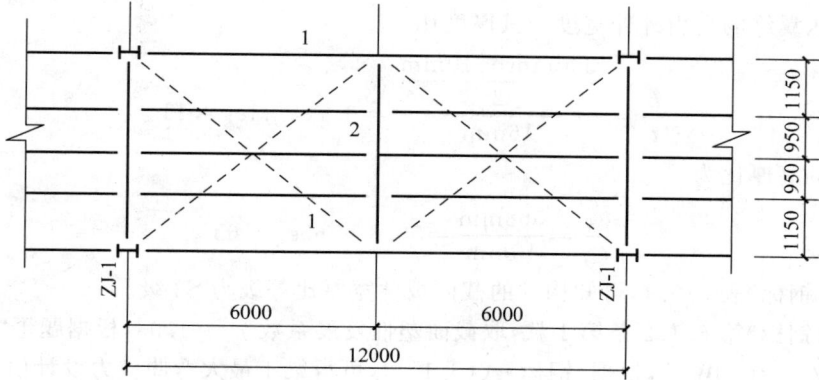

平面布置图

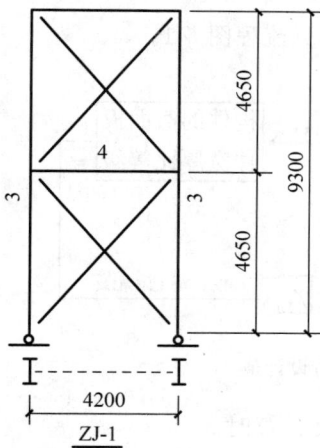

ZJ-1

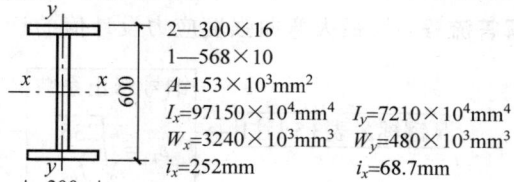

梁:HM600×300×10×16

2—300×16
1—568×10
$A=153×10^3mm^2$
$I_x=97150×10^4mm^4$ $I_y=7210×10^4mm^4$
$W_x=3240×10^3mm^3$ $W_y=480×10^3mm^3$
$i_x=252mm$ $i_x=68.7mm$

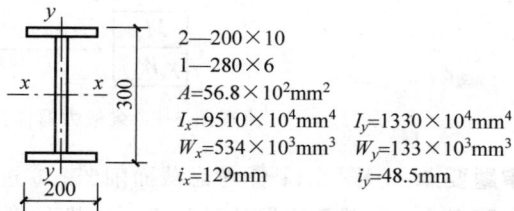

柱:HM300×200×6×10

2—200×10
1—280×6
$A=56.8×10^2mm^2$
$I_x=9510×10^4mm^4$ $I_y=1330×10^4mm^4$
$W_x=534×10^3mm^3$ $W_y=133×10^3mm^3$
$i_x=129mm$ $i_y=48.5mm$

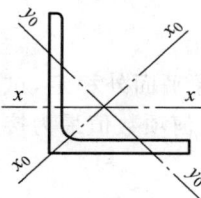

杆4:∟75×6

$A=2×8.8×10^2mm^2=17.6×10^2mm^2$
$i_x=23.1mm$
$i_{0x}=29.1mm$ $i_{0y}=14.9mm$

图6-1 钢平台结构平面布置及构件

题 71：梁最大弯曲强度应力设计值（2008 年一级题 16）

梁 1 的最大弯矩设计值 $M_{\max}=507.4\text{kN}\cdot\text{m}$，考虑截面削弱，取 $W_{nx}=0.9W_x$。试问，强度计算时，梁 1 最大弯曲应力设计值（N/mm^2）与下列何项数值最为接近？

　　　A. 149　　　　　　　B. 157　　　　　　　C. 166　　　　　　　D. 174

解答过程：根据题意，此梁不需要进行疲劳验算。根据大题干中"钢材采用 Q235B 钢"，由《钢标》表 3.5.1 注 1，可得钢号修正系数

$$\varepsilon_k=\sqrt{\frac{235}{f_y}}=\sqrt{\frac{235\text{N/mm}^2}{235\text{N/mm}^2}}=1$$

梁受压翼缘的自由外伸宽度与其厚度比

$$\frac{b}{t}=\frac{\dfrac{300\text{mm}-10\text{mm}}{2}}{16\text{mm}}=9.1<11\varepsilon_k=11$$

腹板的高厚比为

$$\frac{h_0}{t_w}=\frac{568\text{mm}}{10\text{mm}}=56.8<65\varepsilon_k=65$$

根据《钢标》表 3.5.1，可知构件的截面板件宽厚比等级为 S2 级。

根据《钢标》第 6.1.2 条第 1 款，取截面塑性发展系数 $\gamma_x=1.05$，根据题干"考虑截面削弱，取 $W_{nx}=0.9W_x$"，根据《钢标》式（6.1.1），可得梁 1 最大弯曲应力设计值

$$\frac{M_x}{\gamma_x W_{nx}}=\frac{507.4\times10^6\text{N}\cdot\text{mm}}{1.05\times0.9\times3240\times10^3\text{mm}^3}=165.7\text{N/mm}^2$$

正确答案：C

解答流程：梁最大弯曲强度应力设计值的计算流程见流程图 6-1。

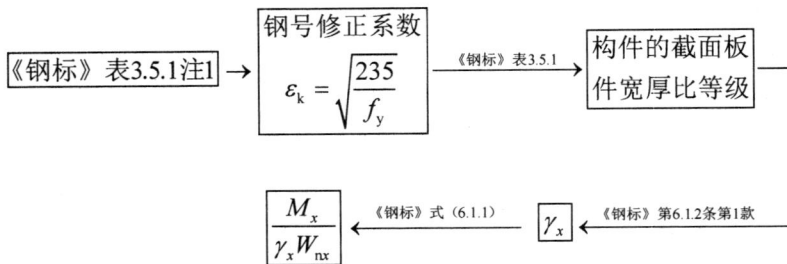

流程图 6-1　梁最大弯曲强度应力设计值

审题要点：①图 6-1；②考虑截面削弱；③进行强度计算时。

主要考点：①截面宽厚比的计算；②截面塑性发展系数的查取；③弯曲应力设计值的计算。

题 72：梁最大弯曲整体稳定性应力设计值（2008 年一级题 17）

条件同题 71，平台采用钢格栅板，设置水平支撑保证梁上翼缘平面外稳定，试问，进行整体稳定性验算时，梁 1 最大弯曲应力设计值（N/mm^2），与下列何项数值最为接近？

提示：梁的整体稳定系数 φ_b 采用近似公式计算。

　　　A. 193　　　　　　　B. 174　　　　　　　C. 166　　　　　　　D. 157

解答过程：根据大题干中"钢材采用 Q235B 钢"，由《钢标》表 3.5.1 注 1，可得钢号修正系数

$$\varepsilon_{\mathrm{k}} = \sqrt{\frac{235}{f_y}} = \sqrt{\frac{235\mathrm{N/mm}^2}{235\mathrm{N/mm}^2}} = 1$$

根据图 6-1 的平面布置图，梁 1 侧向支撑点之间的距离为 6m，长细比

$$\lambda_y = \frac{l_{0y}}{i_y} = \frac{6000\mathrm{mm}}{68.7\mathrm{mm}} = 87.3 < 120\varepsilon_{\mathrm{k}} = 120 \times 1 = 120$$

符合《钢标》附录 C.0.5 条的要求。

根据《钢标》式（C.0.5-1），可得整体稳定系数

$$\varphi_{\mathrm{b}} = 1.07 - \frac{\lambda_y^2}{44000\varepsilon_{\mathrm{k}}^2} = 1.07 - \frac{87.3^2}{44000 \times 1} = 0.9 < 1.0$$

根据《钢标》式（6.2.2），进行整体稳定性验算时，梁 1 最大弯曲应力设计值

$$\frac{M_x}{\varphi_{\mathrm{b}} W_x} = \frac{507.4 \times 10^6 \mathrm{N \cdot mm}}{0.9 \times 3240 \times 10^3 \mathrm{mm}^3} = 174\mathrm{N/mm}^2$$

正确答案：B

解答流程：梁最大弯曲整体稳定性应力设计值的计算流程见流程图 6-2。

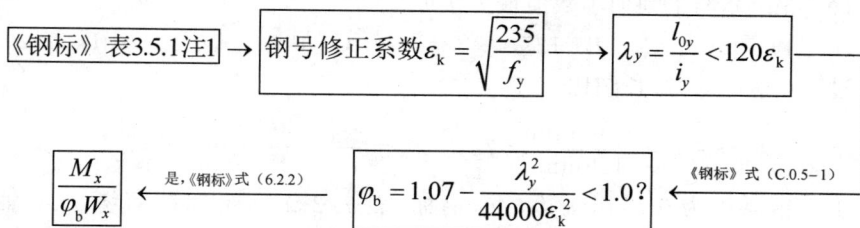

流程图 6-2　梁最大弯曲整体稳定性应力设计值

审题要点：①保证梁上翼缘平面外稳定；②整体稳定性验算；③梁的整体稳定系数 φ_{b} 采用近似公式计算。

主要考点：①平面内（外）计算长度的计算；②长细比的计算；③稳定系数的计算；④弯曲应力设计值计算。

题 73：梁的最大挠度与其跨度的比值（2008 年一级题 18）

梁 1 的静力计算简图如图 6-2 所示。荷载均为标准荷载：梁 2 传来的永久荷载 $G_{\mathrm{k}} = 20\mathrm{kN}$，可变荷载 $Q_{\mathrm{k}} = 80\mathrm{kN}$；永久荷载（含梁自重）$g_{\mathrm{k}} = 2.5\mathrm{kN/m}$，可变荷载 $q_{\mathrm{k}} = 1.8\mathrm{kN/m}$。试问，梁 1 的最大挠度与其跨度的比值，与下列何项数值最为接近？

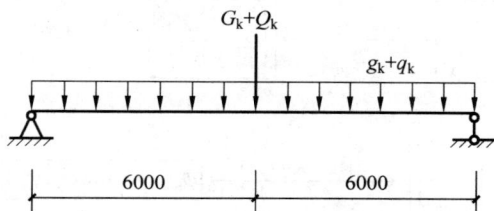

图 6-2　梁的静力计算简图

A. 1/505   B. 1/438   C. 1/376   D. 1/329

解答过程：集中荷载引起的挠度

$$v_1 = \frac{P_k l^3}{48EI} = \frac{(20 \times 10^3 \text{N} + 80 \times 10^3 \text{N}) \times (12000 \text{mm})^3}{48 \times 206 \times 10^3 \text{N/mm}^2 \times 97150 \times 10^4 \text{mm}^4} = 17.99 \text{mm}$$

均布荷载引起的挠度

$$v_2 = \frac{5ql^4}{384EI} = \frac{5 \times (2.5 \text{N/mm} + 1.8 \text{N/mm}) \times (12000 \text{mm})^4}{384 \times 206 \times 10^3 \text{N/mm}^2 \times 97150 \times 10^4 \text{mm}^4} = 5.80 \text{mm}$$

梁 1 的最大挠度与其跨度的比值

$$\frac{v_1 + v_2}{l} = \frac{17.99 \text{mm} + 5.8 \text{mm}}{12000 \text{mm}} = \frac{1}{505}$$

正确答案：A

审题要点：①计算简图如图 6-2 所示；②梁 1 的最大挠度与其跨度的比值。

主要考点：挠度计算。

题 74：支架单肢柱上的最大稳定性压应力设计值（2008 年一级题 19）

假定，钢支架 ZJ-1 与基础和平台梁均为铰接，此时支架单肢柱上的轴心压力设计值为 $N = 480 \text{kN}$。试问，当作为轴心受压构件进行稳定性验算时，支架单肢柱上的最大压应力设计值（N/mm^2），与下列何项数值最为接近？

A. 114   B. 127   C. 146   D. 162

解答过程：根据题意，长细比

$$\lambda_x = \frac{l_{0x}}{i_x} = \frac{9300 \text{mm}}{129 \text{mm}} = 72, \quad \lambda_y = \frac{l_{0y}}{i_y} = \frac{4650 \text{mm}}{48.5 \text{mm}} = 95.9$$

焊接工字钢翼缘为火焰切割边，查《钢标》表 7.2.1-1，可知截面绕 x、y 轴均属于 b 类。

取长细比 $\lambda_y = 95.9$，查《钢标》附录表 D.0.2，得稳定系数 $\varphi_{min} = \varphi_y = 0.581$，根据《钢标》式（7.2.1），可得支架单肢柱上的最大压应力设计值

$$\frac{N}{\varphi_{min}A} = \frac{480 \times 10^3 \text{N}}{0.581 \times 56.8 \times 10^2 \text{mm}^2} = 145 \text{N/mm}^2$$

正确答案：C

解答流程：支架单肢柱上的最大稳定性压应力设计值计算流程见流程图 6-3。

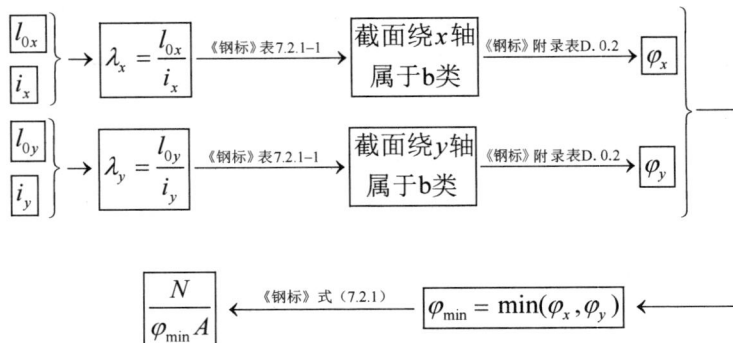

流程图 6-3　支架单肢柱上的最大稳定性压应力设计值

审题要点：轴心受压构件进行稳定性验算时。

主要考点：①平面内(外)计算长度的计算；②长细比的计算；③稳定系数的计算；④最大压应力设计值。

题 75：实腹式构件计算时，水平杆两角钢之间的填板数（2008 年一级题 20）

钢支架的水平杆(杆 4)采用等边双角钢(∟75×6)组成的十字形截面，梁端用连接板焊在立柱上。试问，当按实腹式构件计算时，水平杆两角钢之间的填板数，与下列何项数值最为接近？

　　　　A. 3　　　　　　　B. 4　　　　　　　C. 5　　　　　　　D. 6

解答过程：根据《钢标》第 7.2.6 条，双角钢十字形组合构件做压杆时，填板间距离不超过 $40i_{min}$。填板数

$$n = \frac{4200}{40i_{min}} - 1 = \frac{4200\text{mm}}{40 \times 14.9\text{mm}} - 1 = 6$$

正确答案：D

错项由来：如果以为水平杆仅作为拉杆，则填板数

$$n = \frac{4200\text{mm}}{80 \times 14.9\text{mm}} - 1 = 2.5$$

错选 A。

根据《钢标》第 7.2.6 条，填板间的距离不应超过

$$80i = 80 \times 14.9\text{mm} = 1192\text{mm}, \quad n = \frac{4200\text{mm}}{1192\text{mm}} = 3.5$$

错选 B。

审题要点：①十字形截面；②水平杆两角钢之间的填板数。

主要考点：填板间距离。

题 76～题 78：某工业钢平台主梁，采用焊接工字形截面，如图 6-3 所示。$I_x = 41579 \times 10^6\text{mm}^4$，用 Q345B 钢制作。由于长度超长，需要工地拼接。

题 76：主梁腹板拼接所用高强度螺栓的型号（2008 年一级题 21）

主梁腹板(图 6-3)拟在工地用 10.9 级摩擦型高强度螺栓进行双面拼接，如图 6-4 所示。连接处构件接触面处理方式为抛丸(喷砂)。拼接处梁的弯矩设计值 $M_x = 6000\text{kN·m}$，剪力设计值 $V = 1200\text{kN}$。试问，主梁腹板拼接所用高强度螺栓的型号，应按下列何项采用？

提示：弯矩设计值引起的单个螺栓水平方向最大剪力

$$N_v^M = \frac{M_w y_{max}}{2\sum y_i^2} = 142.2\text{kN}。$$

　　　　A. M16　　　　　　　B. M20

　　　　C. M22　　　　　　　D. M24

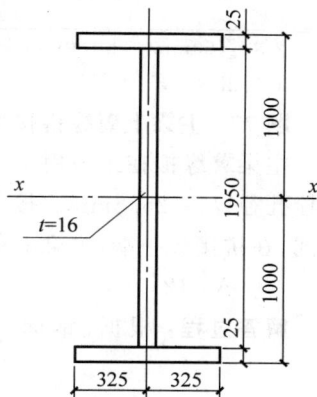

图 6-3　主梁截面

解答过程：剪力设计值引起的每个螺栓竖向剪力

$$N_v^V = \frac{V}{n} = \frac{1200\text{kN}}{2 \times 16} = 37.5\text{kN}$$

螺栓群中一个螺栓承受的最大剪力

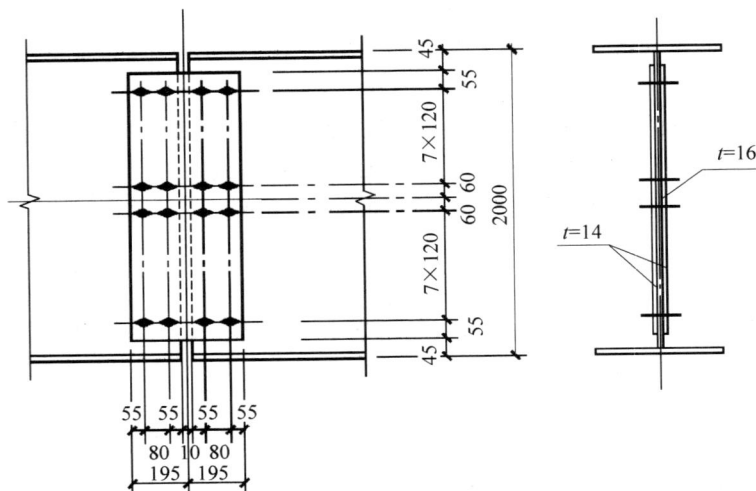

图 6-4 摩擦型高强度螺栓

$$N_v = \sqrt{(N_v^M)^2 + (N_v^V)^2} = \sqrt{(142.2kN)^2 + (37.5kN)^2} = 147.1kN$$

按标准孔径①取 $k = 1.0$，根据《钢标》表 11.4.2-1，摩擦系数 $\mu = 0.4$，根据《钢标》第 11.4.2 条，预拉力

$$P = \frac{N_v}{0.9kn_f\mu} = \frac{147.1kN}{0.9 \times 1.0 \times 2 \times 0.4} = 204.3kN$$

根据《钢标》表 11.4.2-2，可得 10.9 级 M24 高强度螺栓 $P = 225kN$。

正确答案： D

审题要点： ①10.9 级摩擦型高强度螺栓；②双面拼接；③抛丸（喷砂）；④提示。

主要考点： ①螺栓竖向剪力的计算；②一个螺栓承受的最大剪力的计算；③高强度螺栓。

弯矩设计值引起的单个螺栓水平方向最大剪力的计算过程如下：

$$N_v^M = \frac{M_w y_{max}}{2\sum y_i^2}$$

$$= \frac{6000 \times 10^6 N \cdot mm \times (60mm + 7 \times 120mm)}{2 \times [(60mm)^2 + (60mm + 120mm)^2 + (60mm + 2 \times 120mm)^2 + \cdots + (60mm + 7 \times 120mm)^2]}$$

$$= 142.2kN$$

题 77：主梁上翼缘拼接所用高强度螺栓的数量（2008 年一级题 22）

主梁翼缘拟在工地用 10.9 级 M24 摩擦型高强度螺栓进行双面拼接，如图 6-5 所示，螺栓孔径 $d_0 = 25.5mm$。按等强原则设计，连接处构件接触面处理方式为抛丸（喷砂）。试问，在拼接头一端，主梁上翼缘拼接所用高强度螺栓的数量，与下列何项数值最为接近？

　　A. 12　　　　　　B. 18　　　　　　C. 24　　　　　　D. 30

解答过程： 根据《钢标》表 11.4.2-2，可知 10.9 级 M24 高强度螺栓预拉力 $P =$

---

① 《钢标》中没有孔形的相关参数，所以在 2018 年之前的考题，解答中均按照标准孔径取 $k = 1.0$ 来处理。

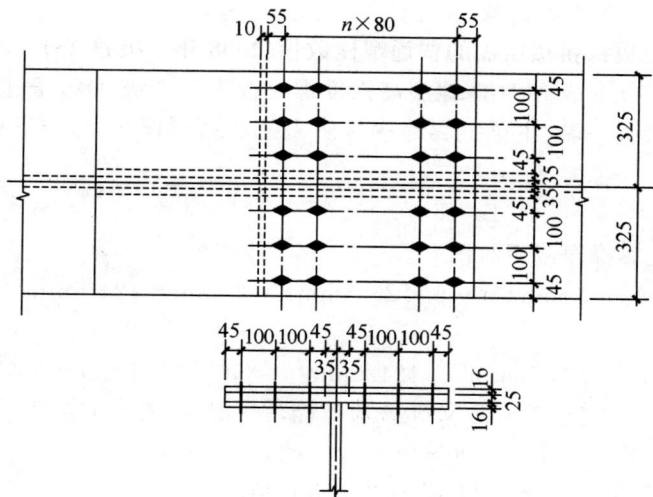

图 6-5　主梁翼缘摩擦型高强度螺栓

225kN。按标准孔径①取 $k=1.0$，由《钢标》式(11.4.2-1)，一个螺栓的抗剪承载力设计值

$$N_v^b = 0.9kn_f\mu P = 0.9 \times 1.0 \times 2 \times 0.4 \times 225\text{kN} = 162\text{kN}$$

Q345B 钢板厚度大于 16mm，则钢板的抗拉强度设计值 $f = 295\text{N/mm}^2$，板件的承载力

$$N = fA = 295\text{N/mm}^2 \times (650\text{mm} \times 25\text{mm}) = 4793.75 \times 10^3\text{N} = 4793.75\text{kN}$$

按照等强原则，所需螺栓数

$$n = \frac{N}{N_v^b} = \frac{4793.75\text{kN}}{162\text{kN}} = 29.6$$

取 30 个。

有 5 排螺栓，连接长度 $l = 4 \times 80\text{mm} = 320\text{mm} < 15d_0 = 15 \times 25.5\text{mm} = 383\text{mm}$，可不考虑折减。

上翼缘净截面面积

$$A_n = (650\text{mm} - 6 \times 25.5\text{mm}) \times 25\text{mm} = 12425\text{mm}^2$$

根据《钢标》式(7.1.1-3)，上翼缘节点处的计算拉力

$$N_u = 0.7f_u A_n / \left(1 - 0.5\frac{n_1}{n}\right)$$

$$= 0.7 \times 470\text{N/mm}^2 \times 12425\text{mm}^2 / \left(1 - 0.5 \times \frac{6}{30}\right)$$

$$= 4542 \times 10^3\text{N} = 4542\text{kN} < N = 4793.75\text{kN}$$

正确答案：D

审题要点：①设计按等强原则；②抛丸(喷砂)；③在拼接头一端。

主要考点：①高强度螺栓预拉力的查取；②高强度螺栓抗剪承载力的计算；③净截

---

① 　《钢标》中没有孔形的相关参数，所以在 2018 年之前的考题，解答中均按照标准孔径取 $k=1.0$ 来处理。

面处承载力计算；④是否需折减。

题 78：主梁上翼缘拼接所需的普通螺栓数量（2008 年一级题 23）

若将 77 题中 10.9 级 M24 摩擦型高强度螺栓改为 5.6 级 M24 普通螺栓，其他条件不变，试问，在拼接头一端，主梁上翼缘拼接所需的普通螺栓数量，与下列何项数值最为接近？

    A. 12   B. 18   C. 24   D. 30

解答过程： 上翼缘净截面面积

$$A_n = (650\text{mm} - 6 \times 25.5\text{mm}) \times 25\text{mm} = 12425\text{mm}^2$$

承载力

$$N = fA_n = 295\text{N/mm}^2 \times 12425\text{mm}^2 = 3665.4 \times 10^3\text{N} = 3665.4\text{kN}$$

根据题干中 Q345 钢、5.6 级 M24 普通螺栓，查《钢标》表 4.4.6，得

$$f_v^b = 190\text{N/mm}^2, \quad f_c^b = 510\text{N/mm}^2$$

根据《钢标》第 11.4.1 条，得抗剪承载力设计值

$$N_v^b = n_v A f_v^b = 2 \times \frac{\pi \times (24\text{mm})^2}{4} \times 190\text{N/mm}^2 = 171.8 \times 10^3\text{N} = 171.8\text{kN}$$

抗压承载力设计值

$$N_c^b = d \cdot \sum t \cdot f_c^b = 24\text{mm} \times 25\text{mm} \times 510\text{N/mm}^2 = 306 \times 10^3\text{N} = 306\text{kN}$$

$$N^b = \min(N_v^b, N_c^b) = 171.8\text{kN}$$

所需螺栓数

$$n = \frac{N}{N^b} = \frac{3665.4\text{kN}}{171.8\text{kN}} = 21.335$$

取 24 个。

有 4 排螺栓，连接长度为

$$3 \times 80\text{mm} = 240\text{mm} < 15d_0 = 15 \times 25.5\text{mm} = 383\text{mm}$$

不必考虑折减。

正确答案： C

审题要点： 改为 5.6 级 M24 普通螺栓。

主要考点： ①高强度螺栓抗剪承载力的计算；②净截面处承载力；③是否需折减。

题 79～题 82： 某一支架为单向压弯格构式双肢缀条柱结构，如图 6-6 所示。截面无削弱，材料为 Q235B 钢，采用 E43 焊条，手工焊接。柱肢采用 HA300×200×6×10（翼缘为火焰切割边），缀条采用∟63×6。该柱承受的荷载设计值：轴心压力 $N = 960$kN，弯矩 $M_x = 210$kN·m，剪力 $V = 25$kN。柱在弯矩作用平面内有侧移，计算长度 $l_{0x} = 17.5$m；柱在弯矩作用平面外计算长度 $l_{0y} = 8$m。

提示： 双肢缀条柱组合截面 $I_x = 104900 \times 10^4\text{mm}^4$，$i_x = 304$mm。

题 79：强度计算时双肢缀条柱肢翼缘外侧最大压应力设计值（2008 年一级题 24）

试问，进行强度计算时，该格构式双肢缀条柱柱肢翼缘外侧最大压应力设计值（N/mm²）与下列何项数值最为接近？

提示： $W_x = \dfrac{2I_x}{b} = 2622.5 \times 10^3\text{mm}^3$。

HA300×200×6×10

2—200×10
1—280×6
$A=56.8×10^2mm^2$
$A_x=9510×10^4mm^4$ $I_y=1330×10^4mm^4$
$W_x=634×10^3mm^3$ $W_y=133×10^3mm^3$
$i_x=129mm$ $i_y=48.5mm$

L63×6

$A=7.29×10^2mm^2$
$i_x=19.3mm$
$i_{0x}=24.3mm$ $i_{0y}=12.4mm$

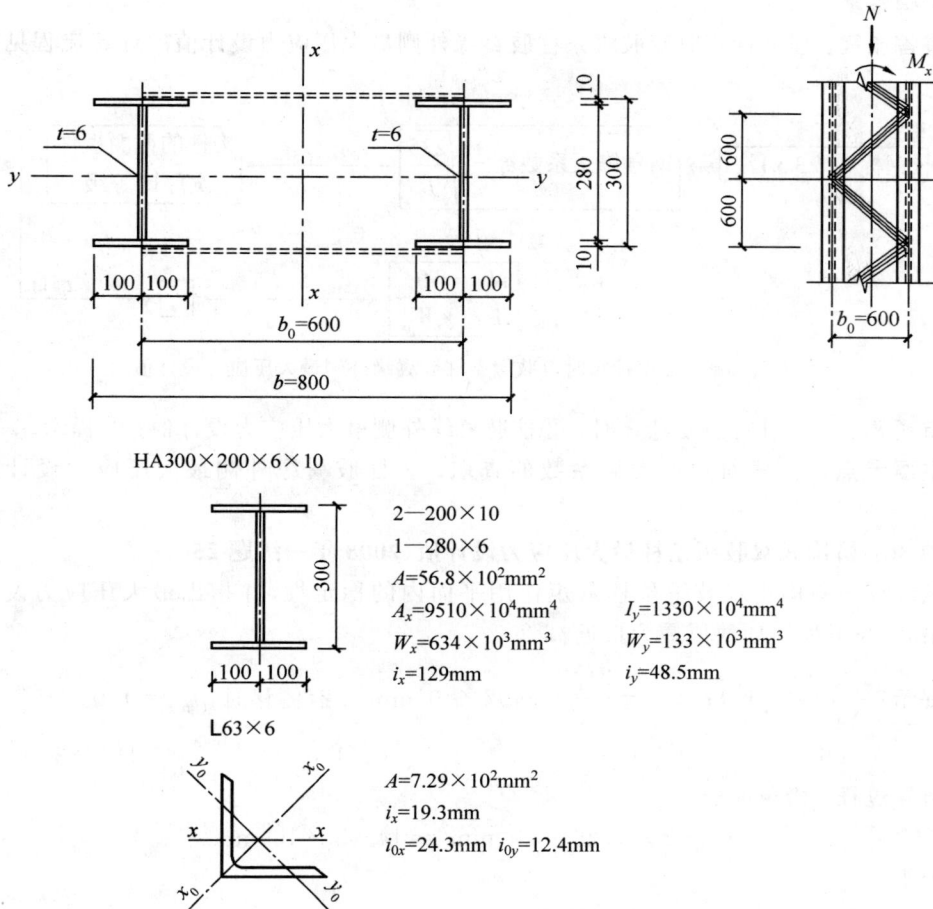

图 6-6 格构式双肢缀条柱

| A. 165 | B. 173 | C. 178 | D. 183 |

解答过程：根据大题干"材料为 Q235B 钢"，由《钢标》表 3.5.1 注 1，可得钢号修正系

数 $\varepsilon_k=\sqrt{\dfrac{235}{f_y}}=\sqrt{\dfrac{235N/mm^2}{235N/mm^2}}=1$，梁受压翼缘的自由外伸宽度与其厚度比

$$\frac{b}{t}=\frac{\dfrac{2×100mm-6mm}{2}}{10mm}=9.7<11\varepsilon_k=11$$

腹板高厚比为

$$\frac{h_0}{t_w}=\frac{300mm-2×10mm}{6mm}=46.6<65\varepsilon_k=65$$

截面等级为 S2，根据《钢标》表 8.1.1，取截面塑性发展系数 $\gamma_x=1.0$。

根据《钢标》式(8.1.1-1)，进行强度计算时，柱肢翼缘外侧最大压应力设计值

$$\frac{N}{A_n}+\frac{M_x}{\gamma_x W_{nx}}=\frac{960×10^3N}{2×56.8×10^2mm^2}+\frac{210×10^6N·mm}{1.0×2622.5×10^3mm^3}=165N/mm^2$$

正确答案：A

解答流程：强度计算时双肢缀条柱肢翼缘外侧最大压应力设计值的计算流程见流程图 6-4。

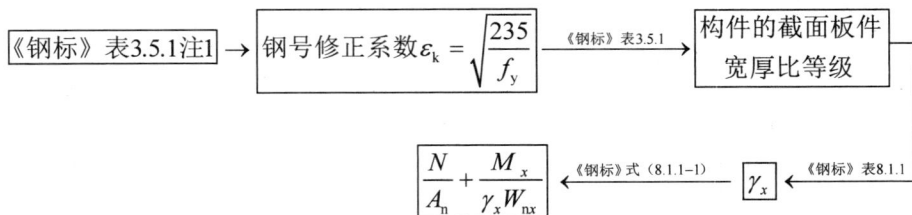

流程图 6-4　强度计算时双肢缀条柱肢翼缘外侧最大压应力设计值

审题要点：①进行强度计算时；②柱肢翼缘外侧最大压应力设计值；③提示。

主要考点：①截面塑性发展系数的查取；②柱肢翼缘外侧最大压应力设计值计算式。

题 80：格构式双肢缀条柱最大压应力设计值（2008 年一级题 25）

试验算该格构式双肢缀条柱弯矩作用平面内的稳定性，并指出最大压应力设计值（N/mm²）与下列何项数值最为接近？

提示：$\dfrac{N}{N'_{Ex}}=0.131$；$W_{1x}=\dfrac{2I_x}{b_0}=3497\times10^3\,\text{mm}^3$；有侧移时，$\beta_{mx}=1.0$。

A. 165　　　　　B. 173　　　　　C. 178　　　　　D. 183

解答过程：缀条面积

$$A_1=2\times7.29\times10^2\,\text{mm}^2=14.58\times10^2\,\text{mm}^2$$

长细比

$$\lambda_x=\frac{l_{0x}}{i_x}=\frac{17500\,\text{mm}}{304\,\text{mm}}=57.6$$

根据《钢标》式（7.2.3-2），可得换算长细比

$$\lambda_{0x}=\sqrt{\lambda_x^2+27\frac{A}{A_{1x}}}=\sqrt{57.6^2+27\times\frac{2\times56.8\times10^2\,\text{mm}^2}{14.58\times10^2\,\text{mm}^2}}=59.4$$

根据《钢标》表 7.2.1-1，截面绕 x、y 轴均属于 b 类。

根据《钢标》附录表 D.0.2，得稳定系数 $\varphi_x=0.81$。

根据《钢标》式（8.2.2-1），得最大压应力设计值

$$\frac{N}{\varphi_x A}+\frac{\beta_{mx}M_x}{W_{1x}\left(1-\dfrac{N}{N'_{Ex}}\right)}=\frac{960\times10^3\,\text{N}}{0.81\times2\times56.8\times10^2\,\text{mm}^2}+\frac{1.0\times210\times10^6\,\text{N}\cdot\text{mm}}{3497\times10^3\,\text{mm}^3\times(1-0.131)}$$

$$=173\,\text{N/mm}^2$$

正确答案：B

解答流程：格构式双肢缀条柱最大压应力设计值的计算流程见流程图 6-5。

审题要点：①平面内的稳定性；②提示。

主要考点：①缀条面积的计算；②长细比、换算长细比的计算；③截面类型、稳定系

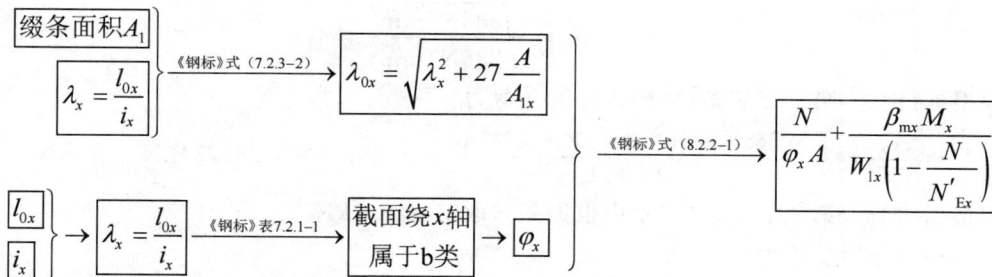

流程图 6-5　格构式双肢缀条柱最大压应力设计值

数的查取；④最大压应力设计值计算式。

题 81：验算格构式柱分肢的稳定性并计算最大压应力设计值（2008 年一级题 26）

试验算格构式柱分肢的稳定性，并指出最大压应力设计值（N/mm^2）与下列何项数值最为接近？

　　A. 165　　　　　　B. 169　　　　　　C. 173　　　　　　D. 183

解答过程：右侧分肢承受的最大轴心压力

$$N_1 = \frac{N}{2} + \frac{M_x}{b_0} = \frac{960kN}{2} + \frac{210kN \cdot m}{0.6m} = 830kN$$

分肢平面内的长细比

$$\lambda_1 = \frac{l_{01}}{i_1} = \frac{1200mm}{48.5mm} = 24.7$$

分肢平面外的长细比

$$\lambda_y = \frac{l_{0y}}{i_y} = \frac{8000mm}{129mm} = 62$$

焊接 H 形截面（翼缘为火焰切割边），查《钢标》表 7.2.1-1，可知截面绕 x、y 轴均属于 b 类。根据《钢标》附录表 D.0.2，得稳定系数 $\varphi_{min} = \varphi_y = 0.797$。

根据《钢标》式（7.2.1），得最大压应力设计值

$$\frac{N}{\varphi_{min} A} = \frac{830 \times 10^3 N}{0.797 \times 56.8 \times 10^2 mm^2} = 183N/mm^2$$

正确答案：D

审题要点：分肢的稳定性。

主要考点：①分肢承受的最大轴心压力；②长细比的计算；③截面类型、稳定系数；④最大压应力设计值计算式。

题 82：格构式柱缀条的稳定性压应力设计值（2008 年一级题 27）

试验算格构式柱缀条的稳定性，并指出最大压应力设计值（N/mm^2），与下列何项数值最为接近？

提示：计算缀条时，实际剪力和按标准公式计算的剪力二者取较大者。

　　A. 29　　　　　　B. 35　　　　　　C. 41　　　　　　D. 45

解答过程：根据大题干中"材料为 Q235B 钢"，由《钢标》表 3.5.1 注 1，可得钢号修正系数

$$\varepsilon_k = \sqrt{\frac{235}{f_y}} = \sqrt{\frac{235\text{N/mm}^2}{235\text{N/mm}^2}} = 1$$

根据《钢标》第 7.2.7 条,格构式柱缀条剪力

$$V = \frac{Af}{85\varepsilon_k} = \frac{2 \times 56.8 \times 10^2\,\text{mm}^2 \times 215\text{N/mm}^2}{85 \times 1} = 28734\text{N} = 28.734\text{kN} > 25\text{kN}$$

根据《钢标》第 8.2.7 条(提示中也提到),取 $V = 28.7\text{kN}$。

一根缀条所受压力

$$N_b = \frac{V/2}{\cos 45°} = \frac{28.734\text{kN}}{2 \times \cos 45°} = 20.318\text{kN}$$

缀条长度 $l_b = 600\text{mm} \times \sqrt{2} = 848.5\text{mm}$,回转半径 $i_{0y} = 12.4\text{mm}$。

根据《钢标》表 7.4.1-1,可得斜平面的计算长度[①] $l_0 = 0.9 l_b$,长细比

$$\lambda_b = \frac{l_0}{i_{0y}} = \frac{0.9 \times 848.5\text{mm}}{12.4\text{mm}} = 61.6$$

根据《钢标》表 7.2.1-1 及注 1,截面绕 x、y 轴均属于 b 类。根据《钢标》附录表 D.0.2,得稳定系数 $\varphi_{\min} = 0.8$,根据《钢标》式(7.2.1),可得最大压应力设计值

$$\frac{N}{\varphi_{\min} A} = \frac{20.3 \times 10^3\,\text{N}}{0.8 \times 729\text{mm}^2} = 35\text{N/mm}^2$$

正确答案:B

解答流程:格构式柱缀条的稳定性压应力设计值计算流程见流程图 6-6。

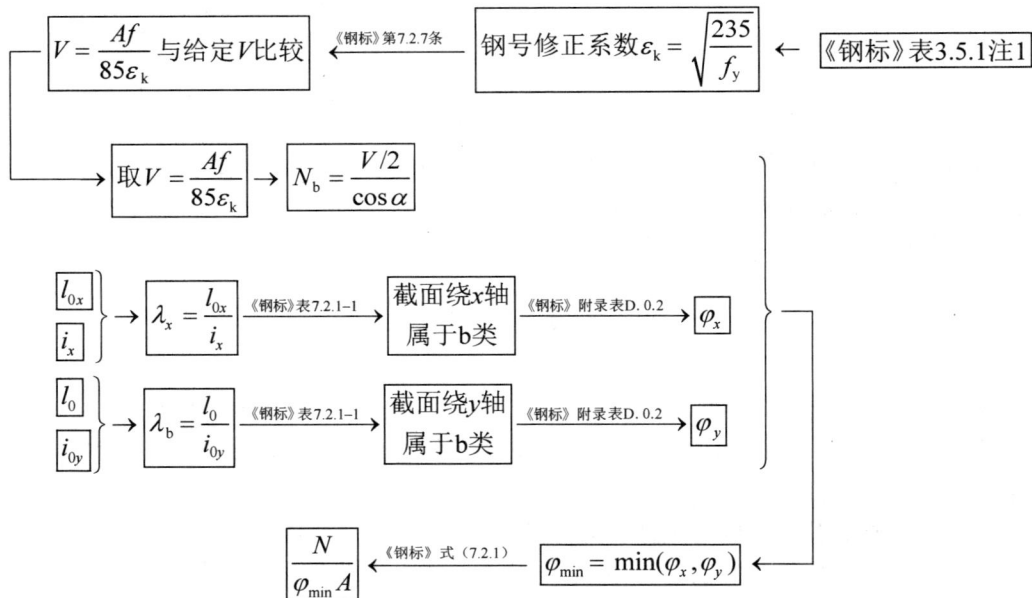

流程图 6-6　格构式柱缀条的稳定性压应力设计值

---

①　此处按照有节点板考虑。题目此处交代不清。

审题要点：①缀条的稳定性；②提示。

主要考点：①格构式柱缀条剪力的计算；②构件计算长度、长细比的计算；③截面类型、稳定系数的查取；④最大压应力设计值计算式。

题 83：**吊车荷载取值**（2008 年一级题 28）

试问，计算吊车梁疲劳时，作用在跨间的下列何种吊车荷载取值是正确的？

　　A. 荷载效应最大的相邻两台吊车荷载标准值

　　B. 荷载效应最大的一台吊车荷载设计值乘以动力系数

　　C. 荷载效应最大的一台吊车荷载设计值

　　D. 荷载效应最大的一台吊车荷载标准值

解答过程：根据《钢标》第 3.1.7 条，计算吊车梁或吊车桁架及其制动结构的疲劳和挠度时，起重机荷载应按作用在跨间荷载效应最大的一台起重机确定。可知选项 D 正确。

正确答案：D

审题要点：吊车梁疲劳。

主要考点：进行吊车梁疲劳计算时，吊车荷载取值。

题 84：**单角钢计算连接时，焊缝强度的折减系数**（2008 年一级题 29）

与节点板单面连接的等边角钢轴心压杆，长细比 $\lambda = 100$，工地高空安装采用焊接，施工条件较差。试问，计算连接时，焊缝强度的折减系数与下列何项数值最为接近？

　　A. 0.63　　　　　　B. 0.675　　　　　　C. 0.765　　　　　　D. 0.9

解答过程：根据《钢标》第 4.4.5 条第 4 款，施工条件较差时，折减系数取 0.9；参照《钢标》第 7.6.1 条第 1 款，与节点板单面连接的等边角钢强度折减系数应取 0.85（因为在结构设计中，一般原则是强柱弱梁、弱杆件强节点）。

折减系数连乘得 $0.9 \times 0.85 = 0.765$。

正确答案：C

错项由来：如果用稳定折减系数 $0.9 \times (0.6 + 0.0015 \times 100) = 0.675$，错选 B。

审题要点：①单面连接的等边角钢轴心压杆；②长细比；③工地高空安装；④施工条件较差。

主要考点：节点板单面连接的等边角钢强度折减系数。

第7章 2009年钢结构

题 85～题 92： 为增加使用面积,在现有一个单层单跨建筑内加建一个全钢结构夹层,该夹层与原建筑结构脱开,可不考虑抗震设防。新加夹层结构选用钢材为 Q235B 钢,焊接使用 E43 型焊条。楼板为 SP10D 板型,面层做法 20mm 厚,SP 板板端预埋件与次梁焊接。荷载标准值:永久荷载为 $2.5kN/m^2$(包括 SP10D 板自重、板缝灌缝及楼面面层做法),可变荷载为 $4.0kN/m^2$。夹层平台结构如图 7-1 所示。

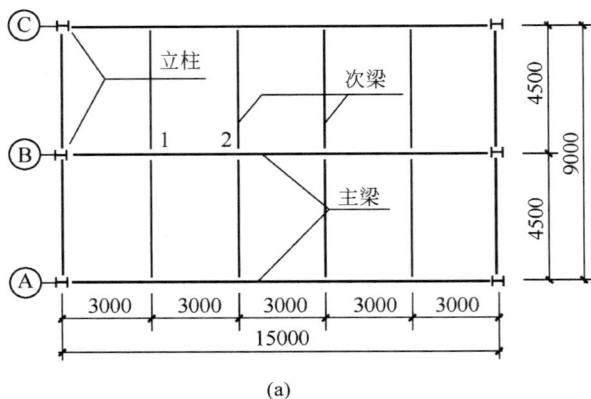

立柱:H228×220×8×14焊接H形钢

$A=77.6×10^2mm^2$

$I_x=7585.9×10^4mm^4$, $i_x=98.9mm$

$I_y=2485.4×10^4mm^4$, $i_y=56.6mm$

主梁:H900×300×8×16焊接H形钢

$A=165.44×10^2mm^2$

$I_x=231147.6×10^4mm^4$

$W_{nx}=5136.4×10^3mm^3$

主梁自重标准值$g=1.56kN/m$

(a)

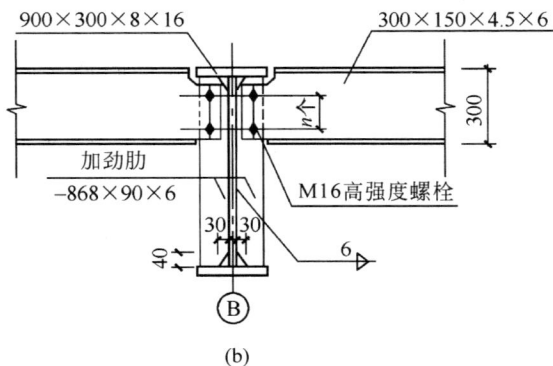

次梁:H300×150×4.5×6焊接H形钢

$A=30.96×10^2mm^2$

$I_x=4785.96×10^4mm^4$

$W_{nx}=319.06×10^3mm^3$

次梁自重标准值$g=0.243kN/m$

(b)

图 7-1 夹层平台结构

题 85：次梁的弯曲强度应力值(2009 年一级题 16)

在竖向荷载作用下,次梁承受的线荷载设计值为 25.8kN/m(不包括次梁自重)。试问,进行强度计算时,次梁的弯曲应力值(N/mm^2)与下列何项数值最为接近?

A. 149.2   B. 155.8   C. 197.3   D. 207.0

解答过程： 考虑次梁自重的均布荷载设计值[①]

---

① 根据钢结构设计惯例,永久荷载分项系数取 1.3,解答中未进行永久荷载与可变荷载的轮次计算。

$$q_L = 25.8 \text{kN/m} + 1.3 \times 0.243 \text{kN/m} = 26.116 \text{kN/m}$$

次梁跨中弯矩设计值

$$M_L = \frac{1}{8} q_L L^2 = \frac{1}{8} \times 26.116 \text{kN/m} \times (4.5\text{m})^2 = 66.106 \text{kN} \cdot \text{m}$$

根据大题干中"新加夹层结构选用钢材为 Q235B 钢",由《钢标》表 3.5.1 注 1,可得钢号修正系数

$$\varepsilon_k = \sqrt{\frac{235}{f_y}} = \sqrt{\frac{235 \text{N/mm}^2}{235 \text{N/mm}^2}} = 1$$

梁受压翼缘的自由外伸宽度与其厚度比

$$\frac{b}{t} = \frac{\dfrac{150\text{mm} - 4.5\text{mm}}{2}}{6\text{mm}} = 12.1 < 13\varepsilon_k = 13$$

腹板的高厚比为

$$\frac{h_0}{t_w} = \frac{300\text{mm} - 2 \times 6\text{mm}}{4.5\text{mm}} = 64 < 65\varepsilon_k = 65$$

根据《钢标》表 3.5.1,可知构件的截面板件宽厚比等级为 S3 级。

根据《钢标》第 6.1.2 条第 1 款,取截面塑性发展系数 $\gamma_x = 1.05$,根据《钢标》式(6.1.1-1),进行强度计算时,次梁的弯曲应力值

$$\frac{M_x}{\gamma_x W_{nx}} = \frac{66.106 \times 10^6 \text{N} \cdot \text{mm}}{1.05 \times 319.06 \times 10^3 \text{mm}^3} = 197.323 \text{N/mm}^2$$

正确答案:C

解答流程:次梁的弯曲强度应力值计算流程见流程图 7-1。

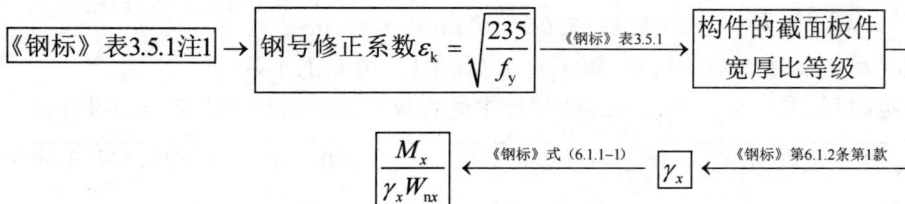

流程图 7-1　次梁的弯曲强度应力值

审题要点:①图 7-1;②不包括次梁自重;③强度计算时。

主要考点:①内力计算;②截面塑性发展系数的查取;③强度计算时,梁的弯曲应力值的计算。

题 86:全部竖向荷载作用下次梁的最大挠度与其跨度之比(2009 年一级题 17)

要求对次梁作刚度验算。试问,在全部竖向荷载作用下次梁的最大挠度与其跨度之比与下列何项数值最为接近?

A. 1/282　　　　B. 1/320　　　　C. 1/385　　　　B. 1/421

解答过程:次梁的均布荷载标准值(包括自重)

$$q_k = 0.243 \text{kN/m} + 3.0\text{m} \times (2.5 \text{kN/m}^2 + 4 \text{kN/m}^2) = 19.743 \text{kN/m}$$

次梁跨中的最大挠度

$$v_{T} = \frac{5q_{k}l^{4}}{384EI_{x}} = \frac{5 \times 19.743\text{N/mm} \times (4500\text{mm})^{4}}{384 \times 206 \times 10^{3}\text{N/mm}^{2} \times 4785.96 \times 10^{4}\text{mm}^{4}} = 10.69\text{mm}$$

在全部竖向荷载作用下,次梁的最大挠度与其跨度之比为

$$\frac{v_{T}}{l} = \frac{10.69\text{mm}}{4500\text{mm}} = \frac{1}{421}$$

正确答案:D

审题要点:对次梁作刚度验算。

主要考点:①荷载标准值计算;②跨中最大挠度的计算;③最大挠度与其跨度之比。

题 87:主梁腹板上边缘的最大折算应力设计值(2009 年一级题 18)

该夹层结构中的主梁与柱为铰接支承,求得主梁在点"2"处(图 7-1(a)所示柱网平面布置图相当于在编号为"2"点处的截面上)的弯矩设计值 $M_{2} = 1107.5\text{kN} \cdot \text{m}$,在点"2"左侧的剪力设计值 $V_{2} = 120.3\text{kN}$。次梁受力情况同题 85。试问,在点"2"处主梁腹板上边缘的最大折算应力设计值(N/mm²)与下列何项数值最为接近?

提示:①主梁单侧翼缘毛截面对中和轴的面积矩 $S = 2121.6 \times 10^{3}\text{mm}^{3}$;②假设局部压应力 $\sigma_{c} = 0$。

    A. 189.5   B. 209.2   C. 215.0   D. 220.8

解答过程:根据图 7-1,可知 $I_{n} = I_{x}$,根据《钢标》式(6.1.5-2),点"2"主梁腹板边缘处弯曲正应力

$$\sigma_{2} = \frac{M_{2}}{I_{n}}y_{1} = \frac{1107.5 \times 10^{6}\text{N} \cdot \text{mm}}{231147.6 \times 10^{4}\text{mm}^{4}} \times \left(\frac{900\text{mm}}{2} - 16\text{mm}\right) = 207.9\text{N/mm}^{2}$$

根据《钢标》式(6.1.3),点"2"主梁腹板边缘处剪应力值

$$\tau_{2} = \frac{V_{2}S}{It_{w}} = \frac{120.3 \times 10^{3}\text{N} \times 2121.6 \times 10^{3}\text{mm}^{3}}{231147.6 \times 10^{4}\text{mm}^{4} \times 8\text{mm}} = 13.80\text{N/mm}^{2}$$

因主梁上翼缘无集中荷载,则 $\sigma_{c} = 0$,见《钢标》第 6.1.4 条。

根据《钢标》式(6.1.5-1),在点"2"处主梁腹板上边缘的最大折算应力设计值

$$\sqrt{\sigma_{2}^{2} + \sigma_{c}^{2} - \sigma_{2}\sigma_{c} + 3\tau_{2}^{2}} = \sqrt{(207.9\text{N/mm}^{2})^{2} + 0 - 0 + 3 \times (13.8\text{N/mm}^{2})^{2}}$$
$$= 209.2\text{N/mm}^{2}$$

正确答案:B

解答流程:主梁腹板上边缘的最大折算应力设计值计算流程见流程图 7-2。

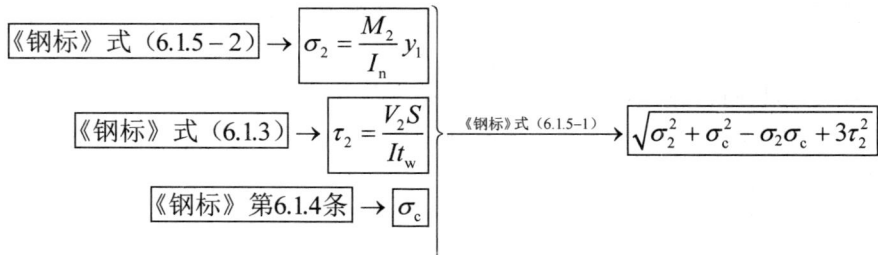

流程图 7-2   主梁腹板上边缘的最大折算应力设计值

审题要点：①主梁在点"2"处；②提示。

主要考点：①内力计算；②主梁腹板边缘处弯曲正应力值计算；③剪应力值计算；④最大折算应力设计值。

题 88：主梁翼缘与腹板的焊接连接强度设计值（2009 年一级题 19）

该夹层结构中的主梁翼缘与腹板采用双面角焊缝连接，焊缝高度 $h_f = 6mm$；其他条件同题 87。试问，在点"2"次梁连接处，主梁翼缘与腹板的焊接连接强度设计值（N/mm^2）与下列何项数值最为接近？

　　　　A. 20.3　　　　　　B. 18.7　　　　　　C. 16.5　　　　　　D. 13.1

解答过程：根据《钢标》第 11.2.7 条第 1 款，次梁连接处主梁腹板设置加劲肋，取 $F = 0$，根据《钢标》式（11.2.7），主梁翼缘与腹板的焊接连接强度设计值

$$\frac{1}{2h_e}\sqrt{\left(\frac{VS_f}{I}\right)^2 + \left(\frac{\psi F}{\beta_f l_z}\right)^2} = \frac{1}{2h_e} \cdot \frac{VS_f}{I}$$

$$= \frac{1}{2 \times 0.7 \times 6mm} \times \frac{120.3 \times 10^3 N \times 2121.6 \times 10^3 mm^3}{231147.6 \times 10^4 mm^4}$$

$$= 13.1 N/mm^2$$

正确答案：D

审题要点：主梁翼缘与腹板采用双面角焊缝连接。

主要考点：主梁翼缘与腹板的焊接连接强度设计值的计算。

题 89：焊接连接的剪应力设计值（2009 年一级题 20）

夹层结构一根次梁传给主梁的集中荷载设计值为 58.7kN，主梁与该次梁连接处的加劲肋和主梁腹板采用双面直角角焊缝连接，设焊缝高度 $h_f = 6mm$，加劲肋的切角尺寸如图 7-1(b)所示。试问，该焊接连接的剪应力设计值（N/mm^2）应与下列何项数值最为接近？

　　　　A. 13.6　　　　　　B. 19.4　　　　　　C. 25.6　　　　　　D. 50.9

解答过程：解法一：根据图 7-1(b)所示，加劲肋的高度为 868mm，则侧面角焊缝的计算长度

$$l_w = 868mm - 2 \times 6mm - 2 \times 40mm = 776mm$$

根据《钢标》式（11.2.2-2），焊接连接的剪应力设计值[1]

$$\tau_f = \frac{N}{h_e l_w} = \frac{58.7 \times 10^3 N}{0.7 \times 6mm \times 2 \times 776mm} = 9 N/mm^2$$

正确答案：A

解法二：

根据图 7-1(b)所示，加劲肋的高度为 868mm，则侧面角焊缝的计算长度

$$l_w = 868mm - 2 \times 6mm - 2 \times 40mm = 776mm$$

又

$$60h_f = 360mm < l_w = 788mm，取 l_w = 60h_f = 360mm$$

---

[1]　本题计算的是一侧加劲板的数值。

如果根据《钢标》第 11.2.6 条,侧面角焊缝的计算长度大于 $60h_f$ 时,焊缝的承载力设计值应乘以折减系数

$$\alpha_f = 1.5 - \frac{l_w}{120h_f} = 1.5 - \frac{360mm}{120 \times 6mm} = 1.5 - 0.5 = 1.0$$

根据《钢标》式(11.2.2-2),焊接连接的剪应力设计值

$$\tau_f = \frac{N}{h_e \alpha_f l_w} = \frac{58.7 \times 10^3 N}{0.7 \times 6mm \times 1 \times 2 \times 360mm} = 19.4 N/mm^2$$

解法三:

根据图 7-1(b)所示,加劲肋的高度为 868mm,则侧面角焊缝的计算长度

$$l_w = 868mm - 2 \times 6mm - 2 \times 40mm = 776mm$$

$$60h_f = 360mm < l_w = 776mm$$

根据《钢标》第 11.2.6 条,侧面角焊缝的计算长度大于 $60h_f$ 时,焊缝的承载力设计值应乘以折减系数

$$\alpha_f = 1.5 - \frac{l_w}{120h_f} = 1.5 - \frac{776mm}{120 \times 6mm} = 1.5 - 1.078 = 0.422 < 0.5$$

取 $\alpha_f = 0.5$。

根据《钢标》式(11.2.2-2),焊接连接的剪应力设计值

$$\tau_f = \frac{N}{h_e \alpha_f l_w} = \frac{58.7 \times 10^3 N}{0.7 \times 6mm \times 0.5 \times 2 \times 776mm} = 18 N/mm^2$$

审题要点:双面直角角焊缝连接。

主要考点:①侧面角焊缝长度限值;②焊接连接的剪应力设计值。

题 90:连接所需的高强度螺栓数量(2009 年一级题 21)

设题 89 中的次梁与主梁采用 8.8 级 M16 的高强度摩擦型螺栓连接,连接处的钢材表面处理方法为钢丝刷清除浮锈,其连接形式如图 7-1(b)所示,考虑到连接偏心的不利影响,对次梁端部剪力设计值 $F = 58.7kN$ 乘以增大系数 1.2。试问,连接所需的高强度螺栓数量 n(个)应与下列何项数值最为接近?

    A. 3   B. 4   C. 5   D. 6

解答过程:根据《钢标》表 11.4.2-2,8.8 级 M16 的高强度摩擦型螺栓预拉力 $P = 80kN$。

由大题干知,采用 Q235B 钢,钢丝刷清除浮锈,根据《钢标》表 11.4.2-1,抗滑移系数 $\mu = 0.3$。

按标准孔径[①]取 $k = 1.0$,单根螺栓的抗剪承载力设计值

$$N_v^b = 0.9kn_f \mu P = 0.9 \times 1.0 \times 1 \times 0.3 \times 80kN = 21.6kN$$

连接所需的高强度螺栓数量

$$n = \frac{F}{N_v^b} = \frac{1.2 \times 58.7kN}{21.6kN} = 3.26,取 4 个$$

正确答案:B

---

① 《钢标》中没有孔形的相关参数,所以在 2018 年之前的考题,解答中均按照标准孔径取 $k = 1.0$ 来处理。

审题要点：①8.8 级 M16 的高强度摩擦型螺栓连接；②表面处理方法为钢丝刷清除浮锈；③乘以增大系数 1.2。

主要考点：①高强度摩擦型螺栓预拉力的查取；②抗滑移系数的查取；③单根螺栓的抗剪承载力设计值的计算。

题 91：柱截面的压应力设计值（2009 年一级题 22）

在夹层结构中，假定，主梁作用于立柱的轴向压力设计值 $N = 307.6\text{kN}$；立柱选用 Q235B 钢，截面无孔眼削弱，翼缘板为焰切边。立柱与基础刚接，柱顶与主梁为铰接，其计算长度在两个主轴方向均为 5.50m。要求对立柱按实腹式轴心受压构件作整体稳定性验算。试问，柱截面的压应力设计值（N/mm^2）与下列何项数值最为接近？

    A. 47.8   B. 53.7   C. 69.1   D. 89.7

解答过程：根据《钢标》表 7.4.6，受压构件的容许长细比 $[\lambda] = 150$。

长细比

$$\lambda_x = \frac{l_{0x}}{i_x} = \frac{5500\text{mm}}{98.9\text{mm}} = 55.61 < 150, \quad \lambda_y = \frac{l_{0y}}{i_y} = \frac{5500\text{mm}}{56.6\text{mm}} = 97.17 < 150$$

根据《钢标》表 7.2.1-1，截面绕 x 轴和 y 轴均为 b 类，根据《钢标》附录表 D.0.2 得，稳定系数 $\varphi_x = 0.83, \varphi_y = 0.5738$；$\varphi_{\min} = \min(\varphi_x, \varphi_y) = \min(0.83, 0.5738) = 0.5738$。

根据《钢标》式（7.2.1），柱截面的压应力设计值

$$\frac{N}{\varphi_{\min} A} = \frac{N}{\varphi_y A} = \frac{307.6 \times 10^3 \text{N}}{0.5738 \times 77.6 \times 10^2 \text{mm}^2} = 69.1\text{N/mm}^2$$

正确答案：C

解答流程：柱截面的压应力设计值计算流程见流程图 7-3。

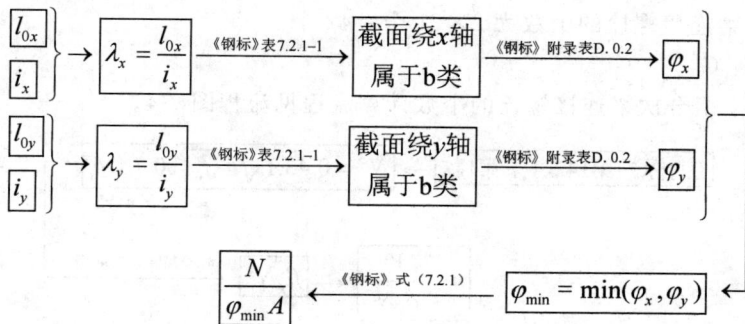

流程图 7-3　柱截面的压应力设计值

审题要点：①翼缘板为焰切边；②计算长度在两个主轴方向均为 5.50m；③实腹式轴心受压构件作整体稳定性验算。

主要考点：①容许长细比的查取；②长细比的计算；③稳定系数的查取；④压应力设计值的计算。

题 92：组合次梁连接螺栓的个数（2009 年一级题 23）

若次梁按组合梁设计，并采用压型钢板混凝土组合板作翼板，压型钢板板肋垂直于次梁，混凝土强度等级 C20，抗剪连接件采用材料等级为 4.6 级的 $d = 19\text{mm}$ 圆柱头螺栓。已知组合次梁跨中最大弯矩点与支座零弯矩点之间钢梁与混凝土翼板交界面的纵向剪力

$V_s = 665.4\text{kN}$，螺栓抗剪连接件承载力设计值折减系数 $\beta_v = 0.54$。试问，组合次梁连接螺栓的个数应与下列何项数值最为接近？

提示：按完全抗剪连接计算。

　　A. 20　　　　　　　　B. 34　　　　　　　　C. 42　　　　　　　　D. 46

解答过程：混凝土强度等级 C20 的弹性模量 $E_c = 25.5 \times 10^3\text{N/mm}^2$，$f_c = 9.6\text{N/mm}^2$。

根据"抗剪连接件采用材料等级为 4.6 级"，则

$$f_u = 400\text{N/mm}^2$$

根据《钢标》第 14.3.1 条第 1 款，单个抗剪连接件的承载力设计值

$$N_v^c = 0.43 A_s \sqrt{E_c f_c}$$

$$= 0.43 \times \left[\frac{1}{4} \times 3.14 \times (19\text{mm})^2\right] \times \sqrt{25.5 \times 10^3\text{N/mm}^2 \times 9.6\text{N/mm}^2}$$

$$= 60290\text{N} = 60.29\text{kN} \leqslant 0.7 A_s f_u$$

$$= 0.7 \times \left[\frac{1}{4} \times 3.14 \times (19\text{mm})^2\right] \times 400\text{N/mm}^2 = 79.35 \times 10^3\text{N} = 79.35\text{kN}$$

考虑压型钢板板肋垂直于次梁，螺栓抗剪连接件承载力设计值应予以折减，根据《钢标》第 14.3.2 条第 2 款

$$\beta_v N_v^c = 0.54 \times 60.29\text{kN} = 32.56\text{kN}$$

沿次梁半跨所需连接螺栓数

$$n = \frac{V_s}{\beta_v N_v^c} = \frac{665.4\text{kN}}{32.56\text{kN}} = 20.44，取 21 个$$

则组合次梁连接螺栓的个数为 2×21 个 = 42 个。

正确答案：C

解答流程：组合次梁连接螺栓的个数计算流程见流程图 7-4。

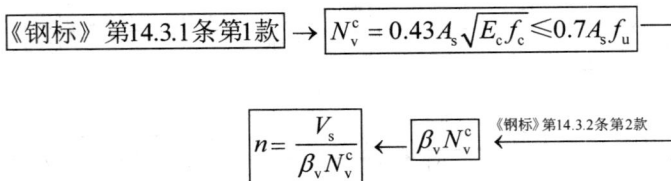

流程图 7-4　组合次梁连接螺栓的个数

审题要点：①抗剪连接件采用材料等级为 4.6 级；②提示。

主要考点：①单个抗剪连接件的承载力设计值；②螺栓抗剪连接件承载力设计值应予以折减。

题 93～题 95：非抗震的某梁柱节点如图 7-2 所示。梁柱均选用热轧 H 型钢截面，梁采用 HN500×200×10×16($r=20$)，柱采用 HM390×300×10×16($r=24$)，梁、柱钢材均采用 Q345B 钢。主梁上、下翼缘与柱翼缘为全熔透坡口对接焊缝，采用引弧板和引出板施焊；梁腹板与柱为工地熔透焊，单侧安装连接板（兼作腹板焊接衬板），并采用 4×M16 工地安装螺栓。

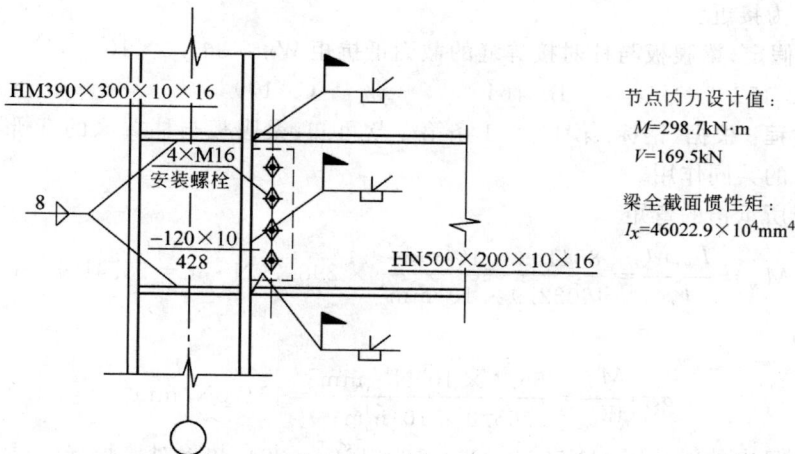

图 7-2　梁柱节点

题 93：梁翼缘与柱之间全熔透坡口对接焊缝的应力设计值（2009 年一级题 24）

梁柱节点采用全截面设计法，即弯矩由翼缘和腹板共同承担，剪力由腹板承担。试问，梁翼缘与柱之间全熔透坡口对接焊缝的应力设计值（N/mm^2），应与下列何项数值最为接近？

提示：梁腹板和翼缘的截面惯性矩分别为 $I_{wx} = 8541.9 \times 10^4 mm^4$，$I_{fx} = 37480.96 \times 10^4 mm^4$。

　　A. 300.2　　　　　B. 280.0　　　　　C. 246.5　　　　　D. 157.1

解答过程：采用全截面设计法，梁腹板除承受剪力外还与梁翼缘共同承担弯矩，翼缘和腹板承担弯矩的比例根据两者的刚度比确定。

梁翼缘所承担的弯矩

$$M_f = \frac{I_{fx}M}{I_x} = \frac{37480.96 \times 10^4 mm^4}{46022.9 \times 10^4 mm^4} \times 298.7 N \cdot mm = 243.3 kN \cdot m$$

梁腹板所承担的弯矩

$$M_w = \frac{I_{wx}M}{I_x} = \frac{8541.9 \times 10^4 mm^4}{46022.9 \times 10^4 mm^4} \times 298.7 kN \cdot m = 55.4 kN \cdot m$$

根据《钢标》式（11.2.1-1），梁翼缘与柱之间全熔透坡口对接焊缝的应力设计值

$$\sigma = \frac{N}{l_w t} = \frac{\frac{M_f}{h_b}}{l_w t} = \frac{\frac{243.3 \times 10^6 N \cdot mm}{500mm - 16mm}}{200mm \times 16mm} = 157.1 N/mm^2$$

正确答案：D

审题要点：①弯矩由翼缘和腹板共同承担；②提示。

主要考点：①全截面设计法的概念；②梁翼缘所承担的弯矩计算；③梁腹板所承担的弯矩计算；④全熔透坡口对接焊缝的应力设计值。

题 94：梁腹板与对接连接焊缝的应力设计值（2009 年一级题 25）

已知条件同题 93。试问，梁腹板与对接连接焊缝的应力设计值（N/mm^2）应与下列

何项数值最为接近？

提示：假定，梁腹板与柱对接焊缝的截面抵抗矩 $W_w = 365.0 \times 10^3 \text{mm}^3$。

    A. 152   B. 164   C. 179   D. 187

解答过程：根据《钢标》第 11.2.1 条第 2 款可知，梁腹板与柱翼缘的 T 形接头，承受弯矩和剪力的共同作用。

梁腹板所承担的弯矩

$$M_w = \frac{I_{wx}M}{I_x} = \frac{8541.9 \times 10^4 \text{mm}^4}{46022.9 \times 10^4 \text{mm}^4} \times 298.7 \text{kN} \cdot \text{m} = 55.4 \text{kN} \cdot \text{m}$$

正应力

$$\sigma = \frac{M_w}{W_w} = \frac{55.4 \times 10^6 \text{N} \cdot \text{mm}}{365.0 \times 10^3 \text{mm}^3} = 151.8 \text{N/mm}^2$$

根据题目中的梁采用 HN500×200×10×16($r=20$)，扣除对接焊缝两端 $r=20\text{mm}$，腹板的焊缝计算长度

$$l_w = 500\text{mm} - 2 \times 16\text{mm} - 2 \times 20\text{mm} = 428\text{mm}$$

剪应力

$$\tau = \frac{V}{l_w t} = \frac{169.5 \times 10^3 \text{N}}{428\text{mm} \times 10\text{mm}} = 39.6 \text{N/mm}^2$$

根据《钢标》式(11.2.1-2)，梁腹板与对接连接焊缝的应力设计值

$$\sqrt{\sigma^2 + 3\tau^2} = \sqrt{(151.8\text{N/mm}^2)^2 + 3 \times (39.6\text{N/mm}^2)^2} = 166.6 \text{N/mm}^2$$

正确答案：B

审题要点：提示。

主要考点：折算应力设计值。

题 95：腹板节点域的剪应力设计值（2009 年一级题 26）

该节点需在柱腹板处设置横向加劲肋，试问，腹板节点域的剪应力设计值（N/mm²）应与下列何项数值最为接近？

    A. 178.3   B. 211.7   C. 240.0   D. 255.0

解答过程：根据《钢标》式(12.3.3-3)，由柱翼缘和横向加劲肋包围的柱，腹板节点域的剪应力设计值

$$\tau = \frac{M_{b1} + M_{b2}}{V_p} = \frac{M}{h_{b1} h_{c1} t_w}$$

$$= \frac{298.7 \times 10^6 \text{N} \cdot \text{mm}}{(500\text{mm} - 16\text{mm}) \times (390\text{mm} - 16\text{mm}) \times 10\text{mm}}$$

$$= 165.013 \text{N/mm}^2$$

正确答案：A

审题要点：设置横向加劲肋。

主要考点：腹板节点域的剪应力设计值。

题 96：钢材最合适的选择（2009 年一级题 27）

北方地区某高层钢结构建筑，其 1～10 层外框柱采用焊接箱形截面，板厚 60～80mm，工作温度低于 −20℃，初步确定选用 Q345 国产钢材。试问，以下何种质量等级的

钢材是最合适的选择？

　　提示："GJ"代表高性能建筑结构用钢。

　　　　A. Q345D　　　　　　B. Q345GJC　　　　　C. Q345GJD-Z15　　D. Q345C

解答过程：根据《钢标》第 4.3.4 条第 2 款、第 4.3.5 条，Q345GJD-Z15 是最合适的选择。

　　正确答案：C

　　审题要点：①板厚 60~80mm；②工作温度低于－20℃。

　　主要考点：钢材质量等级的选择。

　　题 97：局部压应力合理的选择（2009 年一级题 28）

　　梁受固定集中荷载作用，当局部压应力不能满足要求时，采用以下何项措施才是较合理的选择？

　　　　A. 加厚翼缘　　　　　　　　　　　　B. 在集中荷载作用处设支承加劲肋

　　　　C. 沿梁长均匀增加横向加劲肋　　　　D. 加厚腹板

解答过程：根据《钢标》第 6.3.2 条第 5 款及条文说明，可知选项 B 的措施较为合理。

　　正确答案：B

　　审题要点：固定集中荷载作用。

　　主要考点：①梁受固定集中荷载作用；②改善局部压应力的措施。

　　题 98：管材最适合用于钢管结构（2009 年一级题 29）

　　在钢管结构中采用热加工管材和冷弯成型管材时，应考虑材料的屈服强度（N/mm^2）、屈强比和钢管壁的最大厚度（mm）三个指标，根据下列四种管材的数据（依次为屈服强度、屈强比、管壁厚度），试指出其中何项性能的管材最适合用于钢管结构？

　　　　A. 345、0.9、40　　　　B. 390、0.8、40　　　　C. 390、0.9、25　　　　D. 345、0.8、25

　　解答过程：根据《钢标》第 4.3.7 条及条文说明，可知选项 D 性能的管材最适合用于钢管结构。

　　正确答案：D

　　主要考点：钢管结构管材性能。

第8章 2010年钢结构

题99~题104：某单层工业厂房为钢结构，厂房柱距21m，设有两台重级工作制的软钩吊车，吊车每侧有4个车轮，最大轮压标准值 $P_{k,max} = 355kN$，吊车轨道高度 $h_R = 150mm$，每台吊车的轮压分布如图8-1(a)所示。吊车梁为焊接工字形截面，如图8-1(b)所示，采用Q345C钢制作，焊条采用E50型，图中长度单位为mm。

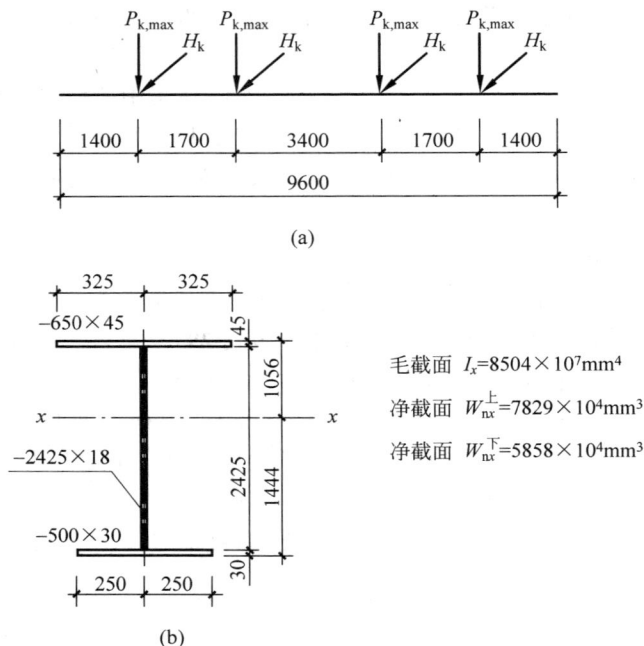

(a)

毛截面 $I_x = 8504 \times 10^7 mm^4$

净截面 $W_{nx}^{\pm} = 7829 \times 10^4 mm^3$

净截面 $W_{nx}^{\mp} = 5858 \times 10^4 mm^3$

(b)

图8-1 吊车

题99：**强度计算中，仅考虑 M_{max} 作用时吊车梁下翼缘的最大拉应力设计值**（2010年一级题16）

在竖向平面内，吊车梁的最大弯矩设计值 $M_{max} = 14442.5kN \cdot m$，试问，强度计算中，仅考虑 M_{max} 作用时吊车梁下翼缘的最大拉应力设计值（N/mm²）与下列何项数值最为接近？

A. 206   B. 235   C. 247   D. 274

解答过程：根据题意，重级工作制吊车梁需进行疲劳计算，计算吊车梁下翼缘的最大拉应力。

根据《钢标》第6.1.2条第3款，取截面塑性发展系数 $\gamma_x = 1.0$，则

$$\frac{M_x}{\gamma_x W_{nx}^{\mp}} = \frac{14442.5 \times 10^6 N \cdot mm}{1.0 \times 5858 \times 10^4 mm^3} = 246.5 N/mm^2$$

正确答案：C

审题要点：①在竖向平面内，吊车梁的最大弯矩设计值；②吊车梁下翼缘的最大拉应力设计值。

主要考点：截面塑性发展系数的查取。

题 100：作用在每个吊车轮处由吊车摆动引起的横向水平力标准值（2010 年一级题 17）

在计算吊车梁的强度、稳定性及连接强度时，应考虑由吊车摆动引起的横向水平力，试问，作用在每个吊车轮处由吊车摆动引起的横向水平力标准值 H_k（kN），与下列何项数值最为接近？

  A. 11.1   B. 13.9   C. 22.3   D. 35.5

解答过程：根据大题干"设有两台重级工作制的软钩吊车"，根据《钢标》第 3.3.2 条系数 $\alpha = 0.1$。

根据《钢标》第 3.3.2 条，作用在每个吊车轮处由吊车摆动引起的横向水平力标准值

$$H_k = \alpha P_{k,\max} = 0.1 \times 355\text{kN} = 35.5\text{kN}$$

正确答案：D

审题要点：①两台重级工作制的软钩吊车；②吊车每侧有 4 个车轮；③最大轮压标准值 $P_{k,\max}$；④由吊车摆动引起的横向水平力标准值。

主要考点：吊车摆动引起的横向水平力标准值。

题 101：吊车梁在腹板计算高度上边缘的局部承压应力设计值（2010 年一级题 18）

在吊车最大轮压作用下，试问，吊车梁在腹板计算高度上边缘的局部承压应力设计值（N/mm^2）与下列何项数值最为接近？

  A. 78   B. 71   C. 61   D. 52

解答过程：根据《荷规》第 6.3.1 条，重级工作制吊车梁，动力系数取 1.1；根据《钢标》第 6.1.4 条第 1 款，重级吊车梁，取 $\psi = 1.35$；根据《钢标》式（6.1.4-3），轮压分布长度

$$l_z = a + 5h_y + 2h_R = 50\text{mm} + 5 \times 45\text{mm} + 2 \times 150\text{mm} = 575\text{mm}$$

根据《钢标》式（6.1.4-3），吊车梁在腹板计算高度上边缘的局部承压应力设计值

$$\sigma_c = \frac{\psi F}{t_w l_z} = \frac{1.35 \times 1.4 \times 1.1 \times 355 \times 10^3 \text{N}}{18\text{mm} \times 575\text{mm}} = 71.3\text{N/mm}^2$$

正确答案：B

解答流程：吊车梁在腹板计算高度上边缘的局部承压应力设计值计算流程见流程图 8-1。

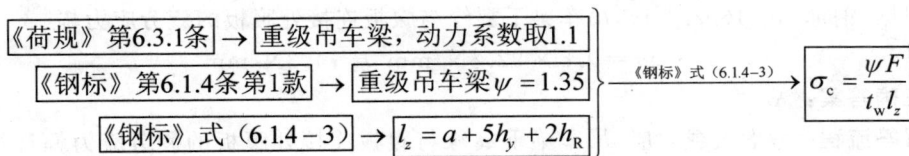

流程图 8-1　吊车梁在腹板计算高度上边缘的局部承压应力设计值

审题要点：腹板计算高度上边缘的局部承压应力设计值。

主要考点：①重级工作制吊车梁；②动力系数；③轮压分布长度；④吊车梁在腹板计算高度上边缘的局部承压应力设计值。

题 102：角焊缝的剪应力设计值（2010 年一级题 19）

假定，吊车梁采用突缘支座，支座端板与吊车梁腹板采用双面角焊缝连接，焊缝尺寸 $h_f = 10\text{mm}$，支座剪力设计值 $V = 3041.7\text{kN}$。试问，该角焊缝的剪应力设计值（N/mm^2）与下列何项数值最为接近？

    A. 70   B. 90   C. 110   D. 180

解答过程：角焊缝的计算长度

$$l_w = l - 2h_f = 2425\text{mm} - 2 \times 10\text{mm} = 2405\text{mm}$$

根据《钢标》式（11.2.2-2），角焊缝的剪应力设计值

$$\tau_f = \frac{V}{\sum l_w \cdot h_e} = \frac{3041.7 \times 10^3 \text{N}}{2 \times 2405\text{mm} \times 0.7 \times 10\text{mm}} = 90.3\text{N/mm}^2$$

正确答案：B

审题要点：采用双面角焊缝连接。

主要考点：①是否考虑侧面角焊缝限制；②角焊缝的计算长度；③角焊缝剪应力设计值的计算。

题 103：考虑欠载效应，吊车梁下翼缘与腹板连接处腹板的疲劳应力幅（2010 年一级题 20）

吊车梁由一台吊车荷载引起的最大竖向弯矩标准值为 $M_{k,max} = 5583.5\text{kN} \cdot \text{m}$，试问，考虑欠载效应，吊车梁下翼缘与腹板连接处腹板的疲劳应力幅（N/mm^2）与下列何项数值最为接近？

    A. 74   B. 70   C. 66   D. 53

解答过程：根据《钢标》第 3.1.7 条，在对钢结构进行疲劳验算时，采用标准值，且不乘动力系数。

根据题干中"设有两台重级工作制的软钩吊车"，根据《钢标》表 16.2.4，欠载效应的等效系数 $\alpha_f = 0.8$。

吊车梁下翼缘与腹板连接处截面模量

$$W_1 = \frac{I_x}{y_1} = \frac{8504 \times 10^7 \text{mm}^4}{1444\text{mm} - 30\text{mm}} = 6.014 \times 10^7 \text{mm}^3$$

正应力幅[①]

$$\Delta\sigma = \frac{M_{k,max}}{W_1} = \frac{5583.5 \times 10^6 \text{N} \cdot \text{mm}}{6.014 \times 10^7 \text{mm}^3} = 92.8\text{N/mm}^2$$

根据《钢标》式（16.2.4-1），吊车梁下翼缘与腹板连接处腹板的疲劳应力幅

$$\alpha_f \cdot \Delta\sigma = 0.8 \times 92.8\text{N/mm}^2 = 74.3\text{N/mm}^2$$

正确答案：A

解答流程：考虑欠载效应，吊车梁下翼缘与腹板连接处腹板的疲劳应力幅计算流程见流程图 8-2。

审题要点：考虑欠载效应。

主要考点：①疲劳验算时采用标准值；②疲劳应力幅。

---

① 正应力幅的计算，考虑的是有无吊车荷载引起的应力差值。

$$《钢标》第3.1.7条 \rightarrow \boxed{M_{k,max}}$$
$$\boxed{W_1 = \dfrac{I_x}{y_1}} \Big\} \rightarrow \boxed{\Delta\sigma = \dfrac{M_{k,max}}{W_1}} \xrightarrow{\text{《钢标》式 (16.2.4-1)}} \boxed{\alpha_f \cdot \Delta\sigma}$$
$$《钢标》表16.2.4 \rightarrow \boxed{\alpha_f}$$

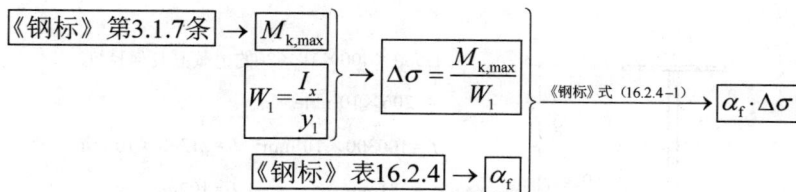

流程图 8-2　考虑欠载效应,吊车梁下翼缘与腹板连接处腹板的疲劳应力幅

题 104：柱牛腿由吊车荷载引起的最大竖向反力标准值（2010 年一级题 21）

对厂房排架进行分析时,假定,两台吊车同时作用,试问,柱牛腿由吊车荷载引起的最大竖向反力标准值（kN）与下列何项数值最为接近？

　　A. 2913　　　　　　　B. 2191　　　　　　　C. 2081　　　　　　　D. 1972

解答过程：

当两台吊车如图 8-2 所示布置时,柱牛腿 A 处竖向反力最大。作柱牛腿竖向反力影响线,如图 8-3 所示。

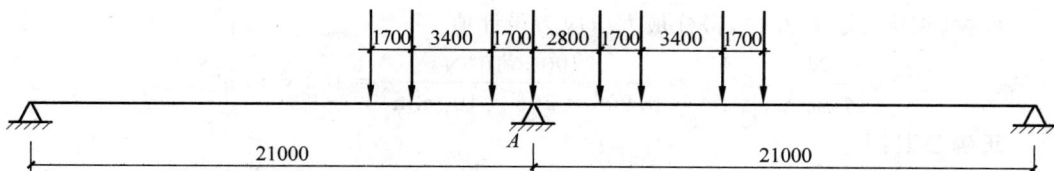

图 8-2　两台吊车布置

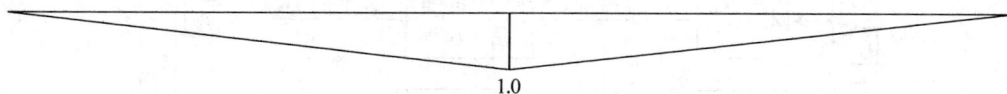

图 8-3　牛腿竖向反力影响线

根据《荷规》第 6.2.2 条,两台吊车作用下的折减系数为 0.95,柱牛腿由吊车荷载引起的最大竖向反力标准值

$$R_A = \left[\frac{21m + (21m - 1.7m) + (21m - 1.7m - 3.4m) + 14.2m + 18.2m + 16.5m + 13.1m + 11.4m}{21m}\right] \times$$

$$355kN \times 0.95 = 2081kN$$

正确答案： C

审题要点：①两台吊车同时作用；②最大竖向反力标准值。

主要考点： 内力计算。

题 105～题 106：某平台钢柱的轴心压力设计值 $N = 3400kN$,柱的计算长度 $l_{0x} = 6m, l_{0y} = 3m$,采用焊接工字形截面,截面尺寸如图 8-4 所示。翼缘钢板为剪切边,每侧翼缘板上有两个直径 $d_0 = 24mm$ 的螺栓孔,钢柱采用 Q235B 钢制作,采用 E43 型焊条。

题 105：柱最大稳定性压应力设计值（2010 年一级题 22）

假如柱腹板增设纵向加劲板以保证局部稳定,试问,稳定性计算时,该柱最大压应力设计值（N/mm²）与下列何项数值最为接近？

　　A. 165　　　　　　　B. 170　　　　　　　C. 182　　　　　　　D. 190

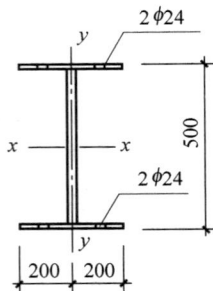

H500×400×10×20的毛截面几何特性：

$A = 206 \times 10^2 \text{mm}^2$

$I_x = 100300 \times 10^4 \text{mm}^4$　　$I_y = 21340 \times 10^4 \text{mm}^4$

$i_x = 221 \text{mm}$　　$i_y = 102 \text{mm}$

图8-4　平台钢柱的截面尺寸及几何特性

解答过程：长细比

$$\lambda_x = \frac{l_{0x}}{i_x} = \frac{6000\text{mm}}{221\text{mm}} = 27.1，\quad \lambda_y = \frac{l_{0y}}{i_y} = \frac{3000\text{mm}}{102\text{mm}} = 29.4$$

根据《钢标》表7.2.1-1，截面绕 x 轴为 b 类，截面绕 y 轴为 c 类，可知，柱子由 y 方向截面稳定控制。根据《钢标》附录表 D.0.3 可知，稳定系数 $\varphi_{\min} = \varphi_y = 0.906$。

根据《钢标》式（7.2.1），得柱最大压应力设计值

$$\frac{N}{\varphi_{\min}A} = \frac{N}{\varphi_y A} = \frac{3400 \times 10^3 \text{N}}{0.906 \times 206 \times 10^2 \text{mm}^2} = 182\text{N/mm}^2$$

正确答案：C

解答流程：柱最大稳定性压应力设计值的计算流程见流程图 8-3。

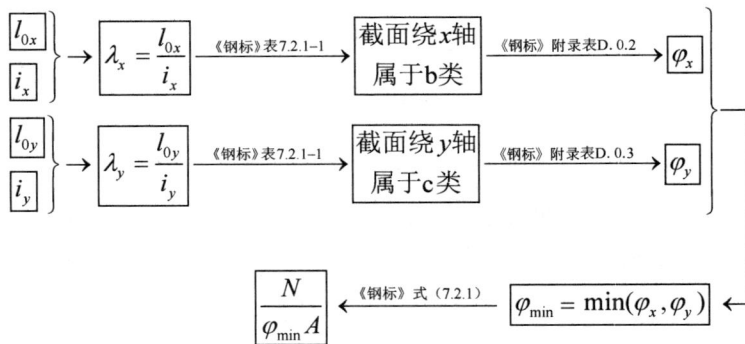

流程图 8-3　柱最大稳定性压应力设计值

审题要点：①图 8-4；②稳定性计算。

主要考点：①稳定系数的计算；②长细比的计算；③最大压应力设计值计算。

题 106：柱最大强度压应力设计值（2010 年一级题 23）

假设柱腹板不增设加劲肋加强，且已知腹板的高厚比不符合要求，试问，进行强度计算时，该柱最大压应力设计值（N/mm²）与下列何项数值最为接近？

　　A. 165　　　　　　B. 170　　　　　　C. 180　　　　　　D. 190

解答过程：根据题干中"钢柱采用 Q235B 钢制作"，由《钢标》表 3.5.1 注 1，可得钢号修正系数

$$\varepsilon_k = \sqrt{\frac{235}{f_y}} = \sqrt{\frac{235\text{N}/\text{mm}^2}{235\text{N}/\text{mm}^2}} = 1$$

根据《钢标》第 6.3.2 条第 6 款，腹板计算高度

$$h_0 = 500\text{mm} - 2 \times 20\text{mm} = 460\text{mm}$$

腹板计算高度 h_0 与其厚度 t_w 之比为

$$\frac{h_0}{t_w} = \frac{460\text{mm}}{10\text{mm}} = 46 > 42\varepsilon_k = 42$$

根据《钢标》式（7.3.4-3），得

$$\lambda_{n,p} = \frac{b/t}{56.2\varepsilon_k} = \frac{46}{56.2} = 0.816$$

根据《钢标》式（7.3.4-2），得

$$\rho = \frac{1}{\lambda_{n,p}}\left(1 - \frac{0.19}{\lambda_{n,p}}\right) = \frac{1}{0.816} \times \left(1 - \frac{0.19}{0.816}\right) = 0.94$$

翼缘的宽厚比

$$\frac{b}{t_f} = \frac{(200 + 200 - 10)/2\text{mm}}{20\text{mm}} = 9.75 < 42\varepsilon_k = 42$$

根据《钢标》式（7.3.4-1），取 $\rho = 1.0$，根据《钢标》式（7.3.3-3），可得有效净截面面积

$$\begin{aligned}
A_{ne} &= \sum \rho_i A_{ni} \\
&= 1.0 \times 2 \times [(400\text{mm} - 24\text{mm} \times 2) \times 20\text{mm}] + \\
&\quad 0.94 \times (460\text{mm} \times 10\text{mm}) \\
&= 18404\text{mm}^2
\end{aligned}$$

根据《钢标》式（7.3.3-1），进行强度计算时，柱最大压应力设计值

$$\frac{N}{A_n} = \frac{3400 \times 10^3\text{N}}{18404\text{mm}^2} = 184.7\text{N}/\text{mm}^2$$

正确答案： D

解答流程： 柱最大强度压应力设计值的计算流程见流程图 8-4。

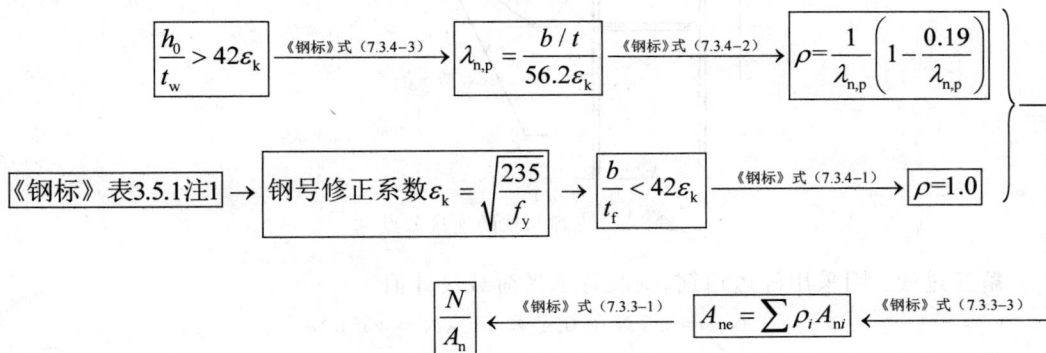

流程图 8-4 柱最大强度压应力设计值

审题要点：腹板不增设加劲肋加强，且已知腹板的高厚比不符合要求。

主要考点：①腹板不能采用纵向加劲肋加强，在计算该钢柱的强度和稳定性时，正确计算有效截面面积；②柱最大压应力设计值。

题107：局部稳定性验算时，腹板计算高度与其厚度值（2010年一级题24）

某受压构件采用热轧H型钢HN700×300×13×24，其腹板与翼缘相接处两侧圆弧半径 $r=28$mm。试问，进行局部稳定验算时，腹板计算高度 h_0 与其厚度 t_w 之比值，与下列何项数值最为接近？

  A. 42   B. 46   C. 50   D. 54

解答过程：根据《钢标》第6.3.2条第6款，腹板计算高度

$$h_0=700\text{mm}-2\times24\text{mm}-2\times28\text{mm}=596\text{mm}$$

腹板计算高度 h_0 与其厚度 t_w 之比为

$$\frac{h_0}{t_w}=\frac{596\text{mm}}{13\text{mm}}=45.85$$

正确答案：B

审题要点：腹板与翼缘相接处两侧圆弧半径。

主要考点：①腹板计算高度的取值；②腹板高度与其厚度之比的计算。

题108～题110：某钢平台承受静荷载，支撑与柱的连接节点如图8-5所示，支撑杆的斜向拉力设计值 $N=650$kN，采用Q235B钢制作，E43型焊条。

题108：角钢肢背的焊缝连接长度（2010年一级题25）

双角钢 $2\llcorner100\times10$，角钢与节点板采用两侧角焊缝连接，角钢肢背焊缝 $h_{f1}=10$mm，肢尖焊缝 $h_{f2}=8$mm，试问，角钢肢背的焊缝连接长度（mm）与下列何项数值最为接近？

  A. 230   B. 290   C. 340   D. 460

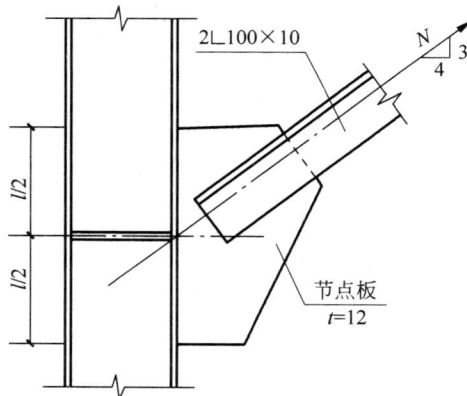

图8-5 支撑与柱的连接节点

解答过程：因采用等边角钢，则肢背承受荷载设计值

$$N_1=0.7N=0.7\times650\text{kN}=455\text{kN}$$

根据《钢标》式(12.2.2-2)，焊缝计算长度

$$l_w \geqslant \frac{\dfrac{N_1}{2}}{h_e f_f^w} = \frac{\dfrac{455 \times 10^3 \mathrm{N}}{2}}{0.7 \times 10\mathrm{mm} \times 160\mathrm{N/mm}^2} = 203\mathrm{mm}$$

角钢肢背的焊缝连接长度

$$l_1 = l_w + 2h_f = 203\mathrm{mm} + 2 \times 10\mathrm{mm} = 223\mathrm{mm}$$

最小焊缝长度 $8h_f = 8 \times 10\mathrm{mm} = 80\mathrm{mm}$，则 $8h_f < l_1$。

正确答案：A

解答流程：角钢肢背的焊缝连接长度计算流程见流程图 8-5。

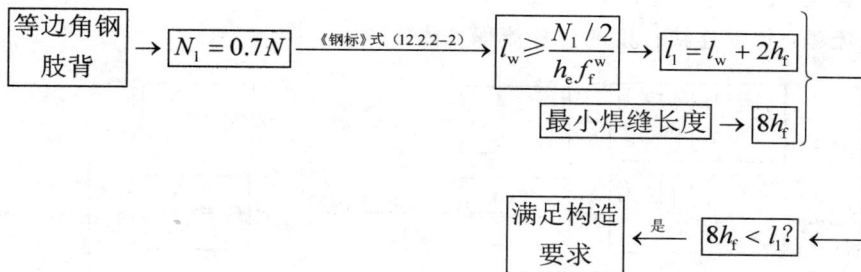

流程图 8-5　角钢肢背的焊缝连接长度

审题要点：①承受静荷载；②Q235B 钢制作，E43 型焊条；③双角钢 2∟100×10；④角钢肢背的焊缝连接长度。

主要考点：①角钢焊缝内力分配；②焊缝计算长度(实际长度)的取值；③最小焊缝长度的构造要求。

题 109：焊缝连接长度(2010 年一级题 26)

节点板与钢柱采用双面角焊缝连接，取焊缝高度 $h_f = 8\mathrm{mm}$。试问，焊缝连接长度(mm)与下列何项数值最为接近？

　　A. 290　　　　　　B. 340　　　　　　C. 390　　　　　　D. 460

解答过程：将拉力分解：水平方向拉力分量

$$N_1 = \frac{4}{5}N = \frac{4}{5} \times 650\mathrm{kN} = 520\mathrm{kN}$$

竖直方向拉力分量

$$N_2 = \frac{3}{5}N = \frac{3}{5} \times 650\mathrm{kN} = 390\mathrm{kN}$$

根据《钢标》式(12.2.2-1)，正应力

$$\sigma_f = \frac{N_1}{h_e l_w} = \frac{520 \times 10^3}{2 \times 0.7 \times 8 \times l_w}$$

根据《钢标》式(12.2.2-2)，剪应力

$$\tau_f = \frac{N_2}{h_e l_w} = \frac{390 \times 10^3}{2 \times 0.7 \times 8 \times l_w}$$

根据《钢标》式(11.2.2-3)

$$\sqrt{\left(\frac{\sigma_f}{\beta_f}\right)^2 + \tau_f^2} \leqslant f_f^w$$

代入数据得

$$l_{\mathrm{w}} \geqslant \sqrt{\left(\frac{520 \times 10^3 \,\mathrm{N}}{2 \times 0.7 \times 8\mathrm{mm} \times 1.22 \times 160\mathrm{N/mm^2}}\right)^2 + \left(\frac{390 \times 10^3 \,\mathrm{N}}{2 \times 0.7 \times 8\mathrm{mm} \times 160\mathrm{N/mm^2}}\right)^2}$$

$$=322\mathrm{mm}$$

实际焊缝连接长度

$$l_1 = l_{\mathrm{w}} + 2h_{\mathrm{f}} = 322\mathrm{mm} + 2 \times 8\mathrm{mm} = 338\mathrm{mm}$$

$$8h_{\mathrm{f}} = 8 \times 8\mathrm{mm} = 64\mathrm{mm} < l_1 = l_{\mathrm{w}} + 2h_{\mathrm{f}} = 322\mathrm{mm} + 2 \times 8\mathrm{mm} = 338\mathrm{mm}$$

正确答案：B

解答流程：焊缝连接长度的计算流程见流程图 8-6。

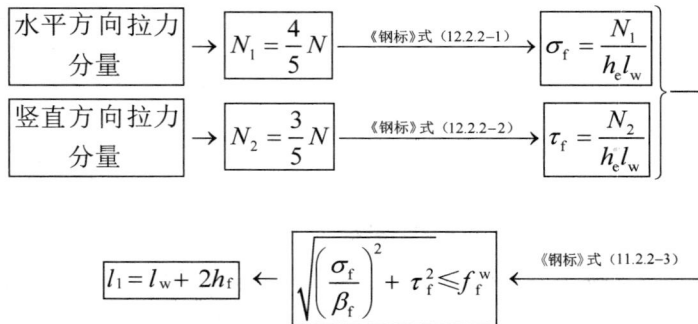

流程图 8-6　焊缝连接长度

审题要点：①节点板与钢柱；②焊缝高度 $h_{\mathrm{f}} = 8\mathrm{mm}$。

主要考点：①内力计算；②正（剪）应力计算；③焊缝连接长度（实际长度）。

题 110：焊缝连接长度（2010 年一级题 27）

假设节点板与钢柱采用 V 形坡口焊缝，焊缝质量等级为二级，试问，焊缝连接长度（mm）与下列何项数值最为接近？

　　A. 330　　　　　　　　B. 370　　　　　　　　C. 410　　　　　　　　D. 460

解答过程：将拉力分解，水平方向拉力分量为

$$N_1 = \frac{4}{5}N = \frac{4}{5} \times 650\mathrm{kN} = 520\mathrm{kN}$$

竖直方向拉力分量为

$$N_2 = \frac{3}{5}N = \frac{3}{5} \times 650\mathrm{kN} = 390\mathrm{kN}$$

根据《钢标》式（11.2.1-1），正应力

$$\sigma = \frac{N_1}{l_{\mathrm{w}} t} = \frac{520 \times 10^3}{l_{\mathrm{w}} \times 12}$$

剪应力

$$\tau = \frac{N_2}{l_{\mathrm{w}} t} = \frac{390 \times 10^3}{l_{\mathrm{w}} \times 12}$$

根据《钢标》式(11.2.1-2),有

$$\sqrt{\sigma^2 + 3\tau^2} \leqslant 1.1 f_{\mathrm{t}}^{\mathrm{w}}$$

焊缝计算长度

$$l_{\mathrm{w}} \geqslant \sqrt{\left(\frac{520 \times 10^3 \mathrm{N}}{12\mathrm{mm} \times 1.1 \times 215\mathrm{N/mm}^2}\right)^2 + 3 \times \left(\frac{390 \times 10^3 \mathrm{N}}{12\mathrm{mm} \times 1.1 \times 215\mathrm{N/mm}^2}\right)^2}$$

$$= 300\mathrm{mm}$$

实际焊缝连接长度

$$l_1 = l_{\mathrm{w}} + 2t = 300\mathrm{mm} + 2 \times 12\mathrm{mm} = 324\mathrm{mm}$$

正确答案:A

解答流程:焊缝连接长度的计算流程见流程图 8-7。

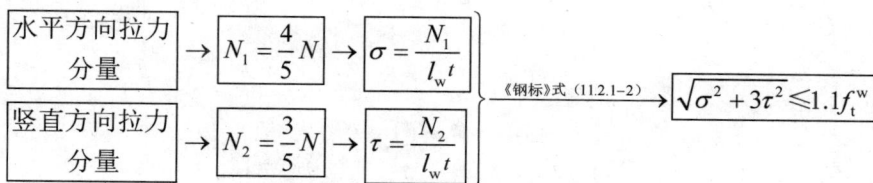

流程图 8-7　焊缝连接长度

审题要点:①节点板与钢柱采用 V 形坡口焊缝;②质量等级为二级。

主要考点:①内力计算;②正(剪)应力计算;③焊缝计算长度(实际长度)。

题 111:二阶弹性分析(2010 年一级题 28)

试问,钢结构框架内力分析时,$\dfrac{\sum N \cdot \Delta u}{\sum H \cdot h}$ 至少大于下列何项数值时,宜采用二阶弹性分析?

式中:$\sum N$ 表示所计算楼层各柱轴心压力设计值之和;H 表示产生层间侧移 Δu 的所计算楼层及以上各层的水平荷载之和;Δu 表示按一阶弹性分析求得的所计算楼层的层间侧移;h 表示所计算楼层的高度。

　　A. 0.10　　　　　　B. 0.15　　　　　　C. 0.20　　　　　　D. 0.25

解答过程:根据《钢标》第 5.1.6 条,当 $\dfrac{\sum N \cdot \Delta u}{\sum H \cdot h} > 0.1$ 时,宜采用二阶弹性分析。

正确答案:A

主要考点:二阶弹性分析。

题 112:多跨连续钢梁,按塑性设计,外伸翼缘宽厚比的限值(2010 年一级题 29)

某多跨连续钢梁,按塑性设计当选用工字形焊接断面,且钢材采用 Q235B 钢时,试问,其外伸翼缘宽厚比的限值应与下列何项数值最为接近?

　　A. 9　　　　　　　B. 11　　　　　　　C. 13　　　　　　　D. 15

解答过程:根据题干中"钢材采用 Q235B 钢",由《钢标》表 3.5.1 注 1,可得钢号修正系数

$$\varepsilon_k = \sqrt{\frac{235}{f_y}} = \sqrt{\frac{235\text{N}/\text{mm}^2}{235\text{N}/\text{mm}^2}} = 1$$

根据《钢标》第 10.1.5 条,塑性设计时,外伸翼缘宽厚比限值为 $9\varepsilon_k = 9 \times 1 = 9$。

正确答案:A

主要考点:①塑性设计;②外伸翼缘宽厚比的限值。

第9章 2011年钢结构

题113～题119：某钢结构办公楼,结构布置如图 9-1 所示。框架梁、柱采用 Q345 钢,次梁、中心支撑、加劲板采用 Q235 钢,楼面采用 150mm 厚 C30 混凝土楼板,钢梁顶采用抗剪栓钉与楼板连接。

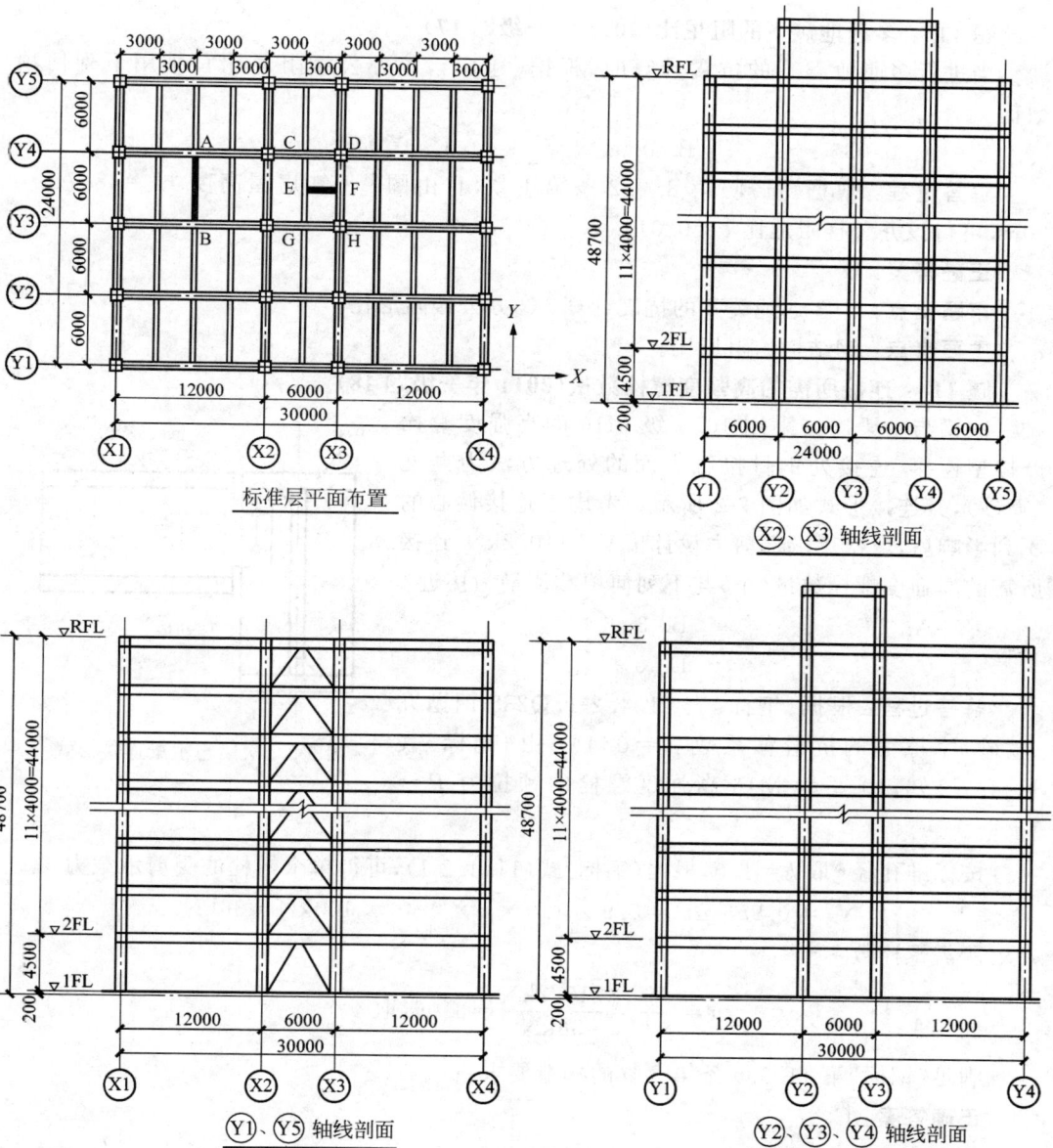

图 9-1 钢结构办公楼的结构布置

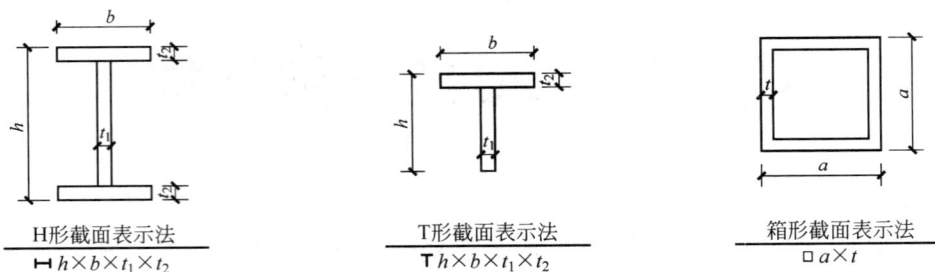

H形截面表示法　　　　　　T形截面表示法　　　　　　箱形截面表示法
$\vdash h \times b \times t_1 \times t_2$　　　　$\mathbf{T} h \times b \times t_1 \times t_2$　　　　$\Box a \times t$

图 9-1(续)

题 113：多遇地震下的阻尼比（2011 年一级题 17）

当进行多遇地震下的抗震计算时，根据《建标》，该办公楼阻尼比宜采用下列何项数值？

　　　　A. 0.035　　　　　B. 0.04　　　　　C. 0.045　　　　　D. 0.05

解答过程：根据《抗规》第 8.2.2 条第 1 款，且由图 9-1 知房屋高度 $H = 48.7\text{m} <$ 50m，可得该办公楼阻尼比 $\zeta = 0.04$。

正确答案：B

审题要点：①多遇地震下的抗震计算；②办公楼阻尼比。

主要考点：钢结构的阻尼比。

题 114：连接所需的高强度螺栓数量（2011 年一级题 18）

次梁与主梁连接采用 10.9 级 M16 的高强度螺栓摩擦型连接，连接处钢材接触表面的处理方法为抛丸（喷砂），其连接形式如图 9-2 所示。考虑了连接偏心的不利影响后，取次梁端部剪力设计值 $V = 110.2\text{kN}$，连接所需的高强度螺栓数量（个）与下列何项数值最为接近？

　　　　A. 2　　　　　B. 3

　　　　C. 4　　　　　D. 5

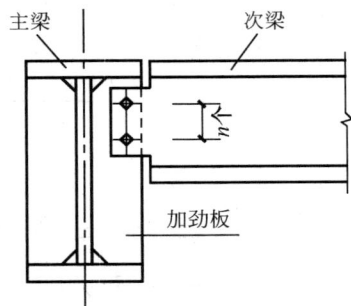

图 9-2　次梁与主梁连接形式

解答过程：根据《钢标》表 11.4.2-1，Q235 钢抛丸（喷砂）摩擦面的抗滑移系数 $\mu = 0.40$；由《钢标》表 11.4.2-2 知，10.9 级 M16 高强度螺栓的预拉力 $P = 100\text{kN}$。

按标准孔径[①]取 $k = 1.0$，根据《钢标》式（11.4.2-1），可得单个螺栓的受剪承载力

$$N_v^b = 0.9kn_f\mu P = 0.9 \times 1.0 \times 1 \times 0.40 \times 100\text{kN} = 36\text{kN}$$

所需螺栓数

$$n = \frac{V}{N_v^b} = \frac{110.2\text{kN}}{36\text{kN}} = 3.06，取 4 个$$

满足《钢标》第 11.5.6 条第 2 款的构造要求。

正确答案：C

---

① 《钢标》中没有孔形的相关参数，所以在 2018 年之前的考题，解答中均按照标准孔径取 $k = 1.0$ 来处理。

解答流程：连接所需的高强度螺栓数量计算流程见流程图 9-1。

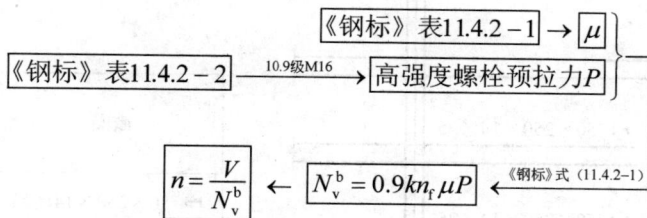

流程图 9-1　连接所需的高强度螺栓数量

审题要点：①10.9 级 M16 的高强度螺栓摩擦型连接；②处理方法为抛丸（喷砂）；③取次梁端部剪力设计值。

主要考点：①摩擦面的取值；②抗滑移系数的取值；③高强度螺栓预拉力的查取。

题 115：按组合梁计算时，混凝土翼板的有效宽度（2011 年一级题 19）

次梁 AB 截面为 H346×174×6×9，当楼板采用无板托连接，按组合梁计算时，混凝土翼板的有效宽度（mm）与下列何项数值最为接近？

A. 1050　　　　　B. 1400　　　　　C. 1950　　　　　D. 2300

解答过程：根据《钢标》第 14.1.2 条，梁外侧和内侧的翼板计算宽度，各取梁等效跨度的 1/6 和不大于相邻净距的 1/2。

次梁 AB 为简支梁，等效跨度 $l_e = l = 6m = 6000mm$，因无板托，则 $b_0 = 174mm$。

翼板的计算宽度

$$b_1 = b_2 = \min\left(\frac{l_e}{6}, \frac{S_n}{2}\right) = \min\left(\frac{6000mm}{6}, \frac{3000mm - 174mm}{2}\right) = 1000mm$$

混凝土翼板的有效宽度

$$b_e = b_0 + b_1 + b_2 = 174mm + 1000mm + 1000mm = 2174mm$$

正确答案：C

审题要点：①楼板采用无板托连接；②混凝土翼板的有效宽度。

主要考点：组合楼盖中混凝土翼板计算宽度的确定。

题 116：X 向平面内计算长度系数（2011 年一级题 20）

假定，X 向平面内与柱 J、K 上、下端相连的框架梁远端为铰接（图 9-3）。试问，当计算柱 J、K 在重力作用下的稳定性时，X 向平面内计算长度系数与下列何项数值最为接近？

提示：①按《钢标》作答；②结构 X 向满足强支撑框架的条件，符合刚性楼面假定。

A. 0.80　　　　　B. 0.90　　　　　C. 1.00　　　　　D. 1.50

解答过程：根据"提示②"，本结构 X 向满足强支撑框架的条件。无侧移框架的计算长度系数：因梁远端为铰接，应将横梁线刚度乘以 1.5，则

$$K_1 = \frac{EI_x \times \dfrac{1.5}{12m}}{EI_{\square 500\times25} \times \dfrac{2}{4m}} = \frac{1.5 \times 2.04 \times 10^9 mm^4 \times 4m \times E}{1.79 \times 10^9 mm^4 \times 2 \times 12m \times E} = 0.285$$

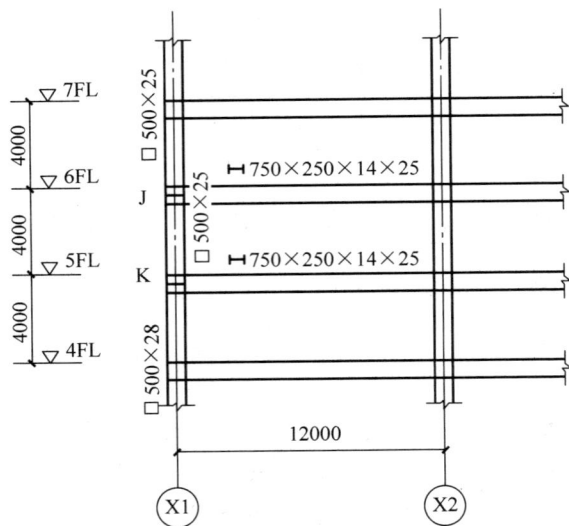

图 9-3　X 向立面

$$K_2 = \frac{EI_x \times \dfrac{1.5}{12\mathrm{m}}}{(EI_{\square 500\times 25} + EI_{\square 500\times 28}) \times \dfrac{1}{4\mathrm{m}}}$$

$$= \frac{1.5 \times 2.04 \times 10^9\,\mathrm{mm}^4 \times 4\mathrm{m} \cdot E}{(1.79 \times 10^9\,\mathrm{mm}^4 + 1.97 \times 10^9\,\mathrm{mm}^4) \times 12\mathrm{m} \cdot E}$$

$$= 0.271$$

根据《钢标》附录表 E.0.1，经线性内插得 X 向平面内计算长度系数 $\mu = 0.902$。

正确答案： B

审题要点： ①上、下端相连的框架梁远端为铰接；②平面内计算长度系数；③提示。

主要考点： ①构件计算长度系数的取值；②线刚度的计算；③线性内插法的使用。

题 117：进行弯矩作用平面外的稳定性计算时，构件以应力形式表达的稳定性计算值
（2011 年一级题 21）

框架柱截面为 $\square 500 \times 25$，按单向弯矩计算时，弯矩设计值见框架柱弯矩图（图 9-4），轴压力设计值 $N = 2693.7\mathrm{kN}$，在进行弯矩作用平面外的稳定性计算时，构件以应力形式表达的稳定性计算数值（$\mathrm{N/mm}^2$）与下列何项数值最为接近？

提示： ①框架柱截面分类为 c 类，$\lambda_y/\varepsilon_k = 41$；②框架柱所考虑构件段无横向荷载作用。

    A. 75 　　　　　　 B. 90 　　　　　　 C. 100 　　　　　　 D. 110

解答过程： 根据题意，轴压力设计值 $N = 2693.7\mathrm{kN}$，横截面面积 $A = 4.75 \times 10^4\,\mathrm{mm}^2$。根据提示①：框架柱截面为 c 类，$\lambda_y/\varepsilon_k = 41$，查《钢标》附录表 D.0.3，得稳定系数 $\varphi_y = 0.833$；因截面为方形钢管，是闭口截面，可得截面影响系数 $\eta = 0.7$。

根据提示②，框架所考虑构件段内无横向荷载作用，由图 9-4 可知端弯矩产生反向曲率。

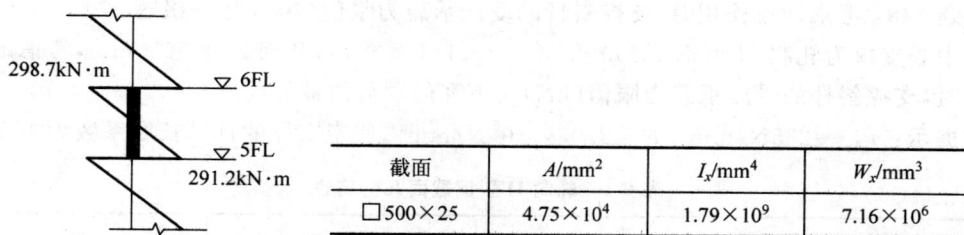

框架柱弯矩图

截面	A/mm^2	I_x/mm^4	W_x/mm^3
□500×25	4.75×10^4	1.79×10^9	7.16×10^6

图 9-4 框架柱弯矩图及截面几何特性

$$M_x = \max(298.7\text{kN}\cdot\text{m}, 291.2\text{kN}\cdot\text{m}) = 298.7\text{kN}\cdot\text{m}$$

根据《钢标》式(8.2.1-12),等效弯矩系数

$$\beta_{tx} = 0.65 + 0.35\frac{M_2}{M_1} = 0.65 - 0.35\times\frac{291.2\text{kN}}{298.7\text{kN}} = 0.31$$

根据图 9-4,所计算构件段范围内的最大弯矩

$$M_{\max} = 298.7\text{kN}\cdot\text{m}$$

对闭口截面,均匀弯曲的受弯构件整体稳定系数

$$\varphi_b = 1.0$$

根据图 9-4 可知,截面抵抗矩

$$W_{1x} = 7.16\times10^6\text{mm}^3$$

根据《钢标》式(8.2.1-3),得构件以应力形式表达的稳定性计算数值

$$\frac{N}{\varphi_y A} + \eta\frac{\beta_{tx}M_x}{\varphi_b W_{1x}} = \frac{2693.7\times10^3\text{N}}{0.833\times4.75\times10^4\text{mm}^2} + 0.7\times\frac{0.31\times298.7\times10^6\text{N}\cdot\text{mm}}{1.0\times7.16\times10^6\text{mm}^3}$$
$$= 77.13\text{N}/\text{mm}^2$$

正确答案:A

解答流程:弯矩作用平面外的稳定性计算值计算流程见流程图 9-2。

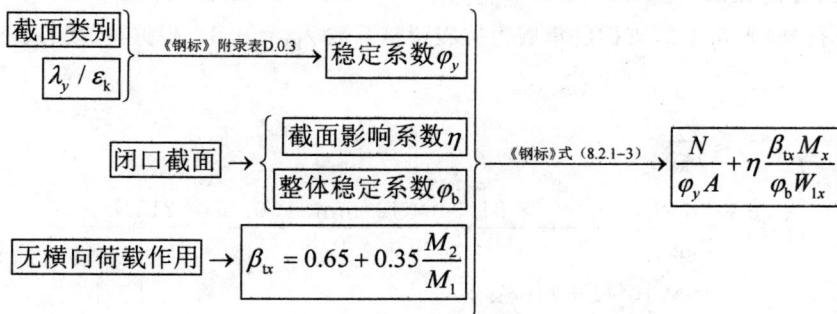

流程图 9-2 弯矩作用平面外的稳定性计算值

审题要点:①单向弯矩计算;②弯矩作用平面外的稳定性计算。

主要考点:①弯矩方向的判定;②等效弯矩系数的计算;③均匀弯曲的受弯构件整体稳定系数的取用;④压弯构件应力的计算。

题 118：考虑地震作用时，支撑斜杆的受压承载力限值（2011 年一级题 22）

中心支撑为轧制 H 型钢 H250×250×9×14（表 9-1），几何长度 5000mm，考虑地震作用时，支撑斜杆的受压承载力限值（kN）与下列何项数值最为接近？

提示：$f_{ay}=235\text{N}/\text{mm}^2$，$E=2.06\times10^5\text{N}/\text{mm}^2$，假定支撑的计算长度系数为 1.0。

表 9-1 轧制 H 型钢截面几何特性

截面	A/mm^2	i_x/mm	i_y/mm
H250×250×9×14	91.43×10^2	108.1	63.2

  A. 1300   B. 1450   C. 1650   D. 1800

解答过程：根据提示，支撑斜杆的计算长度 $l_0=1.0l=1.0\times5000\text{mm}=5000\text{mm}$，支撑斜杆的长细比

$$\lambda=\frac{l_0}{i_y}=\frac{5000\text{mm}}{63.2\text{mm}}=79$$

根据《钢标》表 7.2.1-1，因

$$\frac{b}{h}=\frac{250\text{mm}}{250\text{mm}}=1>0.8$$

截面绕 y 轴为 b^* 类截面，又根据《钢标》表 7.2.1-1 注 1，Q235 钢截面取为 c 类截面。根据《钢标》附录表 D.0.3，得稳定系数 $\varphi=0.584$。

根据《抗规》式（8.2.6-3），正则化长细比

$$\lambda_n=\frac{\lambda}{\pi}\sqrt{\frac{f_{ay}}{E}}=\frac{79}{3.14}\times\sqrt{\frac{235\text{N}/\text{mm}^2}{2.06\times10^5\text{N}/\text{mm}^2}}=0.85$$

根据《抗规》式（8.2.6-2），受循环荷载作用时的强度降低系数

$$\psi=\frac{1}{1+0.35\lambda_n}=\frac{1}{1+0.35\times0.85}=0.77$$

支撑斜杆的截面面积 $A_{br}=91.43\times10^2\text{mm}^2$，Q235 钢强度设计值 $f=215\text{N}/\text{mm}^2$。

根据《抗规》表 5.4.2，支撑的承载力抗震调整系数 $\gamma_{RE}=0.8$。根据《抗规》式（8.2.6-1），有

$$\frac{N}{\varphi A_{br}}\leqslant\frac{\psi f}{\gamma_{RE}}$$

$$N\leqslant\frac{\varphi A_{br}\psi f}{\gamma_{RE}}=\frac{0.584\times91.34\times10^2\text{mm}^2\times0.77\times215\text{N}/\text{mm}^2}{0.8}$$

$$=1104\times10^3\text{N}=1104\text{kN}$$

正确答案：A

解答流程：考虑地震作用时支撑斜杆的受压承载力限值计算流程见流程图 9-3。

审题要点：几何长度 5000mm。

主要考点：①构件计算长度的取值；②构件长细比的计算；③稳定系数的查取；④正则化长细比的计算；⑤受循环荷载时的强度降低系数；⑥构件截面面积和材料强度

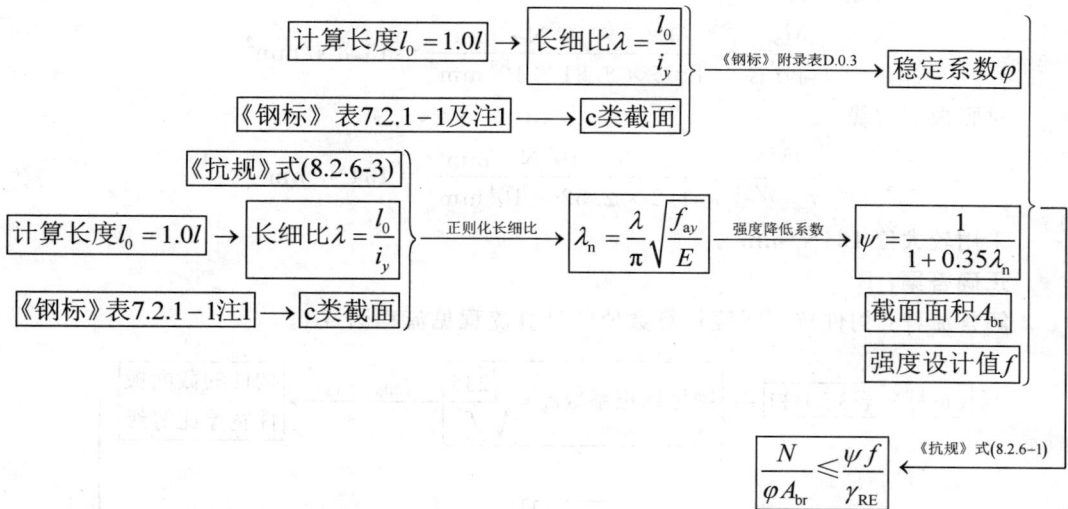

流程图 9-3　考虑地震作用时支撑斜杆的受压承载力限值

设计值；⑦根据给定截面导出承载力限值。

题 119：构件抗弯强度计算数值（2011 年一级题 23）

$CGHD$ 区域内无楼板，次梁 EF 均匀受弯，弯矩设计值为 4.05kN·m，当截面采用 T125×125×6×9（表 9-2）时，构件抗弯强度计算数值（N/mm^2）与下列何项数值最为接近？

  A. 60   B. 130   C. 150   D. 160

表 9-2　T125×125×6×9 截面几何特性

截面	A/mm^2	W_{1x}/mm^3	W_{2x}/mm^3	i_y/mm
T125×125×6×9	1848	8.81×10^4	2.52×10^4	28.2

  解答过程：根据大题干中"次梁、中心支撑、加劲板采用 Q235 钢"，承受静力荷载，可以考虑截面塑性发展系数。由《钢标》表 3.5.1 注 1，可得钢号修正系数

$$\varepsilon_k = \sqrt{\frac{235}{f_y}} = \sqrt{\frac{235\text{N/mm}^2}{235\text{N/mm}^2}} = 1$$

梁受压翼缘的自由外伸宽度与其厚度比

$$\frac{b}{t} = \frac{\dfrac{125\text{mm}-6\text{mm}}{2}}{9\text{mm}} = 6.6 < 9\varepsilon_k = 9$$

  根据《钢标》表 3.5.1，可知构件的截面板件宽厚比等级为 S1 级。

  根据《钢标》表 8.1.1，得截面塑性发展系数

$$\gamma_{x1} = 1.05, \quad \gamma_{x2} = 1.2$$

  根据《钢标》式（6.1.1），得构件抗弯强度计算数值为

对翼缘上边缘

$$\frac{M_x}{\gamma_{x1}W_{1x}} = \frac{4.05 \times 10^6 \text{N} \cdot \text{mm}}{1.05 \times 8.81 \times 10^4 \text{mm}^3} = 43.8 \text{N/mm}^2$$

对腹板下边缘

$$\frac{M_x}{\gamma_{x2}W_{2x}} = \frac{4.05 \times 10^6 \text{N} \cdot \text{mm}}{1.2 \times 2.52 \times 10^4 \text{mm}^3} = 134 \text{N/mm}^2$$

采用较大值 134N/mm^2。

正确答案：B

解答流程：构件抗弯强度计算数值的计算流程见流程图 9-4。

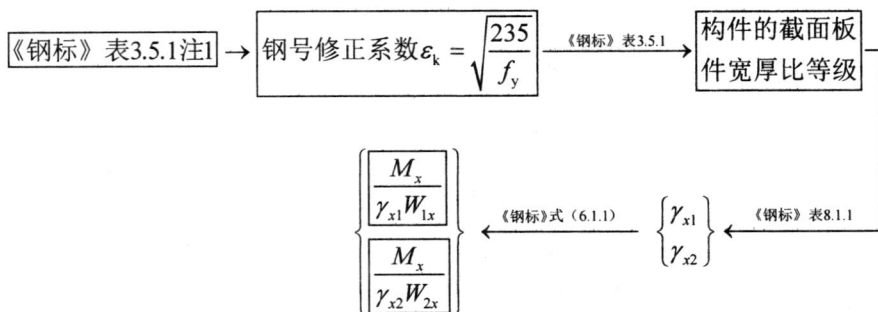

流程图 9-4　构件抗弯强度计算数值

审题要点：①次梁 EF 均匀受弯；②弯矩设计值。

主要考点：①截面塑性发展系数的查取；②构件抗弯强度计算。

题 120～题 122：某厂房屋面上弦平面布置如图 9-5 所示，钢材采用 Q235 钢，焊条采用 E43 型。

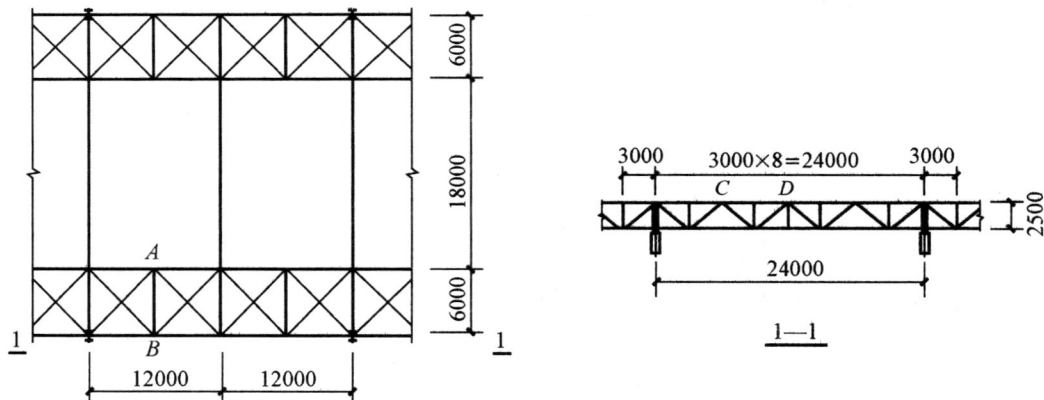

图 9-5　厂房屋面上弦平面布置

题 120：以应力形式表达的稳定性计算数值（2011 年一级题 24）

托架上弦杆 CD 选用 ⌐ 140×10（表 9-3），轴心压力设计值为 450kN，以应力形式表达的稳定性计算数值（N/mm²）与下列何项数值最为接近？

　　A. 100　　　　　　　B. 110　　　　　　　C. 130　　　　　　　D. 140

表 9-3　　⌐⌐ 140×10 截面几何特性

截面	A/mm^2	i_x/mm	i_y/mm
⌐⌐ 140×10	5475	43.4	61.2

解答过程：由图 9-5 左图示可知，托架上弦杆 CD 的平面外计算长度 $l_{0y}=6000\mathrm{mm}$，平面内计算长度 $l_{0x}=3000\mathrm{mm}$，则托架上弦杆 CD 的长细比

$$\lambda_x=\frac{l_{0x}}{i_x}=\frac{3000\mathrm{mm}}{43.4\mathrm{mm}}=69,\quad \lambda_y=\frac{l_{0y}}{i_y}=\frac{6000\mathrm{mm}}{61.2\mathrm{mm}}=98.04$$

由题目中"选用 ⌐⌐ 140×10"，根据《钢标》式(7.2.2-7)，

$$\lambda_z=3.9\frac{b}{t}=3.9\times\frac{140\mathrm{mm}}{10\mathrm{mm}}=54.6<\lambda_y=98.04$$

根据《钢标》式(7.2.2-5)，计算换算长细比

$$\lambda_{yz}=\lambda_y\left[1+0.16\left(\frac{\lambda_z}{\lambda_y}\right)^2\right]=98.04\times\left[1+0.16\times\left(\frac{54.6}{98.04}\right)^2\right]=102.9$$

根据《钢标》表 7.2.1-1，截面绕 x 轴、y 轴均属于 b 类。

查《钢标》附录表 D.0.2，稳定系数 $\varphi=0.536$，根据《钢标》式(7.2.1)，以应力形式表达的稳定性计算数值

$$\frac{N}{\varphi A}=\frac{450\times10^3\mathrm{N}}{0.536\times5475\mathrm{mm}^2}=153\mathrm{N/mm}^2$$

正确答案：D

解答流程：以应力形式表达的稳定性计算数值计算流程见流程图 9-5。

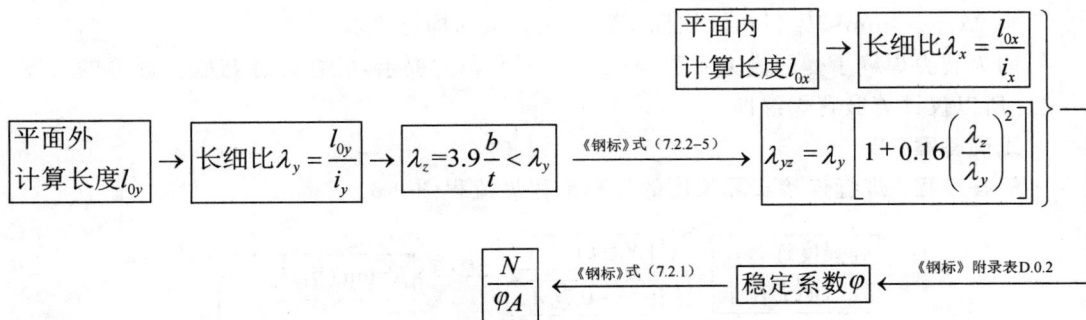

流程图 9-5　以应力形式表达的稳定性计算数值

审题要点：以应力形式表达的稳定性计算数值。

主要考点：①平面内(外)计算长度的计算；②长细比的计算；③稳定系数的计算；④弯曲应力设计值计算。

题 121：焊缝连接实际长度（2011 年一级题 25）

腹杆截面采用 ⌐⌐ 56×5，角钢与节点板采用两侧角焊缝连接，焊脚尺寸 $h_f=5\mathrm{mm}$，连接形式如图 9-6 所示，如采用受拉等强连接，焊缝连接实际长度 a(mm)与下列何项数值最为接近？

提示：截面无削弱，肢尖、肢背内力分配比例为 $3 : 7$。

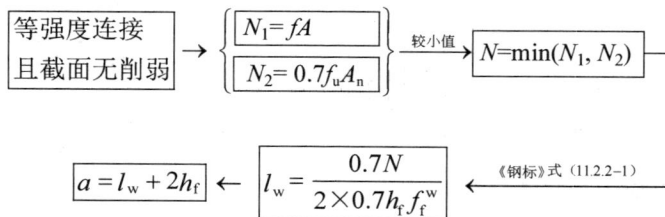

截面	A/mm^2
⌐56×5	1083

图 9-6　　⌐56×5 几何特性

　　　A. 140　　　　　　B. 160

　　　C. 290　　　　　　D. 300

解答过程：因采用等强度连接且截面无削弱，则有

$N_1 = fA = 215 \text{N/mm}^2 \times 1083 \text{mm}^2 = 232845 \text{N}$

$N_2 = 0.7 f_u A_n = 0.7 \times 370 \text{N/mm}^2 \times 1083 \text{mm}^2$
$= 280497 \text{N}$

取以上两者的较小值

$$N = \min(N_1, N_2) = 232845 \text{N}$$

根据"提示"得肢尖处内力

$$0.3N = 0.3 \times 232845 \text{N} = 69853.5 \text{N}$$

肢背处内力

$$0.7N = 0.7 \times 232845 \text{N} = 162991.5 \text{N}$$

根据《钢标》式(11.2.2-1)，
肢背焊缝的计算长度

$$l_w = \frac{0.7N}{2 \times 0.7 h_f f_f^w} = \frac{162991.5 \text{N}}{2 \times 0.7 \times 5 \text{mm} \times 160 \text{N/mm}^2} = 145 \text{mm}$$

肢背焊缝的实际长度

$$a = l_w + 2h_f = 145 \text{mm} + 2 \times 5 \text{mm} = 155 \text{mm}$$

则 $8h_f = 40 \text{mm} < l_w$，符合《钢标》第 11.3.5 条的构造要求。

　　因为肢尖焊缝承受的内力系数为 0.3，根据本题的要求，肢背焊缝与肢尖焊缝的长度一致，所以仅计算肢背焊缝即可。

正确答案：B

解答流程：焊缝连接实际长度的计算流程见流程图 9-6。

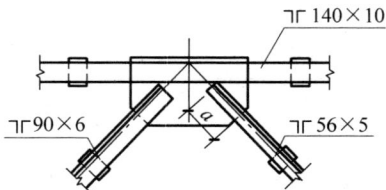

流程图 9-6　　焊缝连接实际长度

　　审题要点：①采用两侧角焊缝连接；②采用受拉等强连接，焊缝连接实际长度。

　　主要考点：①角钢肢尖、肢背处内力的计算；②肢背焊缝的计算长度；③肢背焊缝的实际长度。

　　题 122：按杆件的长细比选择截面时，何项截面最为合理（2011 年一级题 26）

　　图 9-5 中，AB 杆为双角钢十字截面，采用节点板与弦杆连接，当按杆件的长细比选

择截面时,下列何项截面最为合理?

　　提示:杆件的轴心压力很小(小于其承载能力的 50%)。

　　A. $\top$63×5(i_{min}=24.5mm)　　　　　B. $\top$70×5(i_{min}=27.3mm)

　　C. $\top$75×5(i_{min}=29.2mm)　　　　　D. $\top$80×5(i_{min}=31.3mm)

　　解答过程:根据《钢标》表 7.4.1-1 及注 2,双角钢为十字形,斜平面计算长度取

$$l_0=0.9l=0.9×6000mm=5400mm$$

根据《钢标》第 7.4.6 条第 2 款,知[λ]=200,$\dfrac{l_0}{i_{min}}$≤[λ],得

$$i_{min}≥\dfrac{l_0}{[\lambda]}=\dfrac{5400mm}{200}=27mm$$

　　正确答案:B

　　审题要点:①双角钢为十字截面;②按杆件的长细比选择截面;③提示:杆件的轴心压力很小(小于其承载能力的 50%)。

　　主要考点:①双角钢十字形,斜平面计算长度的取值;②容许长细比的查取;③回转半径与长细比的关系。

　　题 123:关于提高钢结构抗脆断能力的叙述(2011 年一级题 27)

　　在工作温度等于或者低于−30℃的地区,下列关于提高钢结构抗脆断能力的叙述有几项是错误的?

　　Ⅰ.对于焊接构件应尽量采用厚板;Ⅱ.应采用钻成孔或先冲后扩钻孔;Ⅲ.对接焊缝的质量等级可采用三级;Ⅳ.对厚度大于 10mm 的受拉构件的钢材采用手工气割或剪切边时,应沿全长刨边;Ⅴ.安装连接宜采用焊接。

　　A. 1 项　　　　　B. 2 项　　　　　C. 3 项　　　　　D. 4 项

　　解答过程:根据《钢标》第 16.4.1 条知,叙述Ⅰ错误;根据《钢标》第 16.4.4 条第 3 款知,叙述Ⅱ正确;根据《钢标》第 16.4.4 条第 5 款知,叙述Ⅲ错误;根据《钢标》第 16.4.4 条第 2 款知,叙述Ⅳ错误;根据《钢标》第 16.4.4 条第 1 款知,叙述Ⅴ错误。综上可知错误叙述有 3 项。

　　正确答案:C

　　审题要点:①−30℃的地区;②提高钢结构抗脆断能力。

　　主要考点:提高钢结构抗脆断能力的方法。

　　题 124:关于钢材和焊缝强度设计值的说法(2011 年一级题 28)

　　下列关于钢材和焊缝强度设计值的说法中,何项有误?

　　Ⅰ.同一钢号不同质量等级的钢材,强度设计值相同;Ⅱ.同一钢号不同厚度的钢材,强度设计值相同;Ⅲ.钢材工作温度不同(如低温冷脆),强度设计值不同;Ⅳ.对接焊缝强度设计值与母材厚度有关;Ⅴ.角焊缝的强度设计值与焊缝质量等级有关。

　　A. Ⅱ、Ⅲ、Ⅴ　　　　　B. Ⅱ、Ⅴ　　　　　C. Ⅲ、Ⅳ　　　　　D. Ⅰ、Ⅳ

　　解答过程:根据《钢标》表 4.4.1、表 4.4.5 知,描述Ⅰ、Ⅳ正确,描述Ⅱ、Ⅲ、Ⅴ错误。

　　正确答案:A

　　主要考点:钢材和焊缝强度设计值的一些认识。

题 125：计算吊车梁疲劳时，作用在跨间内的吊车荷载取值（2011 年一级题 29）

试问，计算吊车梁疲劳时，作用在跨间内的下列何种吊车荷载取值是正确的？

  A. 荷载效应最大的一台吊车的荷载设计值

  B. 荷载效应最大的一台吊车的荷载设计值乘以动力系数

  C. 荷载效应最大的一台吊车的荷载标准值

  D. 荷载效应最大的相邻两台吊车的荷载标准值

解答过程：根据《钢标》第 3.1.6 条、第 3.1.7 条知，选项 C 正确。

正确答案：C

主要考点：吊车梁疲劳时吊车荷载取值。

题 126：翼缘与腹板连接焊缝焊脚尺寸（2011 年一级题 30）

材质为 Q235 钢的焊接工字钢次梁，截面尺寸见图 9-7，腹板与翼缘的焊接采用双面角焊缝，焊条采用 E43 型非低氢型焊条，最大剪力设计值 $V=204\text{kN}$。翼缘与腹板连接焊缝焊脚尺寸 h_f（mm）取下列何项数值最为合理？

提示：最为合理指在满足规范的前提下数值最小。

  A. 2   B. 4   C. 6   D. 8

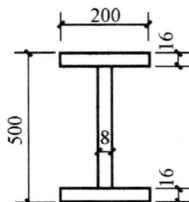

次梁截面

截面	I_x/mm^4	S/mm^3
见左图	4.43×10^8	7.74×10^5

图 9-7　焊接工字钢次梁截面几何特性

解答过程：根据《钢标》式（11.2.7），有

$$\frac{1}{2h_e}\sqrt{\left(\frac{VS}{I}\right)^2+\left(\frac{\psi F}{\beta_f l_z}\right)^2}\leqslant f_f^w$$

因无集中荷载 $F=0$，则

$$\frac{1}{2h_e}\cdot\frac{VS}{I}\leqslant f_f^w$$

即

$$h_e\geqslant\frac{VS}{2If_f^w}=\frac{204\times10^3\text{N}\times7.74\times10^5\text{mm}^3}{2\times4.43\times10^8\text{mm}^4\times160\text{N/mm}^2}=1.113\text{mm}$$

又

$$h_e=0.7h_f,\quad h_f=\frac{h_e}{0.7}=\frac{1.113\text{mm}}{0.7}=1.59\text{mm}$$

则根据《钢标》第 11.3.5 条的构造要求，板件厚度

$$12\text{mm}\leqslant t=16\text{mm}\leqslant20\text{mm}$$

取焊脚尺寸 $h_f=6\text{mm}$，满足《钢标》的构造要求。

正确答案：C

解答流程：翼缘与腹板连接焊缝焊脚尺寸的计算流程见流程图 9-7。

$$《钢标》式(11.2.7) \rightarrow \boxed{\frac{1}{2h_e}\sqrt{\left(\frac{VS}{I}\right)^2+\left(\frac{\psi F}{\beta_f l_z}\right)^2}\leqslant f_f^w} \xrightarrow{\text{无集中荷载}} \boxed{\frac{1}{2h_e}\cdot\frac{VS}{I}\leqslant f_f^w}$$

$$\boxed{h_e \geqslant \frac{VS}{2If_f^w}}$$

$$\boxed{h_e = 0.7h_f}$$

$$\boxed{\max(h_{f1},h_{f2})} \leftarrow \begin{cases} \boxed{h_f} \\ 《钢标》第11.3.5条 \end{cases}$$

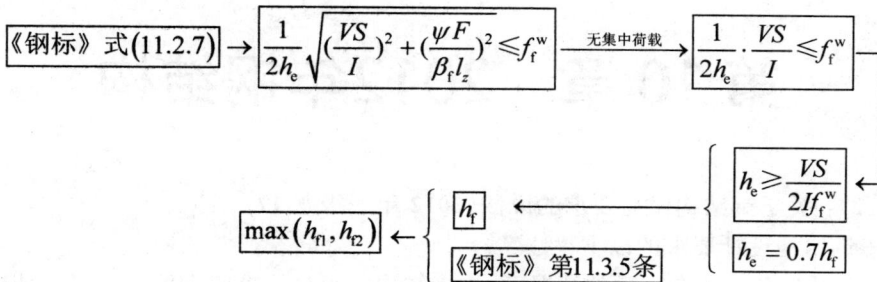

流程图 9-7　翼缘与腹板连接焊缝焊脚尺寸

审题要点：①腹板与翼缘的焊接采用双面角焊缝；②焊条采用 E43 型非低氢型焊条；③最大剪力设计值；④提示。

主要考点：①翼缘与腹板连接焊缝焊脚尺寸的计算值；②焊缝焊脚尺寸的构造要求。

第10章 2012年钢结构

题127：关于钢结构设计要求的说法（2012年一级题17）

关于钢结构设计要求的以下说法：

Ⅰ．在其他条件完全一致的情况下，焊接结构的钢材要求应不低于非焊接结构；

Ⅱ．在其他条件完全一致的情况下，钢结构受拉区的焊缝质量要求应不低于受压区；

Ⅲ．在其他条件完全一致的情况下，钢材的强度设计值与钢材厚度无关；

Ⅳ．吊车梁的腹板与上翼缘之间的T形接头焊缝均要求焊透；

Ⅴ．摩擦型连接和承压型连接高强度螺栓承载力设计值的计算方法相同。

试问，针对上述说法正确性的判断，下列何项正确？

  A．Ⅰ、Ⅱ、Ⅲ正确，Ⅳ、Ⅴ错误   B．Ⅰ、Ⅱ正确，Ⅲ、Ⅳ、Ⅴ错误

  C．Ⅳ、Ⅴ正确，Ⅰ、Ⅱ、Ⅲ错误   D．Ⅲ、Ⅳ、Ⅴ正确，Ⅰ、Ⅱ错误

解答过程： 根据《钢标》第4.3.2条、第4.3.3条，说法Ⅰ正确；根据《钢标》第11.1.6条，说法Ⅱ正确；根据《钢标》表4.4.1，钢材强度设计值与钢材厚度相关，则说法Ⅲ错误；根据《钢标》第11.1.6条第1款3)，仅对于重级工作制和起重量大于50t的中级工作制吊车梁，此T形接头焊缝要求焊透，则说法Ⅳ错误；根据《钢标》第11.4.2条、第11.4.3条第2款，摩擦型连接和承压型连接高强度螺栓承载力设计值计算不同，则说法Ⅴ错误。

正确答案： B

主要考点： ①对结构用钢材的要求；②焊缝质量要求；③钢材的强度设计值与钢材厚度的关系；④T形接头焊缝的构造要求；⑤摩擦型连接和承压型连接高强度螺栓承载力设计值计算方法的异同。

题128：不直接承受动力荷载且钢材的各项性能满足塑性设计要求的钢结构（2012年一级题18）

不直接承受动力荷载且钢材的各项性能满足塑性设计要求的下列钢结构：

Ⅰ．符合计算简图10-1(a)，材料采用Q345钢，截面均采用焊接H形钢H300×200×8×12；

Ⅱ．符合计算简图10-1(b)，材料采用Q345钢，截面均采用焊接H形钢H300×200×8×12；

Ⅲ．符合计算简图10-1(c)，材料采用Q235钢，截面均采用焊接H形钢H300×200×8×12；

Ⅳ．符合计算简图10-1(d)，材料采用Q235钢，截面均采用焊接H形钢H300×200×8×12。

试问，根据《钢标》的有关规定，针对上述结构是否可采用塑性设计的判断，下列何项正确？

  A．Ⅱ、Ⅲ、Ⅳ可采用，Ⅰ不可采用   B．Ⅳ可采用，Ⅰ、Ⅱ、Ⅲ不可采用

  C．Ⅲ、Ⅳ可采用，Ⅰ、Ⅱ不可采用   D．Ⅰ、Ⅱ、Ⅳ可采用，Ⅲ不可采用

(a)　　　　　　　　　　(b)

(c)　　　　　　　　　　(d)

H300×200×8×12

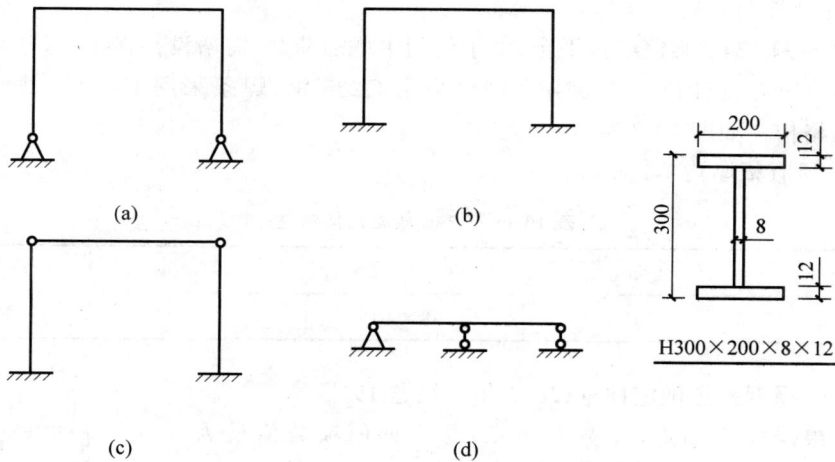

图 10-1　计算简图

解答过程：根据《钢标》第 10.1.1 条，图 10-1(c)属于排架结构，不能采用塑性设计。

采用 Q345 钢时，由《钢标》表 3.5.1 注 1，钢号修正系数

$$\varepsilon_k = \sqrt{\frac{235}{f_y}} = \sqrt{\frac{235\text{N/mm}^2}{345\text{N/mm}^2}} = 0.825$$

翼缘宽厚比

$$9\varepsilon_k = 9 \times 0.825 = 7.4 < \frac{b}{t} = \frac{\dfrac{200\text{mm} - 8\text{mm}}{2}}{12\text{mm}} = 8$$

腹板的高厚比为

$$\frac{h_0}{t_w} = \frac{300\text{mm} - 2 \times 12\text{mm}}{8\text{mm}} = 34.5 < 65\varepsilon_k = 65 \times 0.825 = 53.625$$

不满足《钢标》第 10.1.5 条第 1 款要求。

采用 Q235 钢时，由《钢标》表 3.5.1 注 1，钢号修正系数

$$\varepsilon_k = \sqrt{\frac{235}{f_y}} = \sqrt{\frac{235\text{N/mm}^2}{235\text{N/mm}^2}} = 1$$

根据《钢标》第 10.1.5 条，有

$$\frac{b}{t} = \frac{\dfrac{200\text{mm} - 8\text{mm}}{2}}{12\text{mm}} = 8 < 9\varepsilon_k = 9 \times 1 = 9$$

腹板的高厚比为

$$\frac{h_0}{t_w} = \frac{300\text{mm} - 2 \times 12\text{mm}}{8\text{mm}} = 34.5 < 65\varepsilon_k = 65$$

仅图 10-1(d)能进行塑性设计。

正确答案：B

审题要点：①不直接承受动力荷载；②满足塑性设计要求。

主要考点：①钢结构塑性设计的适用范围；②截面高厚比的限值及相应计算；③钢

种对高厚比计算的影响。

题 129～题 131： 某钢结构平台，由于使用中增加荷载，需增设一格构柱，柱高 6m，两端铰接，轴心压力设计值为 1000kN，钢材采用 Q235 钢，焊条采用 E43 型，截面无削弱（表 10-1），格构柱如图 10-2 所示。

提示： 所有板厚均≤16mm。

表 10-1　〔22a 截面几何特性

截面	A/mm^2	I_1/mm^4	i_y/mm	i_1/mm
〔22a	3180	1.58×10^6	86.7	22.3

题 129：根据构造确定柱宽（2012 年一级题 19）

试问，根据构造确定，柱宽 b（mm）与下列何项数值最为接近？

A. 150　　　　　B. 250

C. 350　　　　　D. 450

解答过程： 由《钢标》表 7.2.1-1，钢柱绕 x、y 轴均属于 b 类截面，按虚轴和实轴等稳定原则确定。

根据大题干"钢材采用 Q235 钢"，由《钢标》表 3.5.1 注 1，钢号修正系数

$$\varepsilon_k = \sqrt{\frac{235}{f_y}} = \sqrt{\frac{235\text{N}/\text{mm}^2}{235\text{N}/\text{mm}^2}} = 1$$

长细比 $\lambda_y = \dfrac{l_{0y}}{i_y} = \dfrac{6000\text{mm}}{86.7\text{mm}} = 69.2$，根据《钢标》第 7.2.5 条，$\lambda_1 \leqslant 40\varepsilon_k = 40$，$\lambda_1 \leqslant 0.5\lambda_{max} = 0.5\times69.2 = 34.6$，取较小值 $\lambda_1 = 34.6$。

缀板净距 $a \leqslant \lambda_1 i_1 = 34.6\times22.3\text{mm} = 771.58\text{mm}$，取 $a = 770\text{mm}$。

图 10-2

则 $\lambda_1 = \dfrac{a}{i_1} = \dfrac{770\text{mm}}{22.3\text{mm}} = 34.5$，根据《钢标》式（7.2.3-1），换算长细比 $\lambda_{0x} = \sqrt{\lambda_x^2 + \lambda_1^2}$，

根据等稳定原则，$\lambda_{0x} = \lambda_y$，可得 $\lambda_x = \sqrt{\lambda_{0x}^2 - \lambda_1^2} = \sqrt{69.2^2 - 34.5^2} = 60$，回转半径

$$i_x = \frac{l_{0x}}{\lambda_x} = \frac{6000}{60} = 100$$

由惯性矩（图 10-3），$I_x = 2\left[I_1 + A_x\left(\dfrac{b}{2} - y_0\right)^2\right]$，得回转半径

$$i_x = \sqrt{\frac{I_x}{2A}} = \sqrt{\frac{2\left[I_1 + A_x\left(\dfrac{b}{2} - y_0\right)^2\right]}{2A_x}} = \sqrt{i_1^2 + \left(\frac{b}{2} - y_0\right)^2}i_1$$

柱宽

$$b = 2\sqrt{i_x^2 - i_1^2} + 2y_0 = 2\times\sqrt{(100\text{mm})^2 - (22.3\text{mm})^2} + 2\times21\text{mm} = 237\text{mm}$$

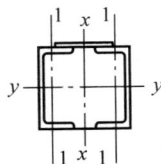

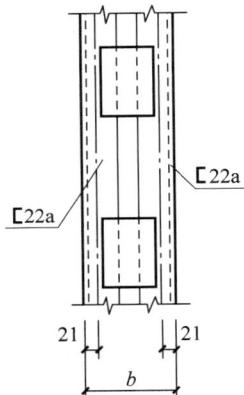

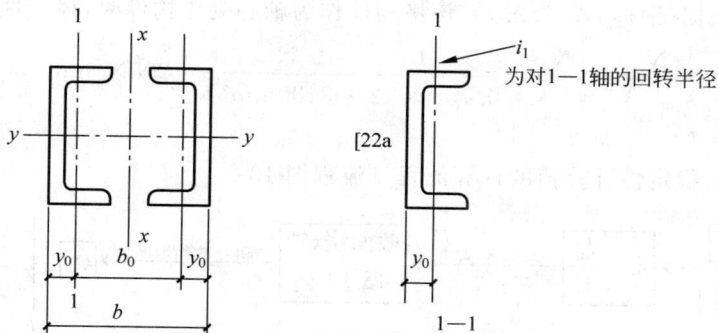

图 10-3　槽钢计算简图

正确答案：B

解答流程：构造确定柱宽的计算流程见流程图 10-1。

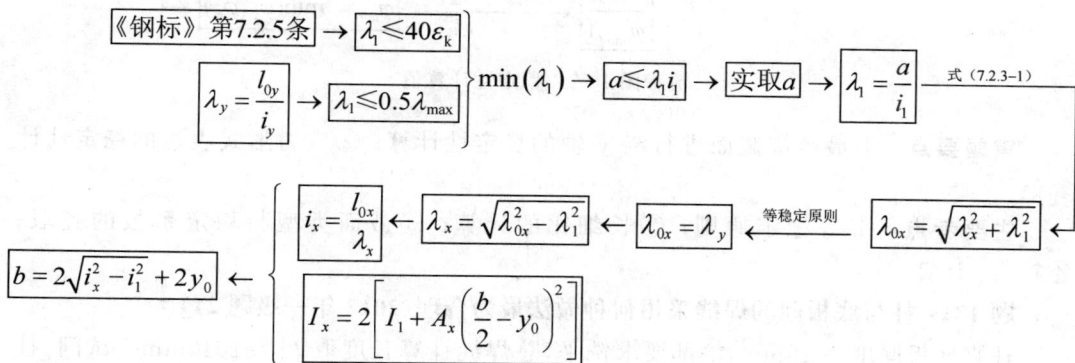

流程图 10-1　构造确定柱宽

审题要点：①柱高 6m，两端铰接；②提示：所有板厚均≤16mm；③构造确定。

主要考点：①等稳定原则；②长细比的计算；③分肢长细比的计算；④惯性矩的计算式。

题 130：应力形式表达的稳定性计算值（2012 年一级题 20）

缀板的设置满足《钢标》的规定。试问，该格构柱作为轴心受压构件，当采用最经济截面进行绕 y 轴的稳定性计算时，以应力形式表达的稳定性计算值（N/mm^2）应与下列何项数值最为接近？

    A. 210   B. 190   C. 160   D. 140

解答过程：等稳定时，截面最为经济，则 $\lambda_{0x} = \lambda_y$。

根据大题干中"钢材采用 Q235 钢"，由《钢标》表 3.5.1 注 1，得钢号修正系数

$$\varepsilon_k = \sqrt{\frac{235}{f_y}} = \sqrt{\frac{235\text{N}/\text{mm}^2}{235\text{N}/\text{mm}^2}} = 1$$

回转半径 $i_y = 86.7\text{mm}$，$\lambda_y / \varepsilon_k = \dfrac{l_0}{i_y} / \varepsilon_k = \dfrac{6000\text{mm}}{86.7\text{mm}} / 1 = 69.2$。

根据《钢标》表 7.2.1-1，截面绕 y 轴为 b 类，根据《钢标》附录表 D.0.2，得稳定系数

$\varphi_y = 0.756$。根据《钢标》式(7.2.1),该格构柱作为轴心受压构件时,稳定性计算值

$$\frac{N}{\varphi_{\min}A} = \frac{N}{\varphi_y A} = \frac{1000 \times 10^3 \text{N}}{0.756 \times (2 \times 3180 \text{mm}^2)} = 208 \text{N/mm}^2$$

正确答案：A

解答流程：稳定性计算值的计算流程见流程图10-2。

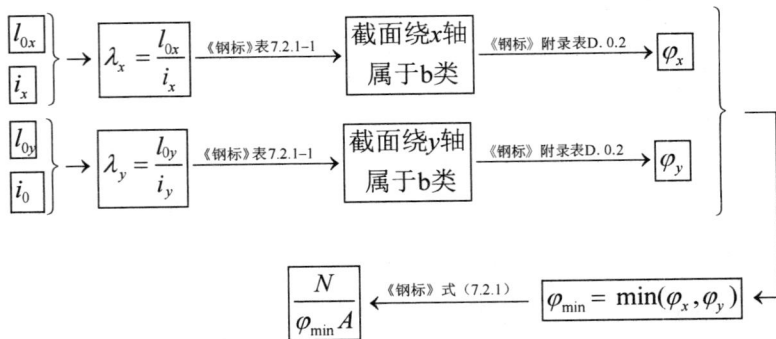

流程图 10-2　稳定性计算值

审题要点：①最经济截面进行绕 y 轴的稳定性计算；②应力形式表达的稳定性计算值。

主要考点：①等稳定原则；②长细比的计算；③截面类型与稳定系数的查取；④λ_y/ε_k 计算。

题131：柱与底板间的焊缝采用何种做法最为合理(2012 年一级题 21)

柱脚底板厚度为 16mm,端部要求铣平,总焊缝计算长度取 $l_w = 1040$mm。试问,柱与底板间的焊缝采用下列何种做法最为合理?

　　　　A. 角焊缝连接,焊脚尺寸为 8mm　　　　B. 柱与底板焊透,一级焊缝质量要求

　　　　C. 柱与底板焊透,二级焊缝质量要求　　　　D. 角焊缝连接,焊脚尺寸 12mm

解答过程：角焊缝比对接焊缝更为经济,应优先采用。

根据《钢标》表 4.4.5 得,焊缝抗拉强度设计值 $f_f^w = 160 \text{N/mm}^2$。

根据《钢标》第 12.7.3 条,柱端部为铣平时,连接焊缝所受剪力取轴心压力的 15%,角焊缝①

$$h_f \geqslant \frac{0.15N}{0.7 l_w f_f^w} = \frac{0.15 \times 1000 \times 10^3 \text{N}}{0.7 \times 1040 \text{mm} \times 160 \text{N/mm}^2} = 1.28 \text{mm}$$

柱脚底板厚度为 16mm,根据《钢标》表 11.3.5,最小角焊缝焊脚尺寸 $h_f = 6$mm。

正确答案：A

解答流程：柱与底板间的焊缝合理做法计算流程见流程图10-3。

审题要点：端部要求铣平。

主要考点：①焊缝强度设计值的查取；②柱端部为铣平；③最小角焊脚尺寸的构造要求；④焊脚尺寸的计算值。

---

①　解答中,不区分正面角焊缝和侧面角焊缝,即不考虑强度增大系数 β_f。

$$《钢标》表4.4.5 \rightarrow 焊缝抗拉强度f_f^w$$
$$《钢标》第12.7.3条 \rightarrow V=0.15N_{max}$$
$$\rightarrow h_{f1}$$
$$《钢标》表11.3.5 \rightarrow h_{f2}$$
最大值 $\rightarrow h_f$

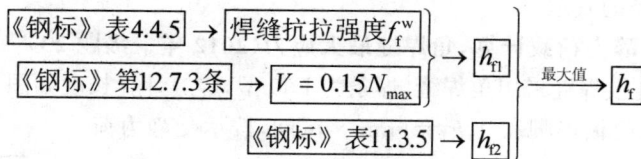

流程图 10-3　柱与底板间的焊缝合理做法

题 132～题 133：某钢梁采用端板连接接头，钢材为 Q345 钢，采用 10.9 级高强度螺栓摩擦型连接，连接处钢材接触表面的处理方法为未经处理的干净轧制表面，其连接形式如图 10-4 所示。考虑了各种不利影响后，取弯矩设计值 $M=260\text{kN·m}$，剪力设计值 $V=65\text{kN}$，轴力设计值 $N=100\text{kN}$（压力）。

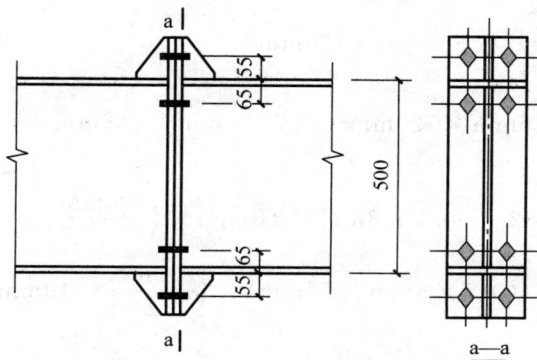

图 10-4　钢梁端板连接接头

提示：设计值均为非地震作用组合内力。

题 132：高强度螺栓最小规格（2012 年一级题 22）

试问，连接可采用的高强度螺栓最小规格为下列何项？

提示：①梁上、下翼缘板中心间的距离取 $h=490\text{mm}$；②忽略轴力和剪力影响。

　　A. M20　　　　　　　B. M22　　　　　　　C. M24　　　　　　　D. M27

解答过程：根据提示②，不考虑轴力和剪力，进行纯弯连接计算，因腹板处螺栓间距远大于《钢标》表 11.5.2 中的最大间距要求，对钢梁上翼缘中心取矩，$M \leqslant 4N_t h_0$，根据提示①，最外侧单个螺栓抗拉力

$$N_t \geqslant \frac{M_1}{n_1 h}=\frac{260\times10^6\text{N·mm}}{4\times490\text{mm}}=132.7\times10^3\text{N}=132.7\text{kN}$$

根据《钢标》第 11.4.2 条第 2 款，所需要的高强度螺栓的预拉力

$$P=\frac{N_t}{0.8}=\frac{132.7\text{kN}}{0.8}=165.9\text{kN}$$

根据《钢标》表 11.4.2-2 可知，高强度螺栓最小规格选 M22。

正确答案：B

审题要点：①10.9 级高强度螺栓摩擦型连接；②接触表面的处理方法为未经处理的干净轧制表面；③提示。

主要考点：①采用简化计算式，计算单个螺栓抗拉力；②高强度螺栓预拉力的计算；

③高强度螺栓直径的查取。

题 133：承受静力荷载计算，角焊缝最大应力（2012 年一级题 23）

端板与梁的连接焊缝采用角焊缝，焊条为 E50 型，焊缝计算长度如图 10-5 所示，翼缘焊脚尺寸 $h_f = 8mm$，腹板焊脚尺寸 $h_f = 6mm$。试问，按承受静力荷载计算，角焊缝最大应力（N/mm^2）与下列何项数值最为接近？

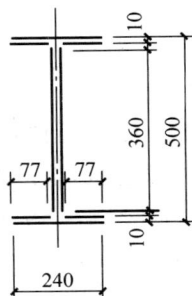
图 10-5　焊缝计算长度

  A. 156   B. 164

  C. 190   D. 199

解答过程：焊缝的几何参数如下：

翼缘焊缝计算长度

$$l_{wf} = 2 \times (240mm + 2 \times 77mm) = 788mm$$

腹板焊缝计算长度

$$l_{wb} = 2 \times 360mm = 720mm$$

焊缝总面积

$$A = 0.7 \times 6mm \times 720mm + 0.7 \times 8mm \times 788mm = 7436.8mm^2$$

翼缘焊缝惯性矩

$$I_{wf} = 2 \times \left[0.7 \times 8mm \times 240mm \times \left(\frac{500mm}{2}\right)^2 + 2 \times \right.$$

$$\left. (0.7 \times 6mm \times 77mm) \times \left(\frac{500mm}{2} - 10mm\right)^2 \right]$$

$$= 2.705 \times 10^8 mm^4$$

腹板焊缝惯性矩

$$I_{wb} = 2 \times \frac{1}{12} \times 0.7 \times 6mm \times (360mm)^3 = 0.295 \times 10^8 mm^4$$

焊缝总惯性矩

$$I = I_{wf} + I_{wb} = 3 \times 10^8 mm^4$$

翼缘外边缘焊缝正应力

$$\sigma = \frac{N}{A} + \frac{M \cdot y}{I} = \frac{100 \times 10^3 N}{7436.8mm^2} + \frac{260 \times 10^6 N \cdot mm \times 250mm}{3.0 \times 10^8 mm^4} = 230.1 N/mm^2$$

翼缘外边缘焊缝剪应力

$$\tau = \frac{V}{A} = \frac{65 \times 10^3 N}{7436.8mm^2} = 8.7 N/mm^2$$

查《钢标》表 4.4.5，得 $f_f^w = 200 N/mm^2$。

根据《钢标》式（11.2.2-3），静力荷载作用下取增大系数 $\beta_f = 1.22$，则角焊缝最大应力

$$\sqrt{\left(\frac{\sigma}{\beta_f}\right)^2 + \tau^2} = \sqrt{\left(\frac{230.1 N/mm^2}{1.22}\right)^2 + (8.7 N/mm^2)^2} = 189 N/mm^2$$

正确答案：C

解答流程：角焊缝最大应力的计算流程见流程图 10-4。

审题要点：①角焊缝，焊条为 E50 型；②计算长度如图 10-5 所示；③承受静力荷载计算。

主要考点：①角焊缝强度设计值的增大系数；②焊缝的受力计算；③焊缝几何特性的计算。

$$\boxed{\begin{array}{c}\text{焊缝几何参数}\\\text{的计算}\end{array}} \rightarrow \left\{\begin{array}{c}\boxed{\text{正应力}\ \sigma = \dfrac{N}{A} + \dfrac{M \cdot y}{I}}\\[2mm]\boxed{\text{剪应力}\ \tau = \dfrac{V}{A}}\end{array}\right\} \rightarrow \boxed{\sqrt{\left(\dfrac{\sigma}{\beta_{\mathrm{f}}}\right)^2 + \tau^2}}$$

$$\boxed{《钢标》 表4.4.5} \rightarrow \boxed{f_{\mathrm{f}}^{\mathrm{w}}}$$

$$\boxed{\sqrt{\left(\dfrac{\sigma}{\beta_{\mathrm{f}}}\right)^2 + \tau^2} < f_{\mathrm{f}}^{\mathrm{w}}} \xleftarrow{\text{《钢标》式 (11.2.2-3)}}$$

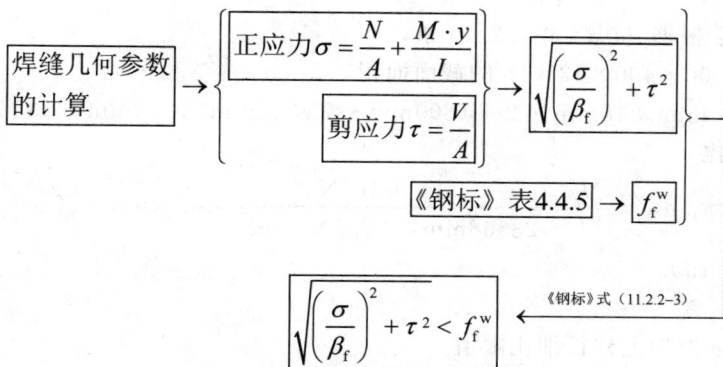

流程图 10-4 角焊缝最大应力

题 134～题 136：某单层工业厂房，屋面及墙面的围护结构均为轻质材料，屋面梁与上柱刚接，梁柱均采用 Q345 焊接 H 形钢，梁、柱 H 形截面表示方式为：梁高×梁宽×腹板厚度×翼缘厚度。上柱截面为 H800×400×12×18，梁截面为 H1300×400×12×20，抗震设防烈度为 7 度，框架上柱最大设计轴力为 525kN。

题 134：进行构件的强度和稳定性的承载力计算，满足地震作用要求（2012 年一级题 24）
试问，在进行构件的强度和稳定性的承载力计算时，应满足以下何项地震作用要求？
提示：梁、柱腹板宽厚比均符合《钢标》弹性设计阶段的板件宽厚比限值。

　　A. 按有效截面进行多遇地震下的验算　　B. 满足多遇地震下的要求
　　C. 满足 1.5 倍多遇地震下的要求　　　　D. 满足 2 倍多遇地震下的要求

解答过程：根据《抗规》第 9.2.14 条第 2 款，轻屋面厂房，塑性耗能区板件宽厚比限值可根据其承载力的高低按性能目标确定。

柱截面：翼缘 $\dfrac{b}{t} = \dfrac{194\mathrm{mm}}{18\mathrm{mm}} = 10.8 > 12\sqrt{\dfrac{235}{f_{\mathrm{y}}}} = 12 \times \sqrt{\dfrac{235\mathrm{N/mm}^2}{345\mathrm{N/mm}^2}} = 9.9$

　　　　腹板 $\dfrac{h_0}{t_{\mathrm{w}}} = \dfrac{764\mathrm{mm}}{12\mathrm{mm}} = 63.7 > 50\sqrt{\dfrac{235}{f_{\mathrm{y}}}} = 50 \times \sqrt{\dfrac{235\mathrm{N/mm}^2}{345\mathrm{N/mm}^2}} = 41.3$

梁截面：翼缘 $\dfrac{b}{t} = \dfrac{194\mathrm{mm}}{20\mathrm{mm}} = 9.7 > 11\sqrt{\dfrac{235}{f_{\mathrm{y}}}} = 11 \times \sqrt{\dfrac{235\mathrm{N/mm}^2}{345\mathrm{N/mm}^2}} = 9.1$

　　　　腹板 $\dfrac{h_0}{t_{\mathrm{w}}} = \dfrac{1260\mathrm{mm}}{12\mathrm{mm}} = 105 > 72\sqrt{\dfrac{235}{f_{\mathrm{y}}}} = 72 \times \sqrt{\dfrac{235\mathrm{N/mm}^2}{345\mathrm{N/mm}^2}} = 59.4$

塑性耗能区板件宽厚比为 C 类。

根据《抗规》第 9.2.14 条条文说明，若宽厚比满足弹性阶段的宽厚比要求，属于 C 类截面，则可按 2 倍多遇地震进行验算。

正确答案：D
审题要点：①强度和稳定性的承载力计算；②提示；③抗震设防烈度为 7 度。
主要考点：板件宽厚比的限值。

题 135：框架上柱长细比限值（2012 年一级题 25）
试问，本工程框架上柱长细比限值应与下列何项数值最为接近？
　　A. 150　　　　　　B. 123　　　　　　C. 99　　　　　　D. 80

解答过程：根据《抗规》第 9.2.13 条，

框架柱 $H800 \times 400 \times 12 \times 18$ 的截面面积

$$A = 400\text{mm} \times 18\text{mm} \times 2 + (800\text{mm} - 2 \times 18\text{mm}) \times 12\text{mm} = 23568\text{mm}^2$$

上柱轴压比

$$\mu_N = \frac{N}{Af} = \frac{525 \times 10^3 \text{N}}{23568\text{mm}^2 \times 295\text{N}/\text{mm}^2} = 0.076 < 0.2$$

可取 $[\lambda] = 150$。

正确答案：A

审题要点：框架上柱长细比限值。

主要考点：①轴压比的计算及其限值；②框架上柱长细比限值的查取。

题 136：梁的整体稳定系数（2012 年一级题 26）

本工程柱距 6m，吊车梁无制动结构，截面如图 10-6 所示，几何特性如表 10-2 所示。采用 Q345 钢，最大弯矩设计值 $M_x = 960\text{kN} \cdot \text{m}$。试问，梁的整体稳定系数与下列何项数值最为接近？

提示：$\beta_b = 0.696$，$\eta_b = 0.631$。

表 10-2　工字梁截面几何特性

截面参数	A/mm^2	I_x/mm^4	I_y/mm^4	W_{1x}/mm^3	W_{2x}/mm^3	i_y/mm
取值	17040	2.82×10^9	8.84×10^9	6.82×10^9	4.566×10^9	72

A. 1.25　　　　　　　B. 1.0

C. 0.85　　　　　　　D. 0.50

解答过程：根据题干中"本工程柱距 6m，吊车梁无制动结构"，梁受压翼缘侧向支承点之间的距离 $l_1 = 6000\text{mm}$，长细比 $\lambda_y = \frac{l_1}{i_y} = \frac{6000\text{mm}}{72\text{mm}} = 83.3$；$W_x = W_{1x} = 6.82 \times 10^6 \text{mm}^3$；$f_y = 310\text{N}/\text{mm}^2$；根据题干中"采用 Q345 钢"，由《钢标》表 3.5.1 注 1，钢号修正系数

$$\varepsilon_k = \sqrt{\frac{235}{f_y}} = \sqrt{\frac{235\text{N}/\text{mm}^2}{345\text{N}/\text{mm}^2}} = 0.825$$

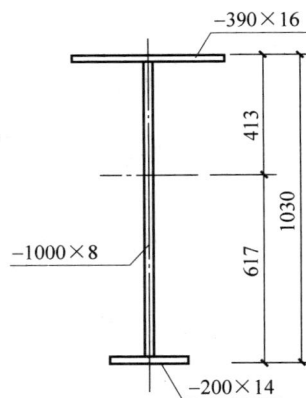

图 10-6　工字梁截面尺寸

根据《钢标》式（C.0.1-1），得稳定系数

$$\varphi_b = \beta_b \cdot \frac{4320}{\lambda_y^2} \cdot \frac{Ah}{W}\left[\sqrt{1 + \left(\frac{\lambda_y t_1}{4.4h}\right)^2} + \eta_b\right]\varepsilon_k^2$$

$$= 0.696 \times \frac{4320}{83.3^2} \times \frac{17040\text{mm}^2 \times 1030\text{mm}}{6.82 \times 10^6 \text{mm}^3} \times$$

$$\left[\sqrt{1 + \left(\frac{83.3 \times 16\text{mm}}{4.4 \times 1030\text{mm}}\right)^2} + 0.631\right] \times 0.825^2$$

$$= 1.27 > 0.6$$

根据《钢标》式（C.0.1-7），得梁的整体稳定系数

$$\varphi_b' = 1.07 - \frac{0.282}{\varphi_b} = 1.07 - \frac{0.282}{1.27} = 0.85 \leqslant 1.0$$

正确答案[①]：C

解答流程：梁的整体稳定系数的计算流程见流程图 10-5。

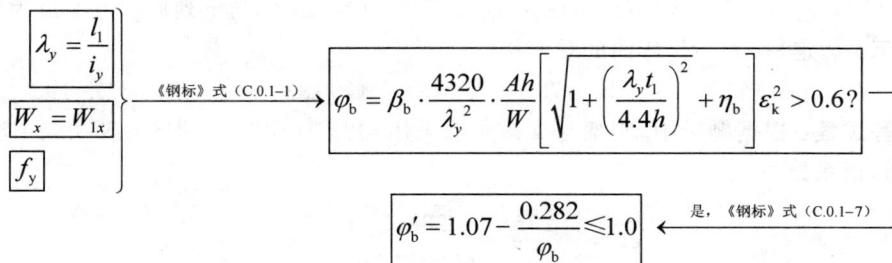

$$\left.\begin{array}{c} \lambda_y = \dfrac{l_1}{i_y} \\ W_x = W_{1x} \\ f_y \end{array}\right\} \xrightarrow{\text{《钢标》式 (C.0.1-1)}} \varphi_b = \beta_b \cdot \frac{4320}{\lambda_y^2} \cdot \frac{Ah}{W} \left[\sqrt{1 + \left(\frac{\lambda_y t_1}{4.4h} \right)^2} + \eta_b \right] \varepsilon_k^2 > 0.6 ?$$

$$\varphi_b' = 1.07 - \frac{0.282}{\varphi_b} \leqslant 1.0 \quad\xleftarrow{\text{是，《钢标》式 (C.0.1-7)}}$$

流程图 10-5　梁的整体稳定系数

审题要点：①梁的整体稳定系数；②提示。

主要考点：①截面几何特性参数的选定；②稳定系数计算式的限值及另式重新计算。

题 137～题 139：某车间设备平台改造增加一跨，新增部分跨度 8m，柱距 6mm，采用柱下端铰接、梁柱刚接、梁与原有平台铰接的刚架结构，平台铺板为钢格栅板。刚架计算简图如图 10-7 所示，图中长度单位为 mm，构件截面几何特性见表 10-3。刚架与支撑全部采用 Q235B 钢，手工焊接采用 E43 型焊条。

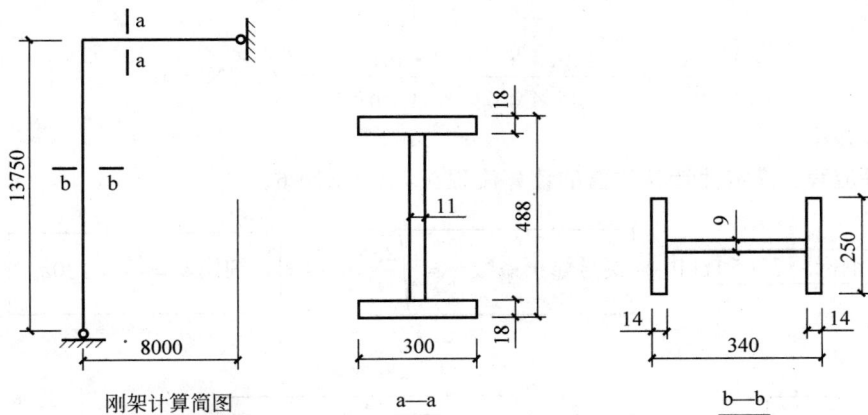

刚架计算简图　　　　a—a　　　　b—b

图 10-7　刚架计算简图

表 10-3　构件截面几何特性

截面	截面面积 A/mm^2	惯性矩（平面内）I_x/mm^4	惯性半径 i_x/mm	惯性半径 i_y/mm	截面模数 W_x/mm^3
HM340×250×9×14	$99.53×10^2$	$21200×10^4$	$14.6×10$	$6.05×10$	$1250×10^3$
HM488×300×11×18	$159.2×10^2$	$68900×10^4$	$20.8×10$	$7.13×10$	$2820×10^3$

---

① 本题的目的就是按照《钢标》附录 C.0.1 计算。

题 137：应力形式表达的稳定性计算数值（2012 年一级题 27）

假设刚架无侧移，钢架梁及柱均采用双轴对称轧制 H 型钢，梁计算跨度 $l_x=8\text{m}$，平面外自由长度 $l_y=4\text{m}$，梁截面为 HM488×300×11×18，柱截面为 HM340×250×9×14；钢架梁的最大弯矩设计值 $M_{x,\max}=486.4\text{kN}\cdot\text{m}$，且不考虑截面削弱。试问，钢架梁整体稳定性验算时，以应力形式表达的稳定性计算数值（N/mm^2）与下列何项数值最为接近？

提示：假定，梁为均匀弯曲的受弯构件。

　　A. 163　　　　　　　B. 173　　　　　　　C. 183　　　　　　　D. 193

解答过程：根据题干中"刚架与支撑全部采用 Q235B 钢"，由《钢标》表 3.5.1 注 1，可得钢号修正系数

$$\varepsilon_k=\sqrt{\frac{235}{f_y}}=\sqrt{\frac{235\text{N/mm}^2}{235\text{N/mm}^2}}=1$$

长细比

$$\lambda_y=\frac{l_{0y}}{i_y}=\frac{4000\text{mm}}{71.3\text{mm}}=56.1<120\varepsilon_k=120\times1=120$$

符合《钢标》附录 C.0.5 条的要求。

根据"提示"，根据《钢标》式（C.0.5-1），得整体稳定系数

$$\varphi_b=1.07-\frac{\lambda_y^2}{44000\varepsilon_k^2}=1.07-\frac{56.1^2}{44000\times1}=0.998<1.0$$

根据《钢标》式（6.2.2），可得进行钢架梁整体稳定验算时，以应力形式表达的稳定性计算数值

$$\frac{M_{x,\max}}{\varphi_b W_x}=\frac{486.4\times10^6\text{N}\cdot\text{mm}}{0.998\times2820\times10^3\text{mm}^3}=172.8\text{N/mm}^2$$

正确答案：B

解答流程：稳定性计算数值的计算流程见流程图 10-6。

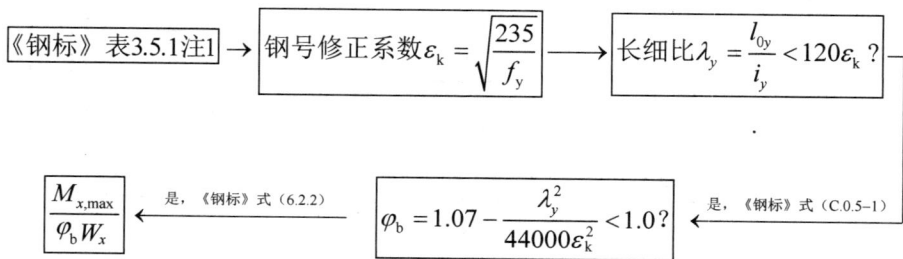

流程图 10-6　稳定性计算数值

审题要点：①平台铺板为钢格栅板；②假设刚架无侧移；③梁计算跨度；④平面外自由长度；⑤进行钢架梁整体稳定性验算时；⑥提示。

主要考点：①楼盖是否可阻止受压翼缘的侧向位移；②长细比的计算及其限值；③稳定系数的计算；④整体稳定应力值计算。

题 138：框架柱平面内的计算长度系数（2012 年一级题 28）

钢架梁及柱的截面同题 137，柱下端铰接采用平板支座。试问，框架平面内，柱的计

算长度系数与下列何项数值最为接近？

提示：忽略横梁轴心压力的影响。

　　A. 0.79　　　　　　B. 0.76　　　　　　C. 0.73　　　　　　D. 0.70

解答过程：增加跨属于无侧移框架，根据《钢标》附录表 E.0.1，梁远端与原有平台铰接，应将横梁线刚度乘以 1.5；框架柱上端梁线刚度之和为

$$\frac{68900 \times 10^4 \times 1.5}{8000}E = 1.292 \times 10^5 E$$

框架柱上端柱线刚度之和为

$$\frac{21200 \times 10^4}{13750}E = 1.542 \times 10^4 E$$

则 $K_1 = \dfrac{1.292 \times 10^5 E}{1.542 \times 10^4 E} = 8.4$；根据《钢标》E.0.1 条第 2 款，柱与基础铰接，平板支座 $K_2 = 0.1$，经线性内插得

$$\mu = 0.748 + \frac{8.4 - 5}{10 - 5} \times (0.721 - 0.748) = 0.73$$

正确答案：C

解答流程：框架柱平面内的计算长度系数流程见流程图 10-7。

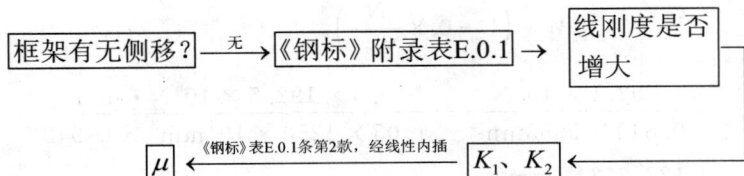

流程图 10-7　框架柱平面内的计算长度系数

审题要点：①下端铰接采用平板支座；②提示。

主要考点：①线刚度的计算；②线性内插法的使用；③构件计算长度系数的取值。

题 139：钢架柱弯矩作用平面内整体稳定性验算（2012 年一级题 29）

设计条件同题 137，钢架柱上端的弯矩及轴向压力设计值分别为 $M_2 = 192.5 \text{kN} \cdot \text{m}$，$N = 276.6 \text{kN}$；钢架柱下端的弯矩及轴向压力设计值分别为 $M_1 = 0$，$N = 292.1 \text{kN}$；且无横向荷载作用。假设钢架柱在弯矩作用平面内计算长度取 $l_{0x} = 10.1 \text{m}$。试问，对钢架柱进行弯矩作用平面内整体稳定性验算时，以应力形式表达的稳定性计算数值（N/mm²）与下列何项数值最为接近？

　　提示：$1 - 0.8 \dfrac{N}{N'_{Ex}} = 0.942$

　　A. 134　　　　　　B. 156　　　　　　C. 173　　　　　　D. 189

解答过程：根据大题干中"刚架与支撑全部采用 Q235B 钢"，由《钢标》表 3.5.1 注 1，得钢号修正系数

$$\varepsilon_k = \sqrt{\frac{235}{f_y}} = \sqrt{\frac{235 \text{N/mm}^2}{235 \text{N/mm}^2}} = 1$$

梁受压翼缘的自由外伸宽度与其厚度比

$$\frac{b_1}{t} = \frac{\dfrac{250\text{mm} - 9\text{mm}}{2}}{14\text{mm}} = 8.6 < 9\varepsilon_k = 9 \times 1 = 9$$

根据《钢标》表 3.5.1 知,构件的截面板件宽厚比等级为 S1 级。

根据《钢标》第 6.1.2 条第 1 款,取截面塑性发展系数 $\gamma_x = 1.05$,无横向荷载作用,且 $M_2 = 0$,由《钢标》第 8.2.1 条第 1 款 1),得

$$\beta_{mx} = 0.6 + 0.4\frac{M_2}{M_1} = 0.6$$

弯矩作用平面内,长细比

$$\lambda_x = \frac{10100\text{mm}}{146\text{mm}} = 69.2$$

因为钢架柱为 HM 系列型钢,是轧制截面,$\dfrac{b}{h} = \dfrac{250\text{mm}}{340\text{mm}} = 0.735 < 0.8$,根据《钢标》表 7.2.1-1,截面绕 x 轴属于 a 类截面。

根据《钢标》附录表 D.0.1 得 $\varphi_x = 0.843$,根据《钢标》式(8.2.1-1),计算弯矩作用的平面内整体稳定性,则

$$\frac{N}{\varphi_x A} + \frac{\beta_{mx} M_x}{\gamma_x W_{1x}\left(1 - 0.8\dfrac{N}{N'_{Ex}}\right)}$$

$$= \frac{292.1 \times 10^3\text{N}}{0.843 \times 9953\text{mm}^2} + \frac{0.6 \times 192.5 \times 10^6\text{N} \cdot \text{mm}}{1.05 \times 1250 \times 10^3\text{mm}^3 \times 0.942}$$

$$= 128.232\text{N/mm}^2$$

正确答案:A

解答流程:钢架柱弯矩作用平面内整体稳定性验算的计算流程见流程图 10-8。

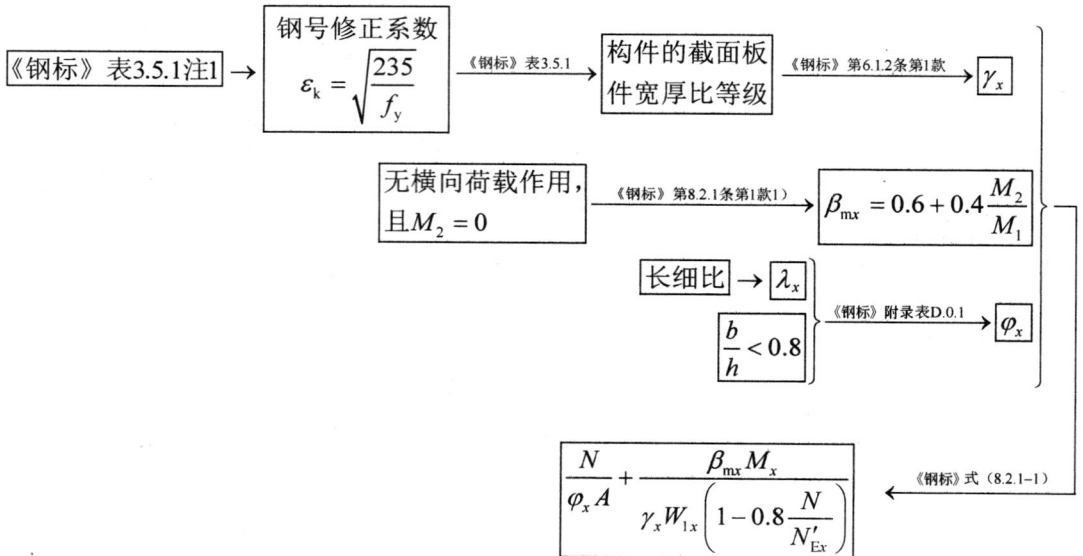

流程图 10-8　钢架柱弯矩作用平面内整体稳定性验算

审题要点：①平面内计算长度；②平面内整体稳定性验算；③提示。

主要考点：①翼缘宽厚比计算及其与截面塑性发展系数的取值；②β_{mx} 的计算；③长细比的计算；④稳定系数的查取；⑤平面内整体稳定应力的计算。

题 140：厂房构件抗震设计（2012 年一级题 30）

某厂房抗震设防烈度为 8 度，关于厂房构件抗震设计有以下说法：

Ⅰ.竖向支撑桁架的腹杆应能承受和传递屋盖的水平地震作用；Ⅱ.屋盖横向水平支撑的交叉斜杆可按拉杆设计；Ⅲ.柱间支撑采用单角钢截面，并单面偏心连接；Ⅳ.支撑跨度大于 24m 的屋盖横梁的托架，应计算其竖向地震作用。

试问，针对上述说法是否符合相关规范要求的判断，下列何项正确？

  A. Ⅰ、Ⅱ、Ⅲ符合，Ⅳ不符合 B. Ⅱ、Ⅲ、Ⅳ符合，Ⅰ不符合

  C. Ⅰ、Ⅱ、Ⅳ符合，Ⅲ不符合 D. Ⅰ、Ⅲ、Ⅳ符合，Ⅱ不符合

解答过程：根据《抗规》第 9.2.9 条第 1 款，说法Ⅰ正确。

根据《抗规》第 9.2.9 条第 2 款，说法Ⅱ正确。

根据《抗规》第 9.2.9 条及第 9.2.10 条，可知说法Ⅲ错误。

根据《抗规》第 9.2.9 条第 3 款，说法Ⅳ正确。

正确答案：C

审题要点：抗震设防烈度为 8 度。

主要考点：钢结构厂房的抗震设计要求。

第11章 2013年钢结构

题141~题143： 某轻屋盖钢结构厂房，屋面不上人，屋面坡度为 1/10。采用热轧 H 型钢屋面檩条，其水平间距为 3m，钢材采用 Q235 钢。屋面檩条按简支梁设计，计算跨度 $l=12m$。假定屋面水平投影面上的荷载标准值：屋面自重为 $0.18kN/m^2$，均布活载为 $0.5kN/m^2$，积灰荷载为 $1.00kN/m^2$，雪荷载为 $0.65kN/m^2$。热轧 H 型钢檩条型号为 H400×150×8×13，自重为 $0.56kN/m$，其截面特性：$A=70.37×10^2mm^2$，$I_x=18600×10^4mm^4$，$W_x=929×10^3mm^3$，$W_y=97.8×10^3mm^3$，$i_y=32.2mm$。屋面檩条的截面形式如图 11-1 所示。

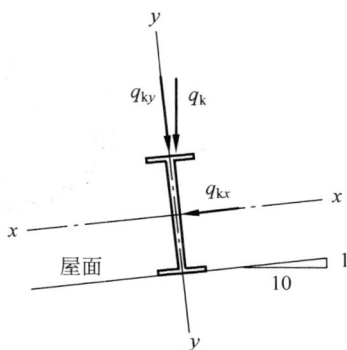

图 11-1　屋面檩条的截面形式

题141：檩条垂直于屋面方向的最大挠度（2013 年一级题 17）

试问，屋面檩条垂直于屋面方向的最大挠度（mm）应与下列何项数值最为接近？

A. 40　　　　　B. 50　　　　　C. 60　　　　　D. 80

解答过程： 根据《荷规》第 5.3.3 条规定，不同时考虑雪荷载与屋面活载，因 $0.65kN/m^2>0.5kN/m^2$，因此仅考虑雪荷载。

雪荷载与积灰组合时，查《荷规》表 5.4.1-1，得积灰荷载的组合系数 $\psi_c=0.9$；根据《荷规》第 7.1.5 条，雪荷载的组合系数 $\psi_c=0.7$。

当以雪荷载为主要活载时

$$q_1=0.65kN/m^2+1.0kN/m^2×0.9=1.55kN/m^2$$

当以积灰荷载为主要活载时

$$q_2=0.65kN/m^2×0.7+1kN/m^2=1.455kN/m^2$$

故以雪荷载为主要活载。

根据《钢标》第 3.1.5 条，应按标准组合计算。

屋面檩条均布荷载标准值（包括自重）

$$q_k=q_{Gk}+q_{Qk}$$
$$=(0.56kN/m+0.18kN/m^2×3m)+$$
$$(0.65kN/m^2×3m+1kN/m^2×0.9×3m)$$
$$=5.75kN/m$$

根据图 11-1 可知，屋面坡度为 1/10，则

$$q_{ky}=5.75kN/m×10/\sqrt{10^2+1^2}=5.72kN/m$$

屋面檩条垂直于屋面方向的最大挠度

$$v=\frac{5q_{ky}l^4}{384EI_x}=\frac{5×5.72N/mm×(12000mm)^4}{384×206×10^3N/mm^2×18600×10^4mm^4}=40.31mm$$

正确答案：A

审题要点：①屋面不上人；②水平间距为 3m；③檩条按简支梁设计，计算跨度；④屋面水平投影面上的荷载标准值；⑤垂直于屋面方向的最大挠度。

主要考点：①荷载的组合；②不上人屋面，不同时考虑雪荷载与屋面活载；③主导荷载的确定；④屋面水平投影面上的标准值计算；⑤挠度计算。

题 142：梁类构件上翼缘强度计算的最大正应力值（2013 年一级题 18）

假定屋面檩条垂直于屋面方向的最大弯矩设计值 $M_x = 133 \text{kN} \cdot \text{m}$，同一截面处平行于屋面方向的侧向弯矩设计值 $M_y = 0.3 \text{kN} \cdot \text{m}$。试问，若计算截面无削弱，在上述弯矩作用下，进行强度计算时，屋面檩条上翼缘的最大正应力计算值（N/mm^2）应与下列何项数值最为接近？

    A. 180   B. 165   C. 150   D. 140

解答过程：根据大题干中"钢材采用 Q235 钢"，由《钢标》表 3.5.1 注 1，得钢号修正系数

$$\varepsilon_k = \sqrt{\frac{235}{f_y}} = \sqrt{\frac{235 \text{N/mm}^2}{235 \text{N/mm}^2}} = 1$$

梁受压翼缘的自由外伸宽度与其厚度比

$$\frac{b}{t} = \frac{\dfrac{150 \text{mm} - 8 \text{mm}}{2}}{13 \text{mm}} = 5.46 < 9\varepsilon_k = 9$$

腹板的高厚比为

$$\frac{h_0}{t_w} = \frac{400 \text{mm} - 2 \times 13 \text{mm}}{8 \text{mm}} = 46.75 < 65\varepsilon_k = 65$$

根据《钢标》表 3.5.1 知，构件的截面板件宽厚比等级为 S1 级。

根据题干中"计算截面无削弱"，则

$$W_{nx} = W_x = 929 \times 10^3 \text{mm}^3, \quad W_{ny} = W_y = 97.8 \times 10^3 \text{mm}^3$$

根据《钢标》第 6.1.2 条第 1 款，取截面塑性发展系数

$$\gamma_x = 1.05, \quad \gamma_y = 1.2$$

根据《钢标》式（6.1.1），进行强度计算时，最大弯曲应力设计值

$$\frac{M_x}{\gamma_x W_{nx}} + \frac{M_y}{\gamma_y W_{ny}} = \frac{133 \times 10^6 \text{N} \cdot \text{mm}}{1.05 \times 929 \times 10^3 \text{mm}^3} + \frac{0.3 \times 10^6 \text{N} \cdot \text{mm}}{1.2 \times 97.8 \times 10^3 \text{mm}^3} = 138.9 \text{N/mm}^2$$

正确答案：D

解答流程：梁类构件上翼缘强度计算的最大正应力值计算流程见流程图 1-11。

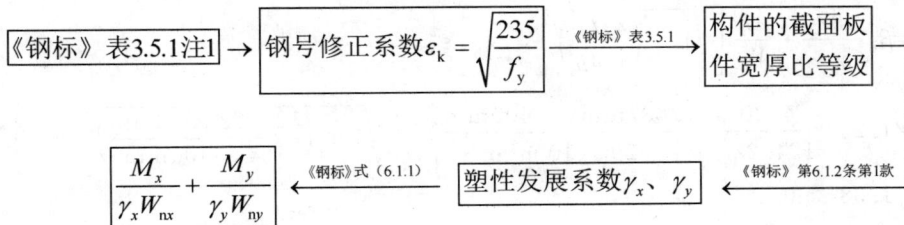

流程图 11-1   梁类构件上翼缘强度计算的最大正应力值

审题要点：①最大弯矩设计值 M_x、M_y；②计算截面无削弱；③强度计算时。

主要考点：①截面宽厚比的计算；②截面塑性发展系数的查取；③最大弯曲应力设计值的计算。

题 143：梁类构件进行整体稳定性计算（2013 年一级题 19）

屋面檩条支座处已采取构造措施以防止梁端截面的扭转。假定屋面不能阻止屋面檩条的扭转和受压翼缘的侧向位移，而在檩条间设置水平支撑系统，檩条受压翼缘侧向支承点之间距离为 4m。弯矩设计值同题 142。试问，对屋面檩条进行整体稳定性计算时，以应力形式表达的整体稳定性计算值（N/mm^2）应与下列何项数值最为接近？

       A. 205   B. 190   C. 170   D. 145

解答过程：根据题干中"钢材采用 Q235 钢"，由《钢标》表 3.5.1 注 1，可得钢号修正系数

$$\varepsilon_k = \sqrt{\frac{235}{f_y}} = \sqrt{\frac{235N/mm^2}{235N/mm^2}} = 1$$

梁受压翼缘的自由外伸宽度与其厚度比

$$\frac{b}{t} = \frac{\dfrac{150mm - 8mm}{2}}{13mm} = 5.46 < 9\varepsilon_k = 9$$

腹板的高厚比为

$$\frac{h_0}{t_w} = \frac{400mm - 2 \times 13mm}{8mm} = 46.75 < 65\varepsilon_k = 65$$

根据《钢标》表 3.5.1 知，构件的截面板件宽厚比等级为 S1 级。

根据《钢标》第 6.1.2 条第 1 款，取截面塑性发展系数 $\gamma_x = 1.05$，$\gamma_y = 1.2$。

屋面檩条侧向支撑点之间的距离为 4m，长细比

$$\lambda_y = \frac{l_{0y}}{i_y} = \frac{4000mm}{32.2mm} = 124.22 > 120\varepsilon_k = 120 \times 1 = 120$$

不符合《钢标》附录 C.0.5 条的要求。

屋面檩条按简支梁设计，计算跨度 $l = 12m$。檩条受压翼缘侧向支承点之间距离为 4m，则檩条共有两个侧向支承点，根据《钢标》附录表 C.0.1，得 $\beta_b = 1.2$。

屋面檩条为双轴对称截面，根据《钢标》第 C.0.1 条，得 $\eta_b = 0$，根据《钢标》式（C.0.1-1），得整体稳定性系数

$$\varphi_b = \beta_b \frac{4320}{\lambda_y^2} \cdot \frac{Ah}{W} \left[\sqrt{1 + \left(\frac{\lambda_y t_1}{4.4h} \right)^2} + \eta_b \right] \varepsilon_k^2$$

$$= 1.2 \times \frac{4320}{124.22^2} \times \frac{7037mm^2 \times 400mm}{929 \times 10^3 mm^3} \times \left[\sqrt{1 + \left(\frac{124.22 \times 13mm}{4.4 \times 400mm} \right)^2} + 0 \right] \times 1$$

$$= 1.38 > 0.6$$

根据《钢标》式（C.0.1-7），得整体稳定性系数

$$\varphi_{b}' = 1.07 - \frac{0.282}{\varphi_{b}} = 1.07 - \frac{0.282}{1.38} = 0.866 \leqslant 1.0$$

根据《钢标》式（6.2.3），可得屋面檩条进行整体稳定性计算时，最大弯曲应力设计值

$$\frac{M_x}{\varphi_b' W_x} + \frac{M_y}{\gamma_y W_y} = \frac{133 \times 10^6 \text{ N} \cdot \text{mm}}{0.866 \times 929 \times 10^3 \text{ mm}^3} + \frac{0.3 \times 10^6 \text{ N} \cdot \text{mm}}{1.2 \times 97.8 \times 10^3 \text{ mm}^3}$$

$$= 167.9 \text{N/mm}^2$$

正确答案： C

解答流程： 梁类构件进行整体稳定性计算的流程见流程图 1-12。

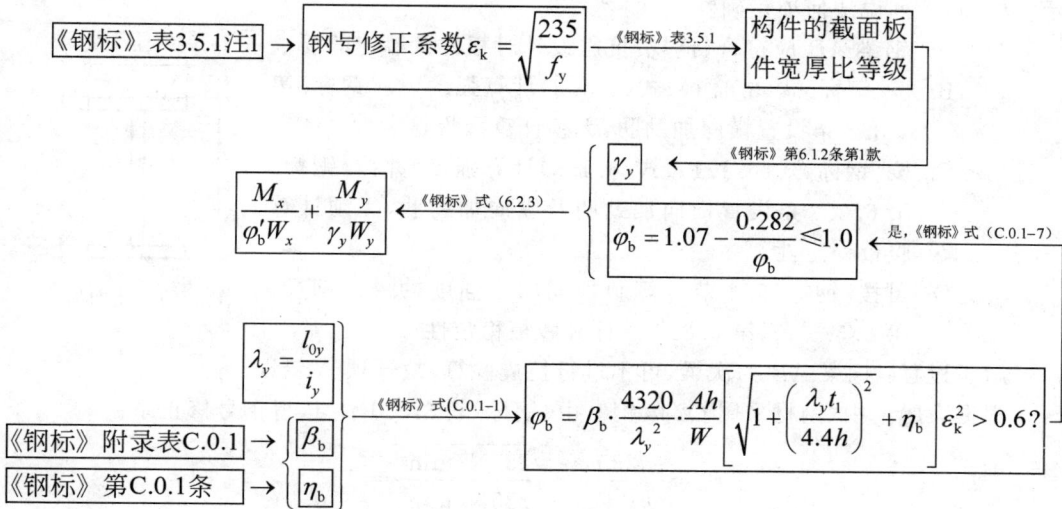

流程图 11-2　梁类构件进行整体稳定性计算

审题要点： ①屋面檩条按简支梁设计，计算跨度 $l = 12\text{m}$；②檩条受压翼缘侧向支承点之间距离为 4m；③屋面檩条进行整体稳定性计算。

主要考点： ①截面塑性发展系数；②长细比的计算；③稳定系数的计算；④最大弯曲应力设计值的计算。

题 144～题 146： 某构筑物根据使用要求设置一钢结构夹层，钢材采用 Q235 钢，结构平面布置如图 11-2 所示。构件之间的连接均为铰接，抗震设防烈度为 8 度。

题 144：钢梁高度确定，仅考虑钢材用量最为经济（2013 年一级题 20）

假定夹层平台板采用混凝土并考虑其与钢梁组合作用。试问，若夹层平台钢梁高度确定，仅考虑钢材用量最经济，采用下列何项钢梁截面形式最为合理？

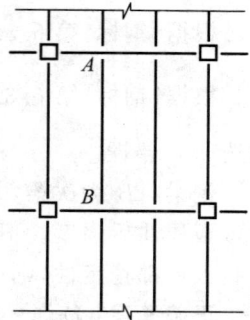

图 11-2　结构平面布置

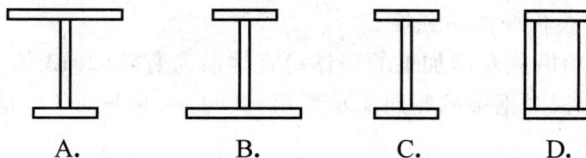

A.　　　　　　B.　　　　　　C.　　　　　　D.

解答过程：夹层平台板采用混凝土并考虑其与钢梁组合作用,平台钢梁均为简支梁,则其上翼缘距中性轴较近,力臂较小,对组合梁抗弯承载力贡献较小。

《钢标》图 14.1.2 推荐的组合楼盖的做法便应用了此原则。由此可知,选项 A 最不合理,选项 B 最为合理;选项 C、D 介于前两者之间。

正确答案：B

主要考点：组合梁的概念题。

题 145：梁类构件的计算要求（2013 年一级题 21）

假定钢梁 AB 采用焊接工字形截面,截面尺寸为 H600×200×6×12,如图 11-3 所示。试问,下列说法何项正确?

    A. 钢梁 AB 应符合《抗规》抗震设计时板件宽厚比的要求

    B. 按《钢标》式(6.1.1)、式(6.1.2)计算强度,按《钢标》第 6.3.2 条设置横向加劲肋,无须计算腹板稳定性

    C. 按《钢标》式(6.1.1)、式(6.1.2)计算强度,并按《钢标》第 6.3.2 条设置横向加劲肋及纵向加劲肋,无须计算腹板稳定性

    D. 可按《钢标》6.4 节计算腹板屈曲后强度,并按《钢标》第 6.3.3 条、第 6.3.4 条计算腹板稳定性

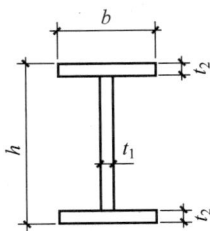

图 11-3　截面形式

解答过程：钢梁 AB 为次梁,可不进行抗震验算,故选项 A 错误。

根据大题干中"钢材采用 Q235 钢",由《钢标》表 3.5.1 注 1,得钢号修正系数

$$\varepsilon_k = \sqrt{\frac{235}{f_y}} = \sqrt{\frac{235\text{N}/\text{mm}^2}{235\text{N}/\text{mm}^2}} = 1$$

腹板高厚比

$$\frac{h_0}{t_w} = \frac{600\text{mm} - 2 \times 12\text{mm}}{6\text{mm}} = 96$$

有　　　　　　　　$80\varepsilon_k = 80 \times 1 = 80 < 96 < 170\varepsilon_k = 170 \times 1 = 170$

根据《钢标》第 6.3.2 条,应设横向加劲肋,可不设纵向加劲肋。

根据《钢标》第 6.3.1 条,当腹板高厚比 $\frac{h_0}{t_w} > 80\varepsilon_k$ 时,应计算腹板的稳定性,故选项 B 和选项 C 错误。

钢梁 AB 为次梁,并且不直接承受动力荷载,腹板高厚比<250,可按《钢标》6.4 节计算腹板屈曲后强度。但考虑腹板屈曲后强度时,再按《钢标》第 6.3.3 条和第 6.3.4 条计算腹板局部稳定性,则选项 D 正确。

正确答案：D

审题要点：构件之间的连接均为铰接。

主要考点：①抗震设计与板件高厚比的关系;②设置横向加劲肋;③设置横向加劲肋及纵向加劲肋;④腹板屈曲后强度。

题 146：采取何项措施对增加梁的整体稳定性最为有效（2013 年一级题 22）

假定不考虑平台板对钢梁的侧向支承作用,试问,采取下列何项措施对增加梁的整体稳定性最为有效?

　　A. 上翼缘设置侧向支承点　　　　　　　　B. 下翼缘设置侧向支承点

　　C. 设置加劲肋　　　　　　　　　　　　　D. 下翼缘设置隔撑

解答过程：根据《钢标》式(6.2.2)，可知稳定系数 φ_b 的计算式由《钢标》附录 C 确定，根据《钢标》附录 C 可知，稳定系数 φ_b 与长细比 λ_y 成反比关系，而长细比 λ_y 又与计算长度成正比关系，则提高稳定承载力最有效的办法是在受压翼缘增加平面外支撑点，减小平面外无支撑长度。

正确答案：A

题 147～题 149：某轻屋盖单层钢结构多跨厂房，中列厂房柱采用单阶钢柱，钢材采用 Q345 钢。上段钢柱采用焊接工字形截面 H1200×700×20×32，翼缘为焰切边，其截面特性：$A=675.2×10^2\ \text{mm}^2$，$W_x=29544×10^3\ \text{mm}^3$，$i_x=512.3\ \text{mm}$，$i_y=164.6\ \text{mm}$；下段钢柱为双肢格构式构件，厂房钢柱的截面形式和截面尺寸如图 11-4 所示。

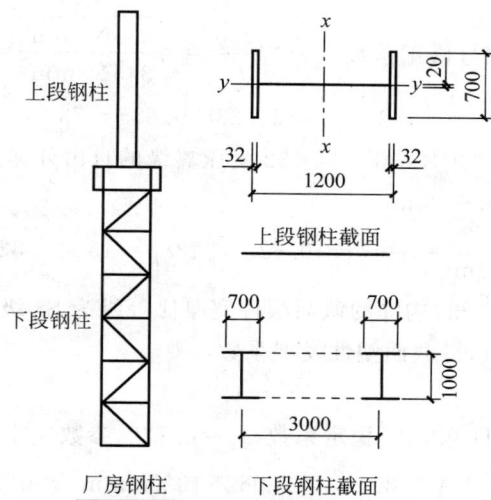

图 11-4　厂房钢柱的截面形式和截面尺寸

题 147：按抗震构造措施要求，插入式柱脚的最下插入深度（2013 年一级题 23）

厂房钢柱采用插入式柱脚，试问，若仅按抗震构造措施要求，厂房钢柱的最小插入深度(mm)应与下列何项数值最为接近？

　　A. 2500　　　　　　B. 2000　　　　　　C. 1850　　　　　　D. 1500

解答过程：根据《抗规》第 9.2.16 条第 2 款，采用插入式柱脚的最小插入深度应取单肢截面高度的 2.5 倍，且不得小于柱总宽度的 1/2 倍。由图 11-4 得

$$\max[2.5×1000\text{mm},0.5×(3000\text{mm}+700\text{mm})]=2500\text{mm}$$

正确答案：A

错项由来：如果未考虑抗震，按《钢标》表 12.7.10，应为

$$\max[1.5×1000\text{mm},0.5×(3000\text{mm}+700\text{mm})]=1850\text{mm}$$

错选 C。

审题要点：①插入式柱脚；②仅按抗震构造措施要求。

主要考点：插入式柱脚满足抗震构造措施要求的深度。

题 148：弯矩作用平面内的稳定性计算（2013 年一级题 24）

假定厂房上段钢柱框架平面内计算长度 $H_{0x}=30860\text{mm}$，框架平面外计算长度 $H_{0y}=12230\text{mm}$。上段钢柱的内力设计值：弯矩 $M_x=5700\text{kN}\cdot\text{m}$，轴力 $N=2100\text{kN}$。试问，上段钢柱作为压弯构件，进行弯矩作用平面内的稳定性计算时，以应力形式表达的稳定性计算值（N/mm^2）应与下列何项数值最为接近？

提示： 取等效弯矩系数 $\beta_{mx}=1.0$。

A. 215　　　　　　　B. 235　　　　　　　C. 270　　　　　　　D. 295

解答过程： 焊接工字形截面 H1200×700×20×32，翼缘为焰切边，查《钢标》表 7.2.1-1，可知截面绕 x、y 轴均属于 b 类。

平面内长细比 $\lambda_x=\dfrac{l_{0x}}{i_x}=\dfrac{30860\text{mm}}{512.3\text{mm}}=60.238$；根据题干"钢材采用 Q345 钢"，由《钢标》表 3.5.1 注 1，可得钢号修正系数 $\varepsilon_k=\sqrt{\dfrac{235}{f_y}}=\sqrt{\dfrac{235\text{N/mm}^2}{345\text{N/mm}^2}}=0.825$，则长细比

$$\lambda_x'=\lambda_x/\varepsilon_k=60.238/0.825=73$$

焊接工字形截面 H1200×700×20×32 受压翼缘的自由外伸宽度与其厚度比

$$\frac{b}{t}=\frac{\dfrac{700\text{mm}-20\text{mm}}{2}}{32\text{mm}}=10.625<13\varepsilon_k=13\times0.825=10.725$$

根据《钢标》表 3.5.1 知，构件的截面板件宽厚比等级为 S3 级。

根据《钢标》表 8.1.1，得截面塑性发展系数

$$\gamma_x=1.05$$

根据《钢标》附录表 D.0.2，得稳定系数 $\varphi_x=0.732$，参数

$$N_{Ex}'=\frac{\pi^2 EA}{1.1\lambda_x^2}=\frac{3.14^2\times2.06\times10^5\text{N/mm}^2\times67520\text{mm}^2}{1.1\times60.238^2}$$

$$=34357.79\times10^3\text{N}=34357.79\text{kN}$$

根据《钢标》式（8.2.1-1），平面内的最大压应力设计值

$$\frac{N}{\varphi_x A}+\frac{\beta_{mx}M_x}{\gamma_x W_{1x}\left(1-0.8\dfrac{N}{N_{Ex}'}\right)}$$

$$=\frac{2100\times10^3\text{N}}{0.732\times675.2\times10^2\text{mm}^2}+$$

$$\frac{1.0\times5700\times10^6\text{N}\cdot\text{mm}}{1.05\times29544\times10^3\text{mm}^3\times\left(1-0.8\times\dfrac{2100\text{kN}}{34357.79\text{kN}}\right)}$$

$$=235.68\text{N/mm}^2$$

正确答案： B

解答流程： 弯矩作用平面内的稳定性计算流程见流程图 1-13。

审题要点： ①平面内的稳定性；②提示。

$$\boxed{《钢标》表3.5.1注1} \rightarrow \boxed{钢号修正系数\,\varepsilon_{\mathrm{k}}=\sqrt{\dfrac{235}{f_{\mathrm{y}}}}} \xrightarrow{\text{《钢标》表3.5.1}} \boxed{\begin{array}{c}构件的截面板\\件宽厚比等级\end{array}} \rightarrow \bigstar$$

$$\bigstar \xrightarrow{\text{《钢标》表8.1.1}} \boxed{\gamma_x}$$

$$\boxed{《钢标》表7.2.1-1} \rightarrow \boxed{\begin{array}{c}截面绕\\x轴为b类\end{array}} \xrightarrow{\text{Q345钢}} \boxed{\lambda_x=\dfrac{l_{0x}}{i_x}}\ \boxed{\lambda_x/\varepsilon_{\mathrm{k}}} \left.\begin{array}{c}\\ \\ \end{array}\right\} \xrightarrow[\text{表D.0.2}]{\text{《钢标》附录}} \boxed{\varphi_x} \xrightarrow[\text{式(8.2.1-1)}]{\text{《钢标》}} \boxed{\dfrac{N}{\varphi_x A}+\dfrac{\beta_{\mathrm{m}x}M_x}{\gamma_x W_{1x}\left(1-0.8\dfrac{N}{N'_{\mathrm{E}x}}\right)}}$$

$$\boxed{N'_{\mathrm{E}x}=\dfrac{\pi^2 EA}{1.1\lambda_x^2}}$$

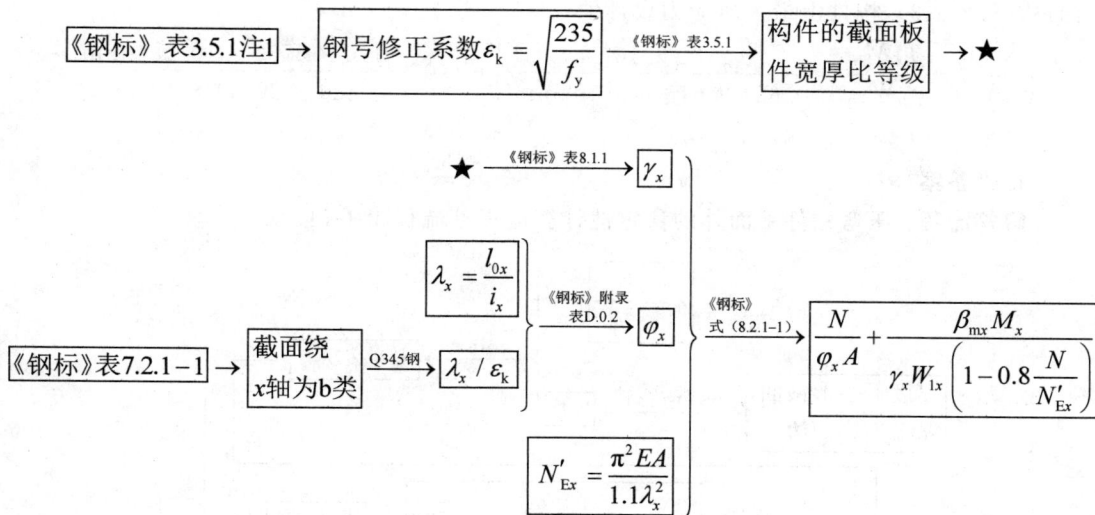

流程图 11-3　弯矩作用平面内的稳定性计算

主要考点：①长细比的计算；②截面类型、稳定系数的查取；③$N'_{\mathrm{E}x}$ 的计算；④最大压应力设计值计算式。

题 149：压弯构件平面外的稳定性计算（2013 年一级题 25）

已知条件同题 148。试问，上段钢柱作为压弯构件，进行弯矩作用平面外的稳定性计算时，以应力形式表达的稳定性计算值（N/mm²）应与下列何项数值最为接近？

提示：取等效弯矩系数 $\beta_{\mathrm{t}x}=1.0$。

　　A. 215　　　　　　B. 235　　　　　　C. 270　　　　　　D. 295

解答过程：焊接工字形截面 H1200×700×20×32，翼缘为焰切边，查《钢标》表 7.2.1-1 可知，截面绕 x、y 轴均属于 b 类。

根据题意，上段钢柱框架平面外计算长度 $H_{0y}=12230\mathrm{mm}$，则长细比

$$\lambda_y=\frac{H_{0y}}{i_y}=\frac{12230\mathrm{mm}}{164.6\mathrm{mm}}=74.3$$

根据大题干中"钢材采用 Q345 钢"，由《钢标》表 3.5.1 注 1，可得钢号修正系数

$$\varepsilon_{\mathrm{k}}=\sqrt{\frac{235}{f_{\mathrm{y}}}}=\sqrt{\frac{235\mathrm{N/mm}^2}{345\mathrm{N/mm}^2}}=0.825$$

则长细比

$$\lambda'_y=\lambda_y/\varepsilon_{\mathrm{k}}=74.3/0.825=90<120\varepsilon_{\mathrm{k}}=120\times0.825=99$$

符合《钢标》附录 C.0.5 条的要求。

根据《钢标》式（C.0.5-1），整体稳定系数

$$\varphi_{\mathrm{b}}=1.07-\frac{\lambda_y^2}{44000\varepsilon_{\mathrm{k}}^2}=1.07-\frac{74.3^2}{44000\times0.825^2}=0.886<1.0$$

根据《钢标》附录表 D.0.2，得稳定系数

$$\varphi_y=0.621$$

H 型钢为开口构件，根据《钢标》第 8.2.1 条第 1 款，截面影响系数 $\eta=1.0$。根据《钢

标》式(8.2.1-3),构件上最大压应力设计值

$$\frac{N}{\varphi_y A} + \eta \frac{\beta_{tx} M_x}{\varphi_b W_{1x}} = \frac{2100 \times 10^3 \text{N}}{0.621 \times 675.2 \times 10^2 \text{mm}^2} + 1.0 \times \frac{1.0 \times 5700 \times 10^6 \text{N} \cdot \text{mm}}{0.886 \times 29544 \times 10^3 \text{mm}^3}$$
$$= 267.8 \text{N/mm}^2$$

正确答案:C

解答流程:压弯构件平面外的稳定性计算流程见流程图1-14。

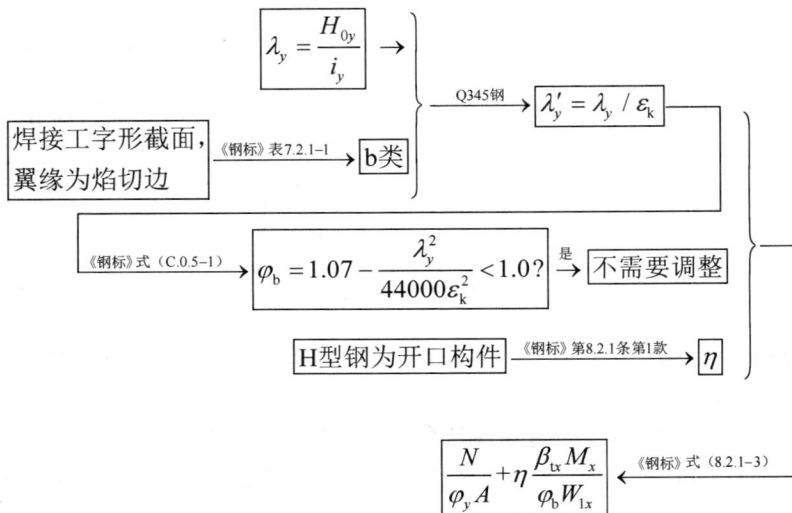

流程图11-4　压弯构件平面外的稳定性计算

审题要点:①条件同题148;②平面外的轴心受压构件稳定系数。

主要考点:①平面内(外)计算长度的计算;②长细比的计算;③压应力设计值;④稳定系数的计算。

题150~题152:某钢结构平台承受静力荷载,钢材均采用Q235钢。该平台有悬挑次梁与主梁刚接。假定次梁上翼缘处的连接板需要承受由支座弯矩产生的轴心拉力设计值 $N = 360$kN。

题150:次梁上翼缘与连接板的连接长度(2013年一级题26)

假定主梁与次梁的刚接节点如图11-5所示,次梁上翼缘与连接板采用角焊缝连接,三面围焊,焊缝长度一律满焊,焊条采用E43型。试问,若角焊缝的焊脚尺寸 $h_f = 8$mm,次梁上翼缘与连接板的连接长度 L(mm)采用下列何项数值最为合理?

A. 120　　　　　　B. 260　　　　　　C. 340　　　　　　D. 420

解答过程:焊条采用E43型,根据《钢标》表4.4.5,得焊缝抗拉强度设计值 $f_f^w = 160$N/mm²。

钢结构平台承受静力荷载,正面角焊缝要考虑强度增大系数,则正面角焊缝的承载力设计值

$$N_1 = \sum h_e \beta_f f_f^w l_w = 0.7 \times 8\text{mm} \times 1.22 \times 160\text{N/mm}^2 \times 160\text{mm}$$
$$= 174.9 \times 10^3 \text{N} = 174.9 \text{kN}$$

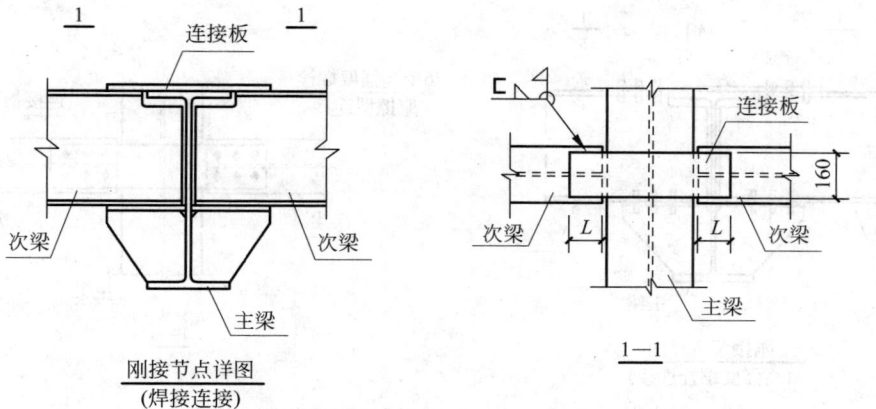

图 11-5　主梁与次梁的刚接节点

根据《钢标》式(11.2.2-2)，侧面角焊缝计算长度

$$l_w = \frac{N - N_1}{\sum h_e f_f^w} = \frac{360 \times 10^3\,\text{N} - 174.9 \times 10^3\,\text{N}}{2 \times 0.7 \times 8\,\text{mm} \times 160\,\text{N/mm}^2} = 103.3\,\text{mm}$$

三面围焊，焊缝长度一律满焊，则仅每一条侧面角焊缝需加一个焊脚尺寸即可，角焊缝的实际长度

$$L = l_w + h_f = 103.3\,\text{mm} + 8\,\text{mm} = 111.3\,\text{mm}$$

正确答案：A

解答流程：次梁上翼缘与连接板的连接长度的计算流程见流程图 1-15。

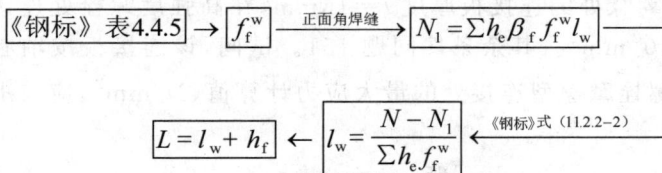

流程图 11-5　次梁上翼缘与连接板的连接长度

审题要点：①角焊缝 h_f；②轴心拉力设计值 N；③角焊缝的实际长度；④三面围焊，焊缝长度一律满焊，焊条采用 E43 型。

主要考点：①正面角焊缝可考虑强度增大系数；②角焊缝计算(实际)长度。

题 151：上翼缘处连接所需高强度螺栓的最小规格（2013 年一级题 27）

假定悬挑次梁与主梁的焊接连接改为高强度螺栓摩擦型连接。次梁上翼缘与连接板每侧各采用 6 个高强度螺栓，其刚接节点如图 11-6 所示，高强度螺栓的性能等级为 10.9 级，连接处构件接触面采用抛丸(喷砂)处理。试问：次梁上翼缘处连接所需高强度螺栓的最小规格应为下列何项？

提示：按《钢标》作答。

A. M24　　　　　　B. M22　　　　　　C. M20　　　　　　D. M16

解答过程：根据《钢标》第 11.4.2 条，单侧连接板连接，传力摩擦面数 $n_f = 1$，连接处构件接触面采用抛丸(喷砂)处理，根据《钢标》表 11.4.2-1，得摩擦系数 $\mu = 0.40$。

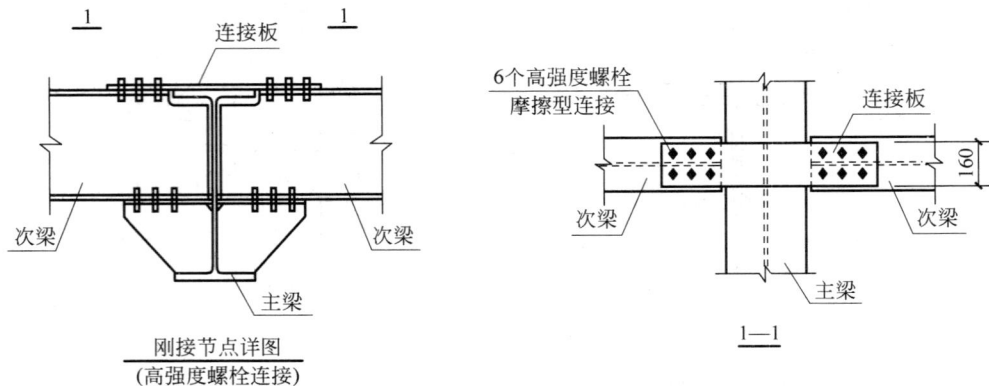

图 11-6　次梁与主梁的刚接节点

按标准孔径^①取 $k=1.0$,根据《钢标》式(11.4.2-1),单个螺栓承受的拉力

$$P = \frac{N}{0.9kn_f n\mu} = \frac{360 \times 10^3 \text{N}}{0.9 \times 1.0 \times 1 \times 6 \times 0.40} = 166.7 \times 10^3 \text{N} = 166.7\text{kN}$$

根据《钢标》表 11.4.2-2,可得 M22 高强度螺栓的预拉力 $P=190$kN。

正确答案:B

审题要点:①10.9 级;②接触面采用抛丸(喷砂)处理;③次梁上翼缘与连接板每侧各采用 6 个高强度螺栓。

主要考点:①高强度螺栓预拉力的查取;②传力摩擦面数。

题 152:连接板高强度螺栓摩擦型连接处的最大应力(2013 年一级题 28)

假定次梁上翼缘处的连接板厚度 $t=16$mm,在高强度螺栓处连接板的净截面面积 $A_n=18.5 \times 10^2 \text{mm}^2$。其余条件同题 151。试问,该连接板按轴心受拉构件进行计算,在高强度螺栓摩擦型连接处的最大应力计算值(N/mm^2)应与下列何项数值最为接近?

　　　A. 140　　　　　　　B. 165　　　　　　　C. 195　　　　　　　D. 215

解答过程:根据《钢标》式(7.1.1-1),吊杆自身应力(非连接部位处)

$$\sigma_1 = \frac{N}{A} = \frac{360 \times 10^3 \text{N}}{160\text{mm} \times 16\text{mm}} = 140.6\text{N/mm}^2$$

根据《钢标》式(7.1.1-3),高强度螺栓连接部位最大应力

$$\sigma_2 = \left(1 - 0.5\frac{n_1}{n}\right)\frac{N}{A_n} = \left(1 - 0.5 \times \frac{2}{6}\right) \times \frac{360 \times 10^3 \text{N}}{18.5 \times 10^2 \text{mm}^2} = 162.2\text{N/mm}^2 > \sigma_1$$

取两者的较大值。

正确答案:B

解答流程:连接板高强度螺栓摩擦型连接处的最大应力计算流程见流程图 1-16。

审题要点:①连接板的净截面面积;②其余条件同题 151。

主要考点:考虑高强度螺栓摩擦型连接的孔前传力。

---

① 《钢标》中没有孔形的相关参数,所以在 2018 年之前的考题,解答中均按照标准孔径取 $k=1.0$ 来处理。

$$《钢标》式 (7.1.1-1) \rightarrow \boxed{\sigma_1 = \dfrac{N}{A}}$$

$$《钢标》式 (7.1.1-3) \rightarrow \boxed{\sigma_2 = \left(1 - 0.5\dfrac{n_1}{n}\right)\dfrac{N}{A_n}}$$

$$\left. \right\} \rightarrow \boxed{\sigma = \max(\sigma_1, \sigma_2)}$$

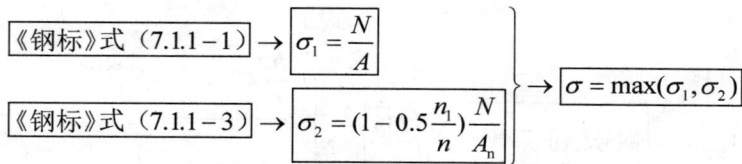

流程图 11-6　连接板高强度螺栓摩擦型连接处的最大应力

题 153：腹板不采用加劲肋加强，计算钢柱的强度和稳定性的截面面积（2013 年一级题 29）

某非抗震设防的钢柱采用焊接工字形截面 H900×350×10×20，钢材采用 Q235 钢。假定，该钢柱作为受压构件，其腹板高厚比不符合《钢标》关于受压构件腹板局部稳定的要求。试问，若腹板不能采用纵向加劲肋加强，在计算该钢柱的强度和稳定性时，其截面面积（mm²）应采用下列何项数值？

提示： 截面无削弱，$\lambda = 20$。

A. 86×10^2　　　　B. 140×10^2　　　　C. 174×10^2　　　　D. 226×10^2

解答过程[①]： 根据大题干中"钢材采用 Q235 钢"，由《钢标》表 3.5.1 注 1，钢号修正系数

$$\varepsilon_k = \sqrt{\frac{235}{f_y}} = \sqrt{\frac{235\text{N/mm}^2}{235\text{N/mm}^2}} = 1$$

根据《钢标》第 6.3.2 条第 6 款，腹板计算高度

$$h_0 = 900\text{mm} - 2 \times 20\text{mm} = 860\text{mm}$$

腹板计算高度 h_0 与其厚度 t_w 之比值

$$\frac{h_0}{t_w} = \frac{860\text{mm}}{10\text{mm}} = 86 > 52\varepsilon_k = 52$$

根据《钢标》式(7.3.4-4)，有

$$\rho_1 = (29\varepsilon_k + 0.25\lambda)t/b = (29 \times 1 + 0.25 \times 20)/86 = 0.395$$

翼缘的宽厚比

$$\frac{b}{t_f} = \frac{(350 - 10)/2\text{mm}}{20\text{mm}} = 8.5 < 42\varepsilon_k = 42$$

根据《钢标》式(7.3.4-1)，取 $\rho_2 = 1.0$。

根据《钢标》式(7.3.3-3)，有效净截面面积

$$\begin{aligned}
A_{ne} &= \sum \rho_i A_{ni} \\
&= 1.0 \times 2 \times (350\text{mm} \times 20\text{mm}) + 0.395 \times (860\text{mm} \times 10\text{mm}) \\
&= 17397\text{mm}^2
\end{aligned}$$

正确答案： C

解答流程： 腹板不采用加劲肋加强，计算钢柱的强度和稳定性的截面面积计算流程

---

① 题干中并未说明钢柱作为受压构件是轴心受压构件还是压弯构件，《钢标》在此处的变化很大，在解答中按照轴心受压构件计算。

见流程图 1-17。

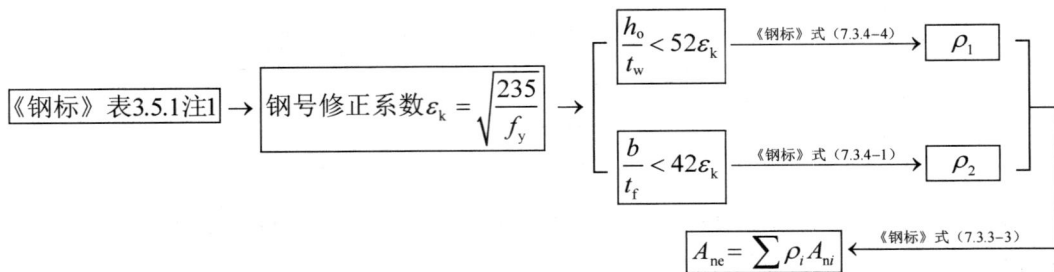

流程图 11-7　腹板不采用加劲肋加强，计算钢柱的强度和稳定性的截面面积

主要考点：腹板不能采用纵向加劲肋加强，在计算该钢柱的强度和稳定性时，有效截面面积的计算。

题 154：框架-中心支撑结构，节点处不平衡力的计算（2013 年一级题 30）

某高层钢结构办公楼，抗震设防烈度为 8 度，采用框架-中心支撑结构，如图 1-17 所示。试问，与 V 形支撑连接的框架梁 AB，关于其在 C 点处不平衡力的计算，下列说法哪项正确？

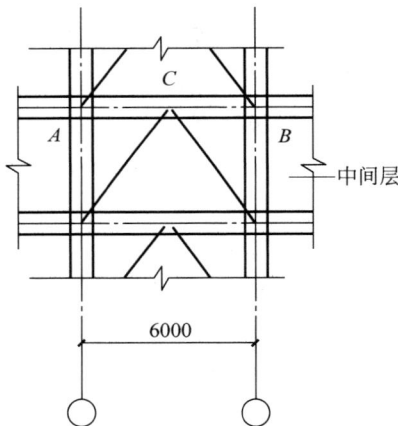

图 11-7　V 形支撑连接的框架梁

A. 按受拉支撑的最大屈服承载力和受压支撑最大屈曲承载力计算

B. 按受拉支撑的最小屈服承载力和受压支撑最大屈曲承载力计算

C. 按受拉支撑的最大屈服承载力和受压支撑最大屈曲承载力的 0.3 倍计算

D. 按受拉支撑的最小屈服承载力和受压支撑最大屈曲承载力的 0.3 倍计算

解答过程：根据《抗规》第 8.2.6 条第 2 款，应选 D。

正确答案：D

主要考点：不平衡力的计算方法。

第12章 2014年钢结构

题155～题161：某单层钢结构厂房，钢材均为Q235B钢。边列单阶柱截面及内力见图12-1。上段柱为焊接工字形截面实腹柱，下段柱为不对称组合截面格构柱，截面特性见表12-1，所有板件均为火焰切割，柱上端与钢屋架形成刚接，无截面削弱。

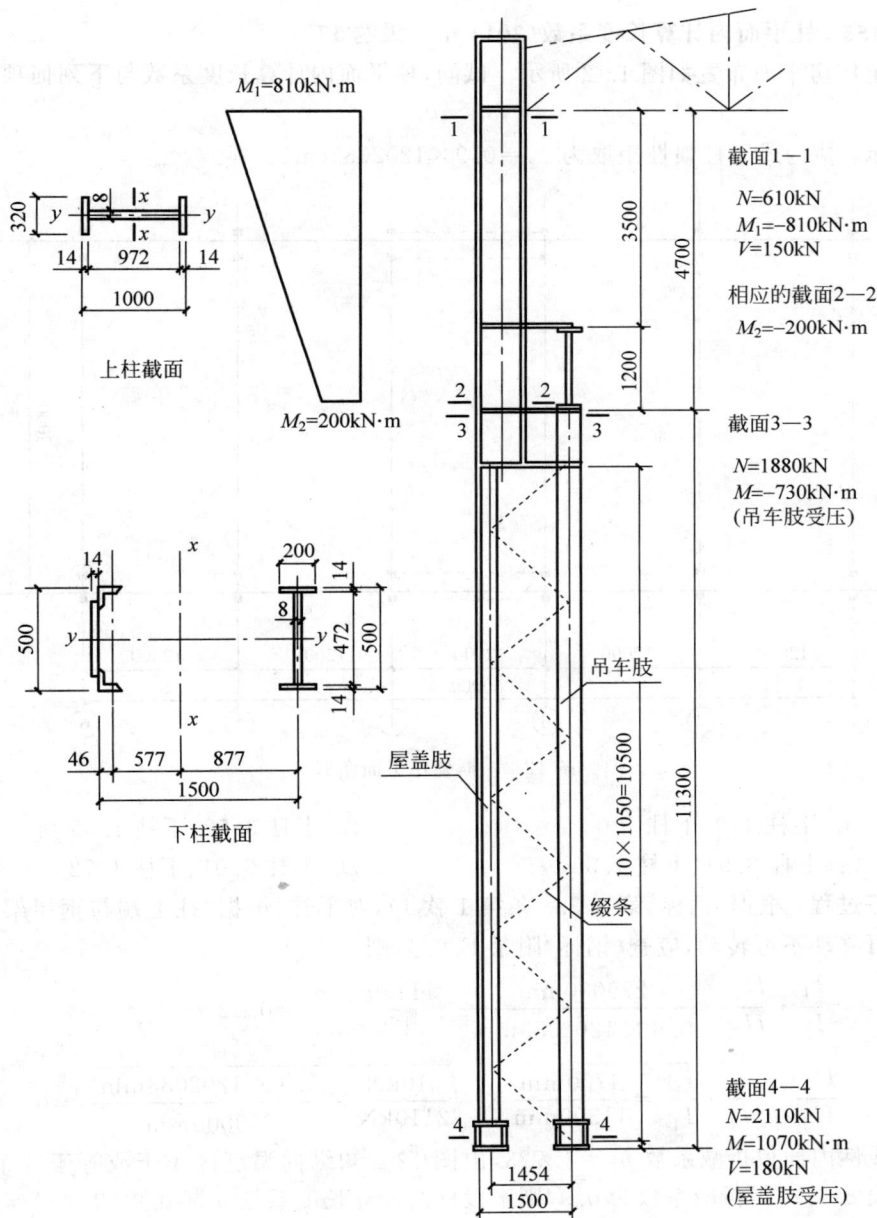

截面1—1
N=610kN
M₁=−810kN·m
V=150kN

相应的截面2—2
M₂=−200kN·m

截面3—3
N=1880kN
M=−730kN·m
（吊车肢受压）

截面4—4
N=2110kN
M=1070kN·m
V=180kN
（屋盖肢受压）

图 12-1　边列单阶柱

表 12-1　截面特性

部　位		面积 A /cm^2	惯性矩 I_x/cm^4	回转半径 i_x/cm	惯性矩 I_y/cm^4	回转半径 i_y/cm	弹性截面模量 W_x/cm^3
上柱		167.4	279000	40.8	7646	6.4	5580
下柱	屋盖肢	142.6	4016	5.3	46088	18.0	—
	吊车肢	93.8	1867	—	40077	20.7	—
下柱组合柱截面		236.4	1202083	71.3	—	—	屋盖肢侧：吊车肢侧：ᅠ19295　13707

题 155：柱平面内计算长度系数（2014 年一级题 17）

假定厂房平面布置如图 12-2 所示。试问，柱平面内计算长度系数与下列何项数值最为接近？

提示：格构式下柱惯性矩取为 $I_2=0.9\times1202083\mathrm{cm}^4$。

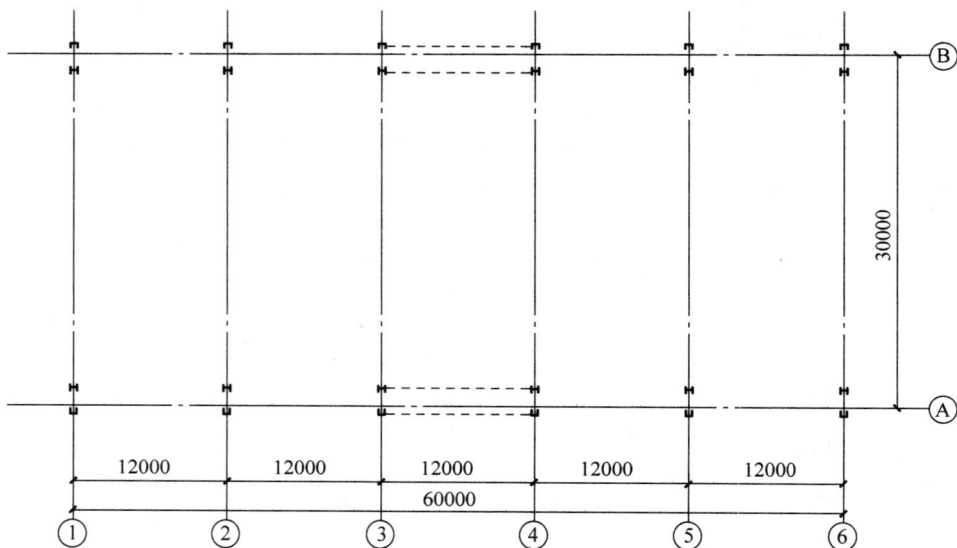

图 12-2　框架柱平面布置

A. 上柱 1.0、下柱 1.0　　　　　　B. 上柱 3.52、下柱 1.55

C. 上柱 3.91、下柱 1.55　　　　　D. 上柱 3.91、下柱 1.72

解答过程：根据《钢标》第 8.3.3 条第 1 款 1)，对下柱，根据"柱上端与钢屋架形成刚接"，即可移动不可转动，应查《钢标》附录 E.0.4，则

$$K_1=\frac{I_1}{I_2}\cdot\frac{H_2}{H_1}=\frac{279000\mathrm{mm}^4}{0.9\times1202083\mathrm{mm}^4}\times\frac{11300\mathrm{mm}}{4700\mathrm{mm}}=0.62$$

$$\eta_1=\frac{H_1}{H_2}\sqrt{\frac{N_1}{N_2}\cdot\frac{I_2}{I_1}}=\frac{4700\mathrm{mm}}{11300\mathrm{mm}}\times\sqrt{\frac{610\mathrm{kN}}{2110\mathrm{kN}}\times\frac{0.9\times1202083\mathrm{mm}^4}{279000\mathrm{mm}^4}}=0.44$$

经线性内插得折减系数 $\mu_2=1.723$，由图 12-2 知纵向温度区小于或等于 6 个，根据《钢标》表 8.3.3，得折减系数为 0.9，则下段柱的计算长度系数 $\mu_2=0.9\times1.723=1.551$。

对上柱，根据《钢标》式(8.3.3-4)，上段柱的计算长度系数

$$\mu_1 = \frac{\mu_2}{\eta_1} = \frac{1.551}{0.44} = 3.525$$

正确答案：B

解答流程：柱平面内计算长度系数的计算流程见流程图 12-1。

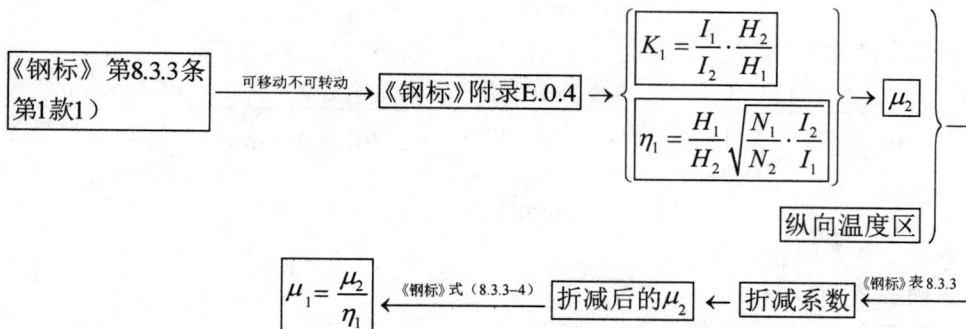

流程图 12-1　柱平面内计算长度系数

审题要点：①图 12-1；②图 12-2；③提示。

主要考点：构件计算长度系数的取值。

题 156：上柱强度设计值（2014 年一级题 18）

假定上柱的长细比 $\lambda = 41.7$。试问，上柱强度设计值（N/mm²）与下列何项数值最为接近？

提示[①]：①有效抵抗矩 $W_{nex} = 5.2 \times 10^6 \, mm^3$；②$\gamma_x = 1.0$。

　　A. 175　　　　　　　B. 191　　　　　　　C. 195　　　　　　　D. 209

解答过程：根据《钢标》第 8.4.2 条第 2 款，上柱强度设计值

$$\frac{N}{A_n} + \frac{M_x + Ne}{\gamma_x W_{nex}} = \frac{610 \times 10^3 \, N}{11520 \, mm^2} + \frac{810 \times 10^6 \, N \cdot mm + 0}{1.0 \times 5.2 \times 10^6 \, mm^3} = 208.7 \, N/mm^2$$

正确答案：D

审题要点：①假定；②提示。

主要考点：压弯构件强度设计值的计算。

题 157：平面内稳定性计算最大值（2014 年一级题 19）

假定下柱在弯矩作用平面内的计算长度系数为 2，由换算长细比确定：$\varphi_x = 0.916$，$N'_{Ex} = 34476 \, kN$。试问，以应力形式表达的平面内稳定性计算最大值（N/mm²），与下列何项数值最为接近？

提示：①$\beta_{mx} = 1$；②按全截面有效考虑。

　　A. 125　　　　　　　B. 143　　　　　　　C. 156　　　　　　　D. 183

解答过程：根据《钢标》第 8.2.2 条，以应力形式表达的平面内稳定性计算最大值如下：

---

① 因《钢标》关于压弯构件腹板有效宽度计算的内容相对于 2003 版《钢结构设计规范》做了较大的修改，本题在解答中直接给出了有效截面模量，仅仅是为了保持本套考题的完整。

对屋盖肢受压

$$\frac{N}{\varphi_x A} + \frac{\beta_{mx} M_x}{W_{1x}\left(1 - \frac{N}{N'_{Ex}}\right)} = \frac{2110 \times 10^3 \text{N}}{0.916 \times 23640 \text{mm}^2} + \frac{1.0 \times 1070 \times 10^6 \text{N} \cdot \text{mm}}{19295 \times 10^3 \text{mm}^3 \times \left(1 - \frac{2110\text{kN}}{34476\text{kN}}\right)}$$

$$= 156.51 \text{N/mm}^2$$

对吊车肢受压

$$\frac{N}{\varphi_x A} + \frac{\beta_{mx} M_x}{W_{1x}\left(1 - \frac{N}{N'_{Ex}}\right)} = \frac{1880 \times 10^3 \text{N}}{0.916 \times 23640 \text{mm}^2} + \frac{1.0 \times 730 \times 10^6 \text{N} \cdot \text{mm}}{13707 \times 10^3 \text{mm}^3 \times \left(1 - \frac{1880\text{kN}}{34476\text{kN}}\right)}$$

$$= 143.15 \text{N/mm}^2$$

取以上两者的较大值。

正确答案：C

审题要点：①假定的各个参数；②提示。

主要考点：格构式构件平面内最大压应力设计值计算式。

题 158：缀条应力设计值（2014 年一级题 20）

假定缀条采用单角钢∟90×6，其截面特性（图 12-3）：面积 $A_1 = 1063.7\text{mm}^2$，回转半径 $i_x = 27.9\text{mm}$，$i_u = 35.1\text{mm}$，$i_v = 18.0\text{mm}$。试问，缀条应力设计值（N/mm²）与下列何项数值最为接近？

    A. 120   B. 127

    C. 136   D. 168

解答过程：根据大题干"钢材均为 Q235B 钢"，由《钢标》表 3.5.1 注 1，得钢号修正系数

$$\varepsilon_k = \sqrt{\frac{235}{f_y}} = \sqrt{\frac{235\text{N/mm}^2}{235\text{N/mm}^2}} = 1$$

图 12-3 缀条截面

根据《钢标》第 8.2.7 条，格构式柱缀条的剪力

$$V = \frac{Af}{85\varepsilon_k} = \frac{23640\text{mm}^2 \times 215\text{N/mm}^2}{85 \times 1} = 59795.3\text{N} = 59.7953\text{kN} < 180\text{kN}$$

应取较大值 $V = 180\text{kN}$。

根据图 12-1，假定缀条与水平面的夹角为 α，则

$$\cos\alpha = \frac{1454\text{mm}}{\sqrt{(1454\text{mm})^2 + (1050\text{mm})^2}} = 0.811$$

单根缀条所受压力

$$N_b = \frac{V/2}{\cos\alpha} = \frac{180\text{kN}/2}{0.811} = 111\text{kN}$$

根据题图 12-1，缀条几何长度

$$l_b = \sqrt{(1454\text{mm})^2 + (1050\text{mm})^2} = 1793.5\text{mm}$$

根据《钢标》表 7.4.1-1，对斜平面的其他腹杆计算长度 $l_0 = 0.9l_b$，回转半径取最小值 $i_v = 18.0\text{mm}$，长细比

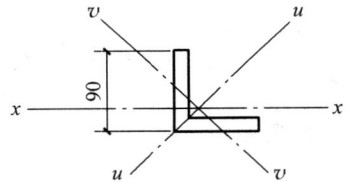

$$\lambda_b = \frac{l_0}{i_v} = \frac{0.9 \times 1793.5 \text{mm}}{18 \text{mm}} = 89.7$$

根据《钢标》表 7.2.1-1，截面绕 x、y 轴均属于 b 类。

根据《钢标》附录表 D.0.2，得稳定系数 $\varphi = 0.622$，根据《钢标》式（7.2.1），得缀条应力设计值

$$\frac{N}{\varphi A_1} = \frac{111 \times 10^3 \text{N}}{0.622 \times 1063.7 \text{mm}^2} = 167.8 \text{N/mm}^2$$

注：本题不需要考虑《钢标》第 7.6.3 条。

正确答案：D

解答流程：缀条应力设计值的计算流程见流程图 12-2。

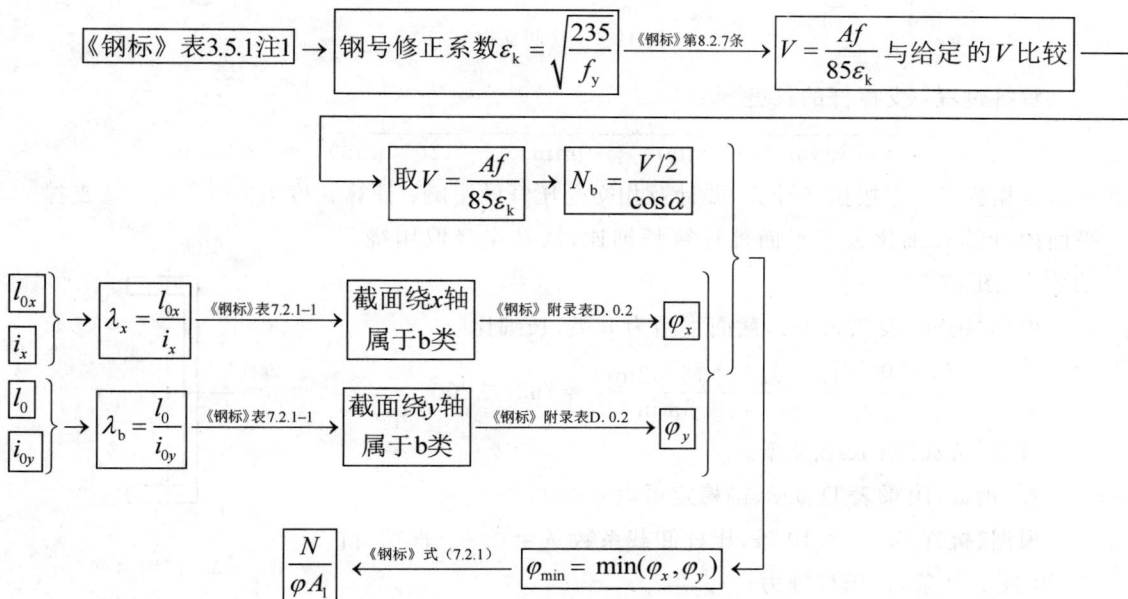

流程图 12-2　缀条应力设计值

审题要点：图 12-3。

主要考点：①格构式柱缀条剪力的计算及判断；②腹杆计算长度、长细比的计算；③截面类型、稳定系数的查取；④最大压应力设计值计算式。

题 159：支撑杆的强度设计值（2014 年一级题 21）

假定抗震设防烈度为 8 度，采用轻屋面，2 倍多遇地震作用下水平作用组合值为 400kN 且为最不利组合，柱间支撑采用双片支撑，布置如图 12-4 所示。单片支撑截面采用槽钢 [12.6，截面无削弱，槽钢 [12.6 的截面特性：面积 $A_1 = 1569 \text{mm}^2$，回转半径 $i_x = 49.8 \text{mm}$，$i_y = 15.6 \text{mm}$。试问，支撑杆的强度设计值（N/mm^2）与下列何项数值最为接近？

提示：①按拉杆计算，并计及相交受压杆的影响；②支撑平面内计算长细比大于平面外计算长细比。

　　A. 86　　　　　　　B. 118　　　　　　　C. 159　　　　　　　D. 323

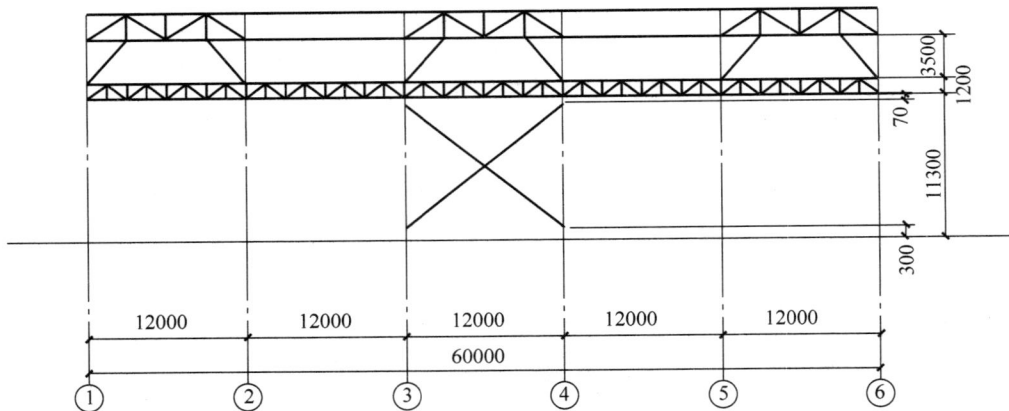

图 12-4　柱间支撑

解答过程：支撑杆的长度

$$l_{br} = \sqrt{(11300\text{mm} - 300\text{mm} - 70\text{mm})^2 + (12000\text{mm})^2} = 16232\text{mm}$$

根据提示：①按拉杆计算，并计及相交受压杆的影响；计算长度 $l_0 = 0.5l_{br}$；②支撑平面内计算长细比大于平面外计算长细比，回转半径取用绕 x 轴数值（图 12-5）。

根据《钢标》表 7.2.1-1，截面类型为 b 类，长细比

$$\lambda = \frac{l_0}{i_x} = \frac{0.5l_{br}}{i_x} = \frac{0.5 \times 16232\text{mm}}{49.8\text{mm}} = 163 < 200$$

符合《抗规》第 K.2.2 条。

查《钢标》附录表 D.0.2，得稳定系数 $\varphi_i = 0.265$。

根据《抗规》第 9.2.10 条，压杆卸载系数 $\psi_c = 0.3$。根据《抗规》第 K.2.2 条，得压杆轴力

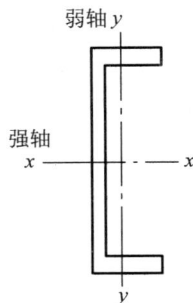

$$N_t = \frac{l_{br}}{(1 + \psi_c \varphi_i)s_c} V_{bi}$$

$$= \frac{16232\text{mm}}{(1 + 0.3 \times 0.265) \times 12000\text{mm}} \times \frac{400\text{kN}}{2}$$

$$= 251\text{kN}$$

支撑杆的强度应力

$$\frac{N_t}{A_n} = \frac{250 \times 10^3 \text{N}}{1569\text{mm}^2} = 160\text{N/mm}^2$$

正确答案：C

解答流程：支撑杆的强度设计值计算流程见流程图 12-3。

审题要点：①抗震设防烈度 8 度；②图 12-4；③提示。

主要考点：①支撑杆的计算长度；②长细比的计算；③稳定系数的查取；④支撑杆的强度设计值的计算。

$$\boxed{l_0 = 0.5l_{br}} \rightarrow \boxed{\lambda = \frac{l_0}{i_x} < 200?} \xrightarrow{是} \boxed{查《钢标》附录表 D.0.2} \rightarrow \boxed{\varphi_i}$$

$$\boxed{《抗规》第9.2.10条} \rightarrow \boxed{\psi_c = 0.3}$$

$$\boxed{\frac{N_t}{A_n}} \leftarrow \boxed{N_t = \frac{l_{br}}{(1 + \psi_c \varphi_i)s_c} V_{bi}} \quad 《抗规》第K.2.2条$$

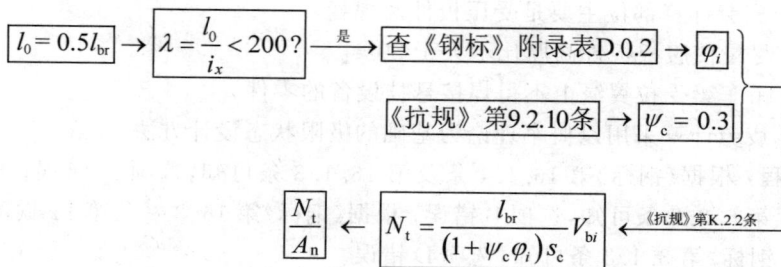

流程图 12-3　支撑杆的强度设计值

题 160：单个高强度螺栓承受的最大剪力设计值（2014 年一级题 22）

假定吊车肢柱间支撑截面采用 2∟90×6，其所承受的最不利荷载组合值为 120kN。支撑与柱采用高强度螺栓摩擦型连接，如图 12-6 所示。试问，单个高强度螺栓承受的最大剪力设计值（kN）与下列何项数值最为接近？

　　A. 60　　　　　　B. 70　　　　　　C. 95　　　　　　D. 120

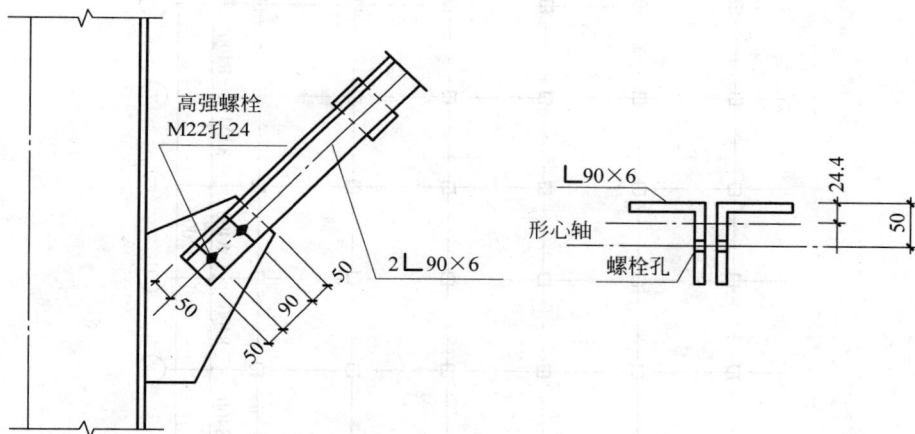

图 12-6　吊车肢柱间支撑局部

解答过程： 沿支撑方向的剪力

$$V_x = \frac{120\text{kN}}{2} = 60\text{kN}$$

由扭矩 $T = V \cdot e$ 引起的垂直于支撑方向的剪力

$$V_y = \frac{T}{90\text{mm}} = \frac{120\text{kN} \times (50\text{mm} - 24.4\text{mm})}{90\text{mm}} = 34.1\text{kN}$$

则得单个高强度螺栓承受的最大剪力设计值

$$V = \sqrt{(60\text{kN})^2 + (34.1\text{kN})^2} = 69\text{kN}$$

正确答案： B

审题要点： ①承受最不利荷载组合值为 120kN；②图 12-6。

主要考点： 内力分析。

题 161：吊车梁需进行疲劳计算的说法（2014 年一级题 23）

假定吊车梁需进行疲劳计算。试问，吊车梁设计时下列说法何项正确？

A. 疲劳计算部位主要是受压板件及焊缝

B. 尽量使腹板板件高厚比不大于 $80/\varepsilon_k$

C. 吊车梁受拉翼缘上不得焊接悬挂设备的零件

D. 疲劳计算采用以概率理论为基础的极限状态设计方法

解答过程：根据《钢标》第 16.1.1 条及第 16.1.3 条可知,选项 A 错误；根据《钢标》第 6.3.1 条、第 6.3.2 条可知,选项 B 错误；根据《钢标》第 16.3.2 条第 11 款可知,选项 C 正确；根据《钢标》第 3.1.3 条可知,选项 D 错误。

正确答案：C

主要考点：吊车梁需进行疲劳计算的要求。

题 162～题 166：某 4 层钢结构商业建筑,层高 5m,房屋高度 20m。抗震设防烈度为 8 度,采用框架结构,布置如图 12-7 所示。框架梁柱采用 Q345 钢。框架梁截面采用轧制型钢 H600×200×11×17,柱采用箱形截面 B450×450×16。梁柱截面特性见表 12-2。

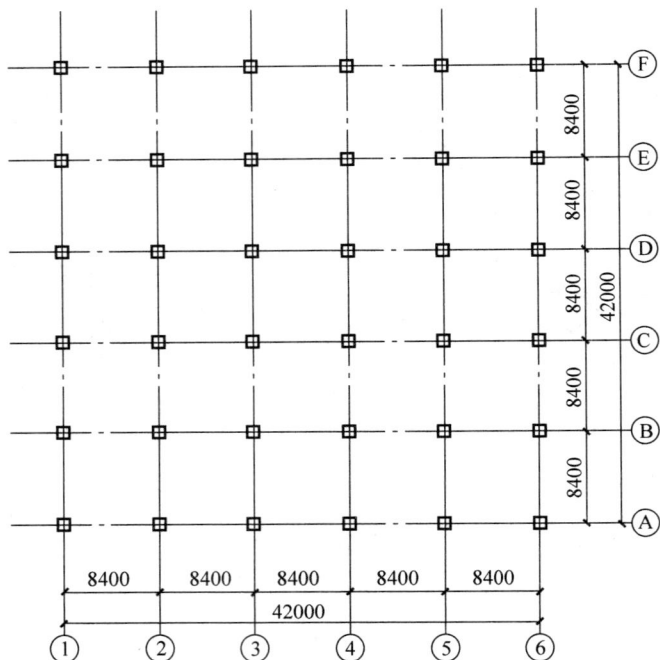

图 12-7 框架柱平面布置

表 12-2 梁柱截面特性

截面	面积 A/mm^2	惯性矩 I/mm^4	回转半径 i_x/mm	弹性截面模量 W_x/mm^3
梁	13028	7.44×10^8	—	—
柱	27776	8.73×10^8	177	3.88×10^8

题 162：二阶弹性分析方法计算且考虑假想水平力时,框架柱进行稳定性计算（2014 年一级题 24）

假定框架柱几何长度为 5m,采用二阶弹性分析方法计算且考虑假想水平力时,框架柱进行稳定性计算时下列何项说法正确？

　　A. 只需计算强度,无须计算稳定　　　B. 计算长度取 4.275m

　　C. 计算长度取 5m　　　　　　　　　　D. 计算长度取 7.95m

　　解答过程:根据《钢标》第 8.3.1 条,二阶分析时计算长度系数取 1.0,故计算长度取 5m。

　　正确答案:C

　　审题要点:①图 12-7;②假定的框架柱参数。

　　主要考点:框架柱二阶分析时计算长度系数。

　　题 163:螺栓孔构造要求(2014 年一级题 25)

　　假定框架梁拼接采用图 12-8 所示的栓焊节点[①],高强度螺栓采用 10.9 级 M22 螺栓,连接板采用 Q345B 钢。试问,下列何项说法正确?

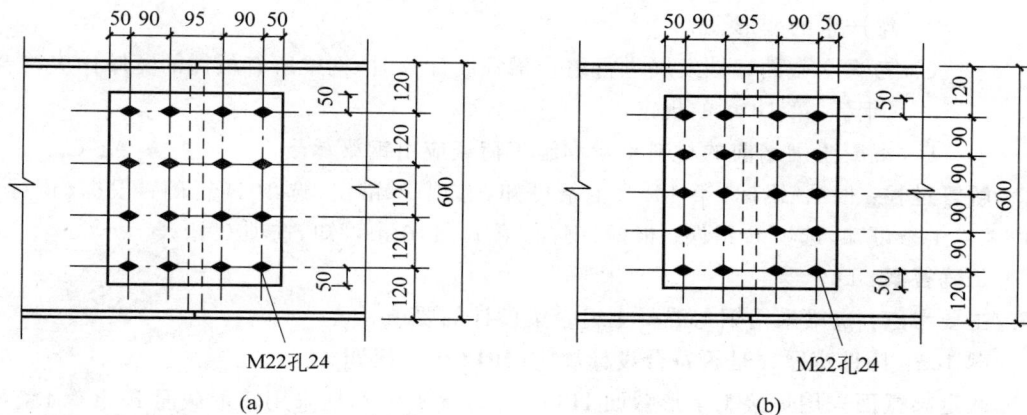

图 12-8　栓焊节点

　　A. 图(a)图(b)均符合螺栓孔距设计要求

　　B. 图(a)图(b)均不符合螺栓孔距设计要求

　　C. 图(a)符合螺栓孔距设计要求

　　D. 图(b)符合螺栓孔距设计要求

　　解答过程:根据《钢标》表 11.5.2,螺栓中距的最小容许距离 $3d_0 = 3 \times 24 = 72$mm;中距的最大容许距离

$$\min(8d_0, 12t) = \min(8 \times 24\text{mm}, 12 \times 8\text{mm}) = 96\text{mm}$$

此处的 8mm 是梁腹板处连接板的厚度;则知图 12-8(a)不符合螺栓孔距设计要求。

最小容许端距

$$2d_0 = 2 \times 24\text{mm} = 48\text{mm}$$

最小容许边距

$$1.5d_0 = 1.5 \times 24\text{mm} = 36\text{mm}$$

最大容许间距

$$\min(4d_0, 8t) = \min(4 \times 24\text{mm}, 8 \times 8\text{mm}) = 64\text{mm}$$

由以上分析可知图 12-8(b)满足构造要求。

────────────

①　按照节点板厚度为 8mm 解答。

正确答案：D

审题要点：①框架梁截面采用轧制型钢 H600×200×11×17；②图 12-8。

主要考点：螺栓孔距的构造要求。

题 164：**次梁采用钢与混凝土组合梁设计，施工时钢梁下不设临时支撑的说法（2014年一级题 26）**

假定次梁采用钢与混凝土组合梁设计，施工时钢梁下不设临时支撑。试问，下列何项说法正确？

  A. 混凝土硬结前的材料重量和施工荷载应与后续荷载累加由钢与混凝土组合梁共同承受

  B. 钢与混凝土使用阶段的挠度按下列原则计算：按荷载的标准组合计算组合梁产生的变形

  C. 考虑全截面塑性发展进行组合梁强度计算时，钢梁所有板件的宽厚比应符合《钢标》第 10 章的规定

  D. 混凝土硬结前的材料重量和施工荷载应由钢梁承受

解答过程：根据《钢标》第 14.1.4 条可知，选项 A 错误，选项 D 正确；根据《钢标》第 14.4.1 条可知，选项 B 错误；根据《钢标》第 14.1.6 条可知，选项 C 错误。

正确答案：D

主要考点：次梁采用钢与混凝土组合梁设计的要求。

题 165：**构件宽厚比是否符合设计规定（2014 年一级题 27）**

假定梁截面采用焊接工字形截面 H600×200×8×12，柱采用箱形截面 B450×450×20，试问，下列何项说法正确？

提示：不考虑梁轴压比。

  A. 框架梁柱截面板件宽厚比均符合设计规定

  B. 框架梁柱截面板件宽厚比均不符合设计规定

  C. 框架梁截面板件宽厚比不符合设计规定

  D. 框架柱截面板件宽厚比不符合设计规定

解答过程：根据大题干中"某 4 层钢结构商业建筑"和图 12-7 知，建筑面积为 42m×42m×4＝7056m²，根据《建筑工程抗震设防分类标准》（GB 50223—2008，《分类标准》）第 6.0.5 条，抗震设防类别属于丙类。

由题干中"房屋高度 20m，抗震设防烈度为 8 度"，根据《抗规》表 8.1.3，可知框架抗震等级为三级。

根据《抗规》表 8.3.2 及注 1，对于框架梁

$$\frac{b}{t} = \frac{\dfrac{200\text{mm} - 8\text{mm}}{2}}{12\text{mm}} = 8 < 10\sqrt{\frac{235}{f_{ay}}} = 10 \times \sqrt{\frac{235\text{N/mm}^2}{345\text{N/mm}^2}} = 8.25$$

满足《抗规》要求。

$$\frac{h_0}{t_w} = \frac{600\text{mm} - 2 \times 12\text{mm}}{8\text{mm}} = 72 > 70\sqrt{\frac{235}{f_{ay}}} = 70 \times \sqrt{\frac{235\text{N/mm}^2}{345\text{N/mm}^2}} = 57.77$$

不满足《抗规》要求。

对于框架柱

$$\frac{b}{t} = \frac{450\text{mm} - 2 \times 20\text{mm}}{20\text{mm}} = 20.5 < 38\sqrt{\frac{235}{f_{ay}}} = 38 \times \sqrt{\frac{235\text{N}/\text{mm}^2}{345\text{N}/\text{mm}^2}} = 31.36$$

满足《抗规》要求。

正确答案：C

审题要点：①假定；②提示。

主要考点：①抗震设防烈度、框架抗震等级的确定；②框架梁截面板件宽厚比的构造要求；③框架柱截面板件宽厚比的构造要求。

题 166：仅考虑结构经济性时，柱的截面最为合理（2014 年一级题 28）

假定①轴和⑥轴设置柱间支撑。试问，当仅考虑结构经济性时，柱采用下列何种截面最为合理？

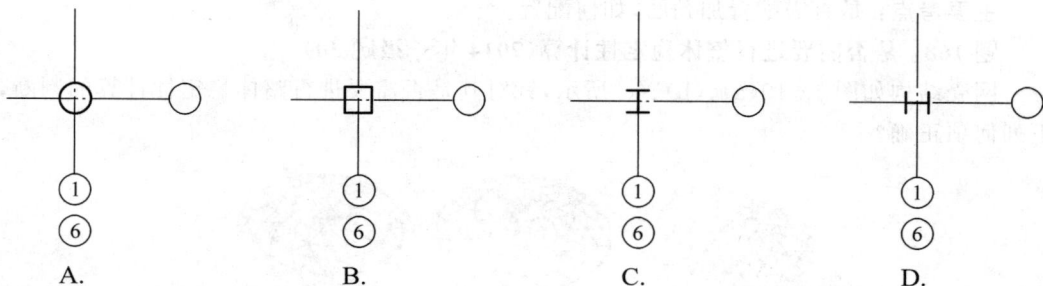

解答过程：柱采用等稳定性设计时，截面最为合理。

x 轴：为有侧移框架，其计算长度系数均大于 1，且框架弯矩较大；y 轴：①和⑥轴设有支撑，可按无侧移框架设计，其计算长度系数均小于 1，并且水平力由支撑承担，柱的弯矩较小。由此可以判断无须采用圆形或方形截面，排除选项 A、B。

柱应采用具有强、弱轴的截面，并将柱的强轴用于 x 方向，弱轴用于 y 方向（支撑平面内）。根据上述分析可知，选项 D 最为合理。

正确答案：D

审题要点：①设置柱间支撑；②仅考虑结构经济性。

主要考点：等稳定性设计要求。

题 167：符合《钢标》第 6.3.1 条的设计规定时，何项最为合理（2014 年一级题 29）

假定某承受静力荷载作用且无局部压应力的两端铰接钢结构次梁，腹板仅配置支撑加劲肋，材料采用 Q235 钢，截面如图 12-9 所示。试问，当符合《钢标》第 6.3.1 条的设计规定时，下列说法何项最为合理？

提示："合理"指结构造价最低。

　A. 应加厚腹板

　B. 应配置横向加劲肋

　C. 应配置横向及纵向加劲肋

　D. 无须增加额外措施

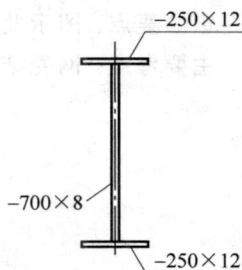

图 12-9　工字形截面

解答过程：根据题干中"材料采用 Q235 钢"，由《钢标》表 3.5.1 注 1，得钢号修正系数

$$\varepsilon_k = \sqrt{\frac{235}{f_y}} = \sqrt{\frac{235\mathrm{N/mm}^2}{235\mathrm{N/mm}^2}} = 1$$

根据题干中"承受静力荷载作用且无局部压应力的两端铰接钢结构次梁，腹板仅配置支撑加劲肋"，可考虑屈曲强度，腹板板件高厚比

$$80\varepsilon_k = 80 \times 1 = 80 < \frac{h_0}{t_w} = \frac{700\mathrm{mm}}{8\mathrm{mm}} = 87.5 < 170\varepsilon_k = 170 \times 1 = 170$$

根据《钢标》第 6.3.1 条及第 6.3.2 条可知，无须增加额外措施。

正确答案：D

审题要点：①承受静力荷载作用且无局部压应力的两端铰接钢结构次梁；②当符合《钢标》第 6.3.1 条的设计规定时。

主要考点：是否需配置加劲肋，如何配置。

题 168：是否需要进行整体稳定性计算（2014 年一级题 30）

网壳结构如图 12-10(a)、(b)、(c)所示，针对其是否需要进行整体稳定性计算的判断，下列何项正确？

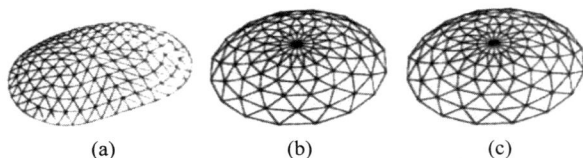

图 12-10　网壳结构

(a) 单层网壳，跨度 30m 椭圆底面网格；(b) 双层网壳，跨度 50m、高度 0.9m 葵花形三向网格；

(c) 双层网壳，跨度 60m、高度 1.5m 葵花形三向网格

　　A.（a）、(b)需要；(c)不需要　　　　　B.（a）、(c)需要；(b)不需要

　　C.（b）、(c)需要；(a)不需要　　　　　D.（c)需要；(a)、(b)不需要

解答过程：根据《空间网格结构技术规程》(JGJ 7—2010,《网格规》)第 4.3.1 条，单层网壳和厚度小于跨度 1/50 的双层网壳应进行整体稳定验算，结构(a)为单层网壳；结构(b),0.9m<50m/50=1m；结构(c),1.5m>60m/50=1.2m。因此,(a)和(b)需要验算,(c)不需要。

正确答案：A

审题要点：图示及图下说明。

主要考点：网壳结构是否需要进行整体稳定性计算的判断。

第13章　2016年钢结构

题169~题175：某冷轧车间单层钢结构主厂房,设有两台起重量为25t的重级工作制(A6)软钩吊车。吊车梁系统布置如图13-1所示,吊车梁钢材为Q345钢。

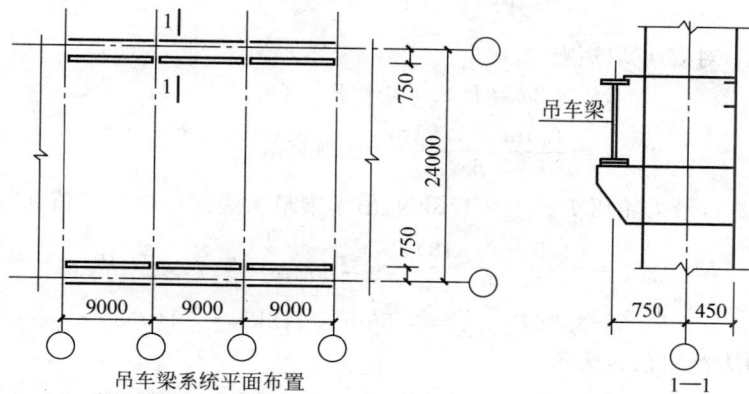

图13-1　吊车梁系统布置

题169：钢材选用(2016年一级题17)

假定非采暖车间的最低日平均室外计算温度为-7.2℃。试问,焊接吊车梁钢材选用下列何种质量等级最为经济?

提示：最低日平均室外计算温度为吊车梁工作温度。

A. Q345A　　　　B. Q345B　　　　C. Q345C　　　　D. Q345D

解答过程：根据《钢标》第4.3.3条第2款2)可知,重级工作制(A6)软钩吊车需验算疲劳,最低日平均室外计算温度为-7.2℃,高于-20℃、低于0℃,Q345钢应选用具有0℃冲击韧性的钢材,即质量等级为C级。

正确答案：C

审题要点：①吊车梁钢材为Q345钢;②非采暖车间,最低日平均室外计算温度为-7.2℃;③提示。

主要考点：在规定温度下钢材质量等级的选取。

题170：吊车梁某处竖向弯矩标准值最大值、剪力绝对值较大值(2016年一级题18)

吊车资料见表13-1,试问,仅考虑最大轮压作用时,吊车梁C点处(图13-2)竖向弯矩标准值(kN·m)及相应较大剪力标准值(kN,剪力绝对值较大值),与下列何项数值较为接近?

表13-1　吊车资料

吊车起重量Q/t	吊车跨度L_k/m	台数	工作制	吊车类别	吊车简图	最大轮压$P_{k,max}$/kN	小车重g/t	吊车总重G/t	轨道型号
25	22.5	2	重级	软钩	参见图13-2	178	9.7	21.49	38kg/m

A. 430,35　　　　　B. 430,140　　　　　C. 635,60　　　　　D. 635,120

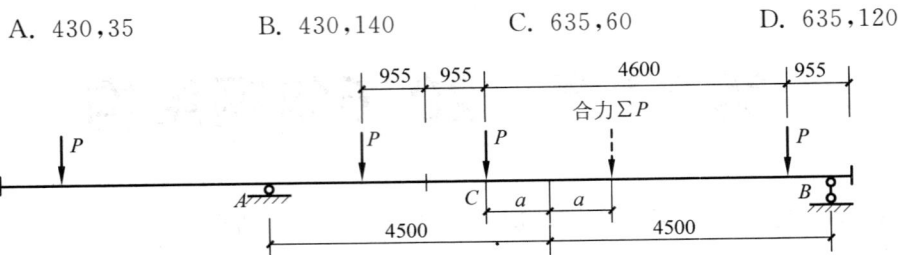

图 13-2　吊车梁计算简图

解答过程：对 C 点取矩有

$$3P \times 2a = P \times 4.6 - P \times (0.955 \times 2)$$

$$a = \frac{4.6\text{m} - 1.91\text{m}}{6} = 0.448\text{m}$$

根据表 13-1，最大轮压 $P_{k,max} = 178\text{kN}$，吊车梁最大竖向弯矩标准值（C 点处）

$$M_{Ck,max} = \frac{(4.5 - 0.448)^2}{9} \times 3P_{k,max} - 2 \times 0.955 P_{k,max}$$

$$= 3.56 P_{k,max} = 3.56\text{m} \times 178\text{kN} = 634\text{kN} \cdot \text{m}$$

C 点的剪力绝对值较大值

$$V_{Ck,max} = \frac{4.5 + 0.448}{9} \times 3P_{k,max} - P_{k,max}$$

$$= 0.65 P_{k,max} = 0.65 \times 178\text{kN} = 116\text{kN}$$

正确答案：D

审题要点：①吊车资料见表 13-1；②图 13-2。

主要考点：①吊车梁最大竖向弯矩标准值；②指定位置的剪力绝对值较大值。

题 171：吊车梁抗弯强度的计算值（2016 年一级题 19）

吊车梁截面见图 13-3，截面几何特性见表 13-2。假定吊车梁最大竖向弯矩设计值为 1200kN·m，相应水平向弯矩设计值为 100kN·m。试问，在计算吊车梁抗弯强度时，其计算值（N/mm^2）与下列何项数值较为接近？

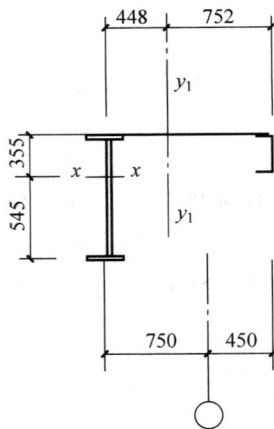

图 13-3　吊车梁截面

表 13-2　截面几何特性

吊车梁对 x 轴 毛截面模量/mm³		吊车梁对 x 轴 净截面模量/mm³		吊车梁对 y_1 轴 净截面模量/mm³
$W_x^{上}$	$W_x^{下}$	$W_{nx}^{上}$	$W_{nx}^{下}$	$W_{ny_1}^{左}$
8202×10^3	5362×10^3	8085×10^3	5266×10^3	6866×10^3

　　A. 150　　　　　　　B. 165　　　　　　　C. 230　　　　　　D. 240

解答过程：

　　根据《钢标》第 6.1.2 条第 3 款,重级工作制吊车应考虑疲劳。取截面塑性发展系数 $\gamma_x = 1.0$, $\gamma_y = 1.0$。

　　根据《钢标》式(6.1.1),对于上翼缘,最大弯曲应力设计值

$$\frac{M_x}{\gamma_x W_{nx}^{上}} + \frac{M_y}{\gamma_y W_{ny_1}^{左}} = \frac{1200 \times 10^6 \text{N} \cdot \text{mm}}{1.0 \times 8085 \times 10^3 \text{mm}^3} + \frac{100 \times 10^6 \text{N} \cdot \text{mm}}{1.0 \times 6866 \times 10^3 \text{mm}^3}$$

$$= 163 \text{N/mm}^2$$

对于下翼缘,最大弯曲应力设计值

$$\frac{M_x}{\gamma_x W_{nx}^{下}} = \frac{1200 \times 10^6 \text{N} \cdot \text{mm}}{1.0 \times 5266 \times 10^3 \text{mm}^3} = 227.9 \text{N/mm}^2$$

二者取较大值。

正确答案：C

审题要点：①截面几何特性见表 13-2;②相应水平向弯矩设计值。

主要考点：①受弯构件进行强度计算时采用净截面参数;②截面塑性发展系数的查取;③非对称截面模量的取用。

题 172：吊车梁腹板采用何种措施最为合理(2016 年一级题 20)

　　假定吊车梁腹板采用－900×10 截面。试问,采用下列何种措施最为合理?

　　　　A. 设置横向加劲肋,并计算腹板的稳定性

　　　　B. 设置纵向加劲肋

　　　　C. 加大腹板厚度

　　　　D. 可考虑腹板屈曲后强度,按《钢标》第 6.4 节的规定计算抗弯和抗剪承载力

　　解答过程：根据大题干中"吊车梁钢材为 Q345 钢",由《钢标》表 3.5.1 注 1,得钢号修正系数

$$\varepsilon_k = \sqrt{\frac{235}{f_y}} = \sqrt{\frac{235 \text{N/mm}^2}{345 \text{N/mm}^2}} = 0.825$$

　　根据《钢标》第 6.3.2 条,腹板板件高厚比

$$80\varepsilon_k = 80 \times 0.825 = 66 < \frac{h_0}{t_w} = \frac{900 \text{mm}}{10 \text{mm}} = 90 < 170\varepsilon_k = 170 \times 0.825 = 140$$

因此应设横向加劲肋,可不设纵向加劲肋。

　　根据《钢标》第 6.3.1 条,应进行腹板局部稳定验算,吊车梁直接承受动力荷载不考虑利用腹板屈曲后强度。

正确答案：A

审题要点：吊车梁腹板采用－900×10 截面。

主要考点：①吊车梁设置加劲肋,优先考虑设置横向加劲肋,其次是纵向加劲肋,再次是短加劲肋;②吊车梁承受动力荷载不考虑利用腹板屈曲后强度。

题 173：屋面支撑采用何种截面最为合理（2016 年一级题 21）

假定厂房位于 8 度区,采用轻屋面,屋面支撑布置见图 13-4,支撑采用 Q235 钢。试问,屋面支撑采用下列何种截面最为合理(满足规范要求且用钢量最低)?

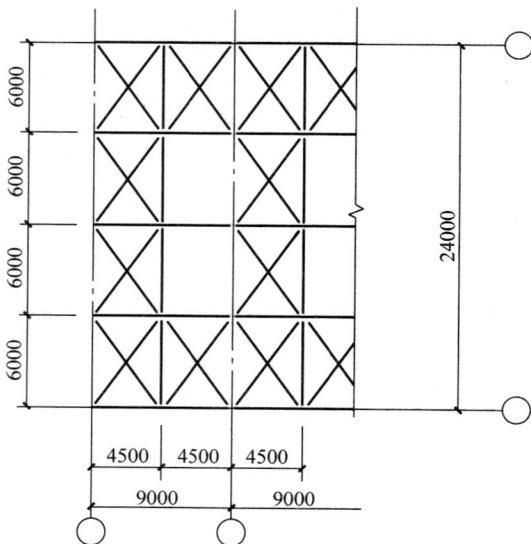

图 13-4　屋面支承布置

各支撑截面特性见表 13-3。

表 13-3　各支撑截面特性

截面	回转半径 i_x/mm	回转半径 i_y/mm	回转半径 i_v/mm
∟70×5	21.6	21.6	13.9
∟110×7	34.1	34.1	22.0
2∟63×5	19.4	28.2	—
2∟90×6	27.9	39.1	—

A. ∟70×5　　　　B. ∟110×7

C. 2∟63×5　　　　D. 2∟90×6

解答过程：支撑长度

$$l_{br} = \sqrt{(4500\text{mm})^2 + (6000\text{mm})^2} = 7500\text{mm}$$

根据《抗规》第 9.2.9 条第 2 款,屋面支撑交叉斜杆可按照拉杆设计,则根据《钢标》表 7.4.7,取有重级工作制吊车的厂房屋面支撑的允许长细比为 350。

根据《钢标》第 7.4.2 条第 2 款,平面外拉杆计算长度为 $l_{br} = 7500\text{mm}$。单角钢斜平面计算长度为

$$0.5l_{br}=0.5\times7500mm=3750mm$$

如果拟采用等边单角钢,则构造要求的最小回转半径:

$$平面外\ i_y=\frac{l_{br}}{[\lambda]}=\frac{7500mm}{350}=21.4mm$$

$$斜平面\ i_v=\frac{0.5l_{br}}{[\lambda]}=\frac{3750mm}{350}=10.7mm$$

选项 A:∟70×5 符合要求。

注:进行此类题目的解答时,需根据选项来设定解答方向。

正确答案:A

审题要点:①满足规范要求且用钢量最低;②表 13-3。

主要考点:①单角钢支撑杆件计算长度的确定;②长细比限值的查取。

题 174:柱间支撑与节点板最小连接焊缝长度(2016 年一级题 22)

假定厂房位于 8 度区,支撑采用 Q235 钢,吊车肢下柱柱间支撑采用 2∟90×6,截面面积 $A=2128mm^2$。试问,根据《抗规》的规定,图 13-5 所示柱间支撑与节点板最小连接焊缝长度 l(mm)与下列何项数值较为接近?

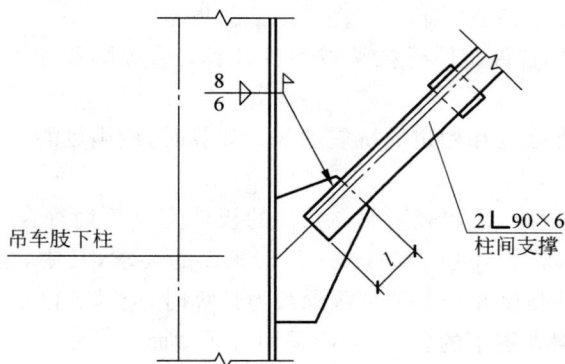

图 13-5 柱间支撑局部

提示:①焊条采用 E43 型,焊接时采用绕焊,即焊缝计算长度可取标示尺寸。②不考虑焊缝强度折减;角焊缝极限强度 $f_u^f=240N/mm^2$。③肢背处内力按总内力的 70% 计算。

　　A. 90　　　　　　　B. 135　　　　　　　C. 160　　　　　　　D. 235

解答过程:根据《抗规》第 9.2.11 条第 4 款,柱间支撑与构件的连接不应小于支撑杆件塑性承载力的 1.2 倍。

支撑杆件塑性受拉承载力

$$N_p=Af_y=2128mm^2\times235N/mm^2=500.08\times10^3N=500.08kN$$

根据图 13-5,支撑有侧面角焊缝,肢背焊缝焊脚尺寸 $h_{f1}=8mm$,肢尖焊缝焊脚尺寸 $h_{f2}=6mm$。

肢背焊缝计算长度

$$l_1=\frac{0.7\times1.2N_p}{2\times0.7h_{f1}f_u^f}=\frac{0.7\times1.2\times500.08\times10^3N}{2\times0.7\times8mm\times240N/mm^2}=156.3mm$$

肢尖焊缝计算长度

$$l_2 = \frac{0.3 \times 1.2N_p}{2 \times 0.7h_{f2}f_u^f} = \frac{0.3 \times 1.2 \times 500.08 \times 10^3 \, \text{N}}{2 \times 0.7 \times 6\text{mm} \times 240\text{N/mm}^2} = 89.3\text{mm}$$

根据提示①,取以上两条焊缝计算长度的较大值

$$l' = \max(l_1, l_2) = 156.3\text{mm}$$

正确答案: C

解答流程: 柱间支撑与节点板最小连接焊缝长度的计算流程见流程图 13-1。

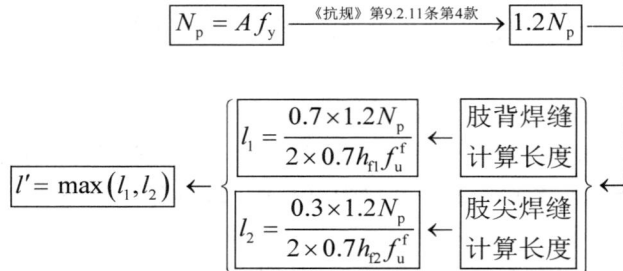

流程图 13-1　柱间支撑与节点板最小连接焊缝长度

审题要点: ①厂房位于 8 度区;②图 13-5;③提示。

主要考点: ①支撑杆件塑性受拉承载力的计算;②焊脚尺寸不同时,角钢角焊缝长度的确定。

题 175:进行构件强度和稳定的抗震承载力计算时,应满足的地震作用要求(2016 年一级题 23)

假定厂房位于 8 度区,采用轻屋面,梁、柱的板件宽厚比均符合《钢标》弹性设计阶段的板件宽厚比限值要求,但不符合《抗规》表 8.3.2 的要求,其中,梁翼缘板件宽厚比为 13。试问,在进行构件强度和稳定的抗震承载力计算时,应满足以下何项地震作用要求?

　　A. 满足多遇地震下的要求,但应采用有效截面

　　B. 满足多遇地震下的要求

　　C. 满足 1.5 倍多遇地震下的要求

　　D. 满足 2 倍多遇地震下的要求

解答过程: 根据《抗规》第 9.2.14 条及条文说明,当构造为 C 类时,应满足 2 倍多遇地震下的要求,故选 D。

正确答案: D

审题要点: ①厂房位于 8 度区;②不符合《抗规》表 8.3.2 的要求;③梁翼缘板件宽厚比为 13。

主要考点: 单层工业厂房的高承载力低延性设计。

题 176～题 182: 某 9 层钢结构办公建筑,房屋高度 $H = 34.9\text{m}$,抗震设防烈度为 8 度,布置如图 13-6 所示,所有连接均采用刚接。支撑框架为强支撑框架,各层均满足刚性平面假定。框架梁柱采用 Q345 钢。框架梁采用焊接截面,除跨度为 10m 的框架梁截面采用 H700×200×12×22 外,其他框架梁截面均采用 H500×200×12×16,柱采用焊接箱形截面 B500×22。梁柱截面特性见表 13-4。

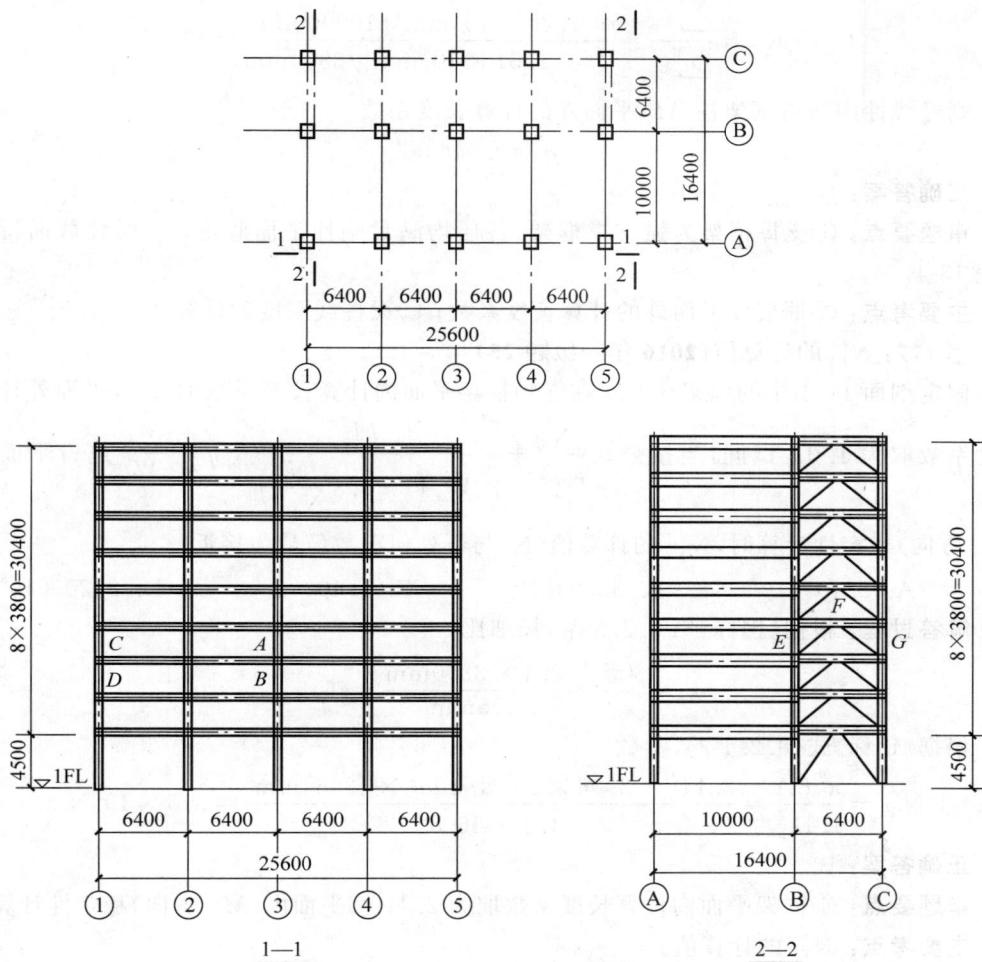

图 13-6　钢结构办公建筑布置

表 13-4　梁柱截面特性

截　　　面	面积 A/mm^2	惯性矩 I_x/mm^4	回转半径 i_x/mm	弹性截面模量 W_x/mm^3	塑性截面模量 $W_{\mathrm{p}x}/\mathrm{mm}^3$
H500×200×12×16	12016	$4.77×10^8$	199	$1.91×10^6$	$2.21×10^6$
H700×200×12×22	16672	$1.29×10^9$	279	$3.70×10^6$	$4.27×10^6$
B500×22	42064	$1.61×10^9$	195	$6.42×10^6$	

题 176：框架柱平面外的计算长度系数（2016 年一级题 24）

试问，当按剖面 1—1（Ⓐ轴框架）计算稳定性时，框架柱 AB 平面外的计算长度系数，与下列何项数值最为接近？

　　A. 0.89　　　　　　B. 0.95　　　　　　C. 1.80　　　　　　D. 2.59

解答过程：根据大题干中"支撑框架为强支撑框架，各层均满足刚性平面假定"，则平面外为无侧移框架。

根据《钢标》附录表 E.0.1，有

$$K_1 = K_2 = \frac{\sum i_b}{\sum i_c} = \frac{1.29 \times 10^9 \, \text{mm}^4 / 10000 \, \text{mm}}{2 \times (1.61 \times 10^9 \, \text{mm}^4 / 3800 \, \text{mm})} = 0.15$$

则经线性内插得框架柱 AB 平面外的计算长度系数

$$\mu = 0.946$$

正确答案： B

审题要点： ①支撑框架为强支撑框架，各层均满足刚性平面假定；②梁柱截面特性见表 13-4。

主要考点： ①框架柱平面外的计算长度系数；②梁柱线刚度的计算。

题 177：N'_{Ex} 的计算值（2016 年一级题 25）

假定剖面 1—1 中的框架柱 CD 在 Ⓐ 轴框架平面内计算长度系数取 2.4，平面外计算长度系数取为 1.0。试问，当按公式 $\dfrac{N}{\varphi_x A} + \dfrac{\beta_{mx} M_x}{\gamma_x W_x \left(1 - 0.8 \dfrac{N}{N'_{Ex}}\right)} + \eta \dfrac{\beta_{ty} M_y}{\varphi_{by} W_y}$ 进行平面内（M_x 方向）稳定性计算时，N'_{Ex} 的计算值（N）与下列何项数值最为接近？

  A. 2.40×10^7 B. 3.50×10^7 C. 1.40×10^8 D. 2.20×10^8

解答过程： 根据《钢标》第 8.2.5 条，长细比

$$\lambda_x = \frac{l_{0x}}{i_x} = \frac{2.4 \times 3800 \, \text{mm}}{195 \, \text{mm}} = 46.8$$

根据《钢标》式（8.2.1-2），参数

$$N'_{Ex} = \frac{\pi^2 EA}{1.1 \lambda_x^2} = \frac{3.14^2 \times 2.06 \times 10^5 \, \text{N/mm}^2 \times 42064 \, \text{mm}^2}{1.1 \times 46.8^2} = 3.5 \times 10^7 \, \text{N}$$

正确答案： B

审题要点： ①框架平面内计算长度系数取为 2.4；②平面内（M_x 方向）稳定性计算。

主要考点： N'_{Ex} 的计算值。

题 178：验算梁柱节点域屈服承载力时，剪应力计算值（2016 年一级题 26）

假定地震作用下图 13-6 剖面 1—1 中 B 处框架梁 H500×200×12×16 弯矩设计值最大值为 $M_{x,左} = M_{x,右} = 163.9 \, \text{kN} \cdot \text{m}$。试问，当按公式 $\psi(M_{pb1} + M_{pb2})/V_p \leqslant \dfrac{4}{3} f_{yv}$ 验算梁柱节点域屈服承载力时，剪应力 $\psi(M_{pb1} + M_{pb2})/V_p$ 计算值（N/mm^2）与下列何项数值最为接近？

  A. 36   B. 80   C. 100   D. 165

解答过程： 根据《抗规》表 8.1.3，可知本建筑物抗震等级为三级，故取 $\psi = 0.6$。

全塑性受弯承载力

$$M_{pb1} = M_{pb2} = W_{px} f_{py} = 2.21 \times 10^6 \, \text{mm}^3 \times 345 \, \text{N/mm}^2 = 7.62 \times 10^8 \, \text{N} \cdot \text{mm}$$

根据《抗规》式（8.2.5-5），节点域的体积

$$V_p = 1.8 h_{b1} h_{c1} t_w$$

$$= 1.8 \times \left(500 \, \text{mm} - 2 \times \frac{16 \, \text{mm}}{2}\right) \times \left(500 \, \text{mm} - 2 \times \frac{22 \, \text{mm}}{2}\right) \times 22 \, \text{mm}$$

$$= 9161539.2 \, \text{mm}^3$$

根据《抗规》式(8.2.5-3),剪应力

$$\tau = \psi(M_{pb1} + M_{pb2})/V_p = \frac{0.6 \times 2 \times 7.62 \times 10^8 \text{N} \cdot \text{mm}}{9161539.2 \text{mm}^3} = 99.8 \text{N/mm}^2$$

正确答案：C

解答流程：验算梁柱节点域屈服承载力时,剪应力计算值计算流程见流程图 13-2。

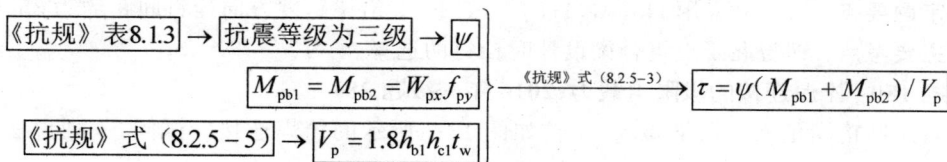

流程图 13-2　验算梁柱节点域屈服承载力时,剪应力计算值

审题要点：①房屋高度 $H = 34.9$m,抗震设防烈度为 8 度；②剪应力 $\psi(M_{pb1} + M_{pb2})/V_p$ 计算值。

主要考点：①抗震等级的确定；②节点域的体积的计算；③梁柱节点域剪应力的计算。

题 179：栓钉设计(2016 年一级题 27)

假定次梁采用 H350×175×7×11,底模采用压型钢板,$h_e = 76$mm,混凝土楼板总厚为 130mm,采用钢与混凝土组合梁设计,沿梁跨度方向栓钉间距约为 350mm。试问,栓钉应选用下列何项？

　　A. 采用 $d = 13$mm 栓钉,栓钉总高度 100mm,垂直于梁轴线方向间距 $a = 90$mm

　　B. 采用 $d = 16$mm 栓钉,栓钉总高度 110mm,垂直于梁轴线方向间距 $a = 90$mm

　　C. 采用 $d = 16$mm 栓钉,栓钉总高度 115mm,垂直于梁轴线方向间距 $a = 125$mm

　　D. 采用 $d = 19$mm 栓钉,栓钉总高度 120mm,垂直于梁轴线方向间距 $a = 125$mm

解答过程：根据《钢标》第 14.7.4 条第 2 款,栓钉应满足：

$$\frac{梁上翼缘宽度 - 栓钉横向间距 - 栓钉直径}{2} = \frac{175 - a - d}{2} \geqslant 20\text{mm}$$

选项 A：$\frac{175 - a - d}{2} = \frac{175\text{mm} - 90\text{mm} - 13\text{mm}}{2} = 36\text{mm} > 20\text{mm}$,符合《钢标》要求。

选项 B：$\frac{175 - a - d}{2} = \frac{175\text{mm} - 90\text{mm} - 16\text{mm}}{2} = 34.5\text{mm} > 20\text{mm}$,符合《钢标》要求。

选项 C：$\frac{175 - a - d}{2} = \frac{175\text{mm} - 125\text{mm} - 16\text{mm}}{2} = 17\text{mm} < 20\text{mm}$,不符合《钢标》要求。

选项 D：$\frac{175 - a - d}{2} = \frac{175\text{mm} - 125\text{mm} - 19\text{mm}}{2} = 15.5\text{mm} < 20\text{mm}$,不符合《钢标》要求。

根据《钢标》第 14.7.5 条第 2 款,栓钉应满足：

栓钉长度大于 $4d$,选项 A、B 均符合《钢标》要求。

根据《钢标》第 14.7.5 条第 3 款,垂直于梁轴线方向间距 a 不应小于其杆径的 4 倍,

选项 A、B 均符合《钢标》要求。

根据《钢标》第 14.7.5 条第 4 款,栓钉直径小于 19mm,栓钉高度 $h_e + 30mm = 76mm + 30mm = 106mm < h_d$。

综上所述,只有选项 B 符合《钢标》要求。

正确答案:B

审题要点: ①次梁采用 H350×175×7×11;②沿梁跨度方向栓钉间距约为 350mm。

主要考点: 钢与混凝土组合梁设计时栓钉的选择。

题 180:栓焊连接的极限承载力(2016 年一级题 28)

假定结构满足强柱弱梁要求,比较如图 13-7 所示的栓焊连接。试问,下列说法何项正确?

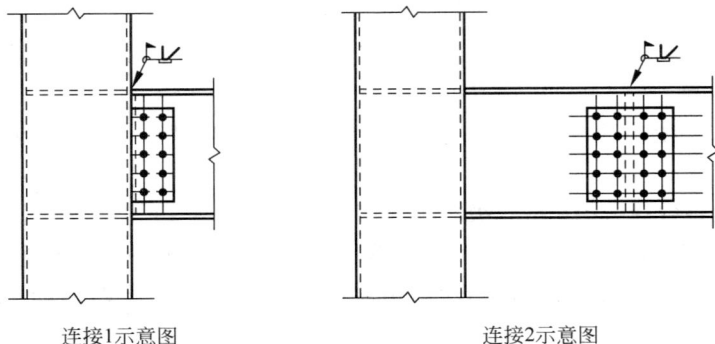

连接1示意图　　　　　　连接2示意图

图 13-7　栓焊连接

　　A. 满足规范最低设计要求时,连接 1 比连接 2 极限承载力要求高

　　B. 满足规范最低设计要求时,连接 1 比连接 2 极限承载力要求低

　　C. 满足规范最低设计要求时,连接 1 与连接 2 极限承载力要求相同

　　D. 梁柱连接按内力计算,与承载力无关

解答过程: 根据《抗规》第 8.2.8 条,连接 1 按照《抗规》式(8.2.8-1)和式(8.2.8-2)计算,连接 2 按照《抗规》式(8.2.8-4)计算;连接系数查《抗规》表 8.2.8 注 3,知连接 1 比连接 2 极限承载力要求高。

正确答案:A

审题要点: ①图 13-7 所示的栓焊连接;②连接的极限承载力要求高。

主要考点: 连接的极限承载力的连接系数。

题 181:计算不平衡力时,受压支撑提供的竖向力计算值(2016 年一级题 29)

假定支撑均采用 Q235 钢,截面采用 P299×10 焊接钢管,截面面积为 9079mm²,回转半径为 102mm。当框架梁 EG(图 13-6)按不计入支撑支点作用的梁,验算重力荷载和支撑屈曲时不平衡力作用下的承载力。试问,计算此不平衡力时,受压支撑提供的竖向力计算值(kN),与下列何项最为接近?

　　A. 430　　　　　　　B. 550　　　　　　　C. 1400　　　　　　　D. 1650

解答过程: 支撑长度

$$\sqrt{(3200mm)^2 + (3800mm)^2} = 4968mm$$

长细比

$$\lambda = \frac{l_0}{i} = \frac{4968\text{mm}}{102\text{mm}} = 49$$

根据《钢标》表 7.2.1-1,可知焊接钢管为 b 类截面,根据《钢标》附录表 D.0.2,可知稳定系数 $\varphi = 0.861$。

根据《抗规》第 8.2.6 条第 2 款,

$$0.3\varphi fA = 0.3 \times 0.864 \times 235\text{N/mm}^2 \times 9079\text{mm}^2 = 553 \times 10^3\text{N} = 553\text{kN}$$

受压支撑提供的竖向力

$$0.3\varphi fA \times \frac{3800}{4968} = 553\text{kN} \times \frac{3800\text{mm}}{4968\text{mm}} = 423\text{kN}$$

正确答案:A

解答流程:受压支撑提供的竖向力计算值计算流程见流程图 13-3。

$$\boxed{\lambda = \frac{l_0}{i}} \xrightarrow{\text{《钢标》表7.2.1-1}} \boxed{\text{截面属于b类}} \xrightarrow{\text{《钢标》附录表D.0.2}} \boxed{\varphi} \xrightarrow{\text{《抗规》第8.2.6条第2款}} \boxed{0.3\varphi fA}$$

流程图 13-3　受压支撑提供的竖向力计算值

审题要点:①按不计入支撑支点作用的梁;②计算此不平衡力时,受压支撑提供的竖向力计算值。

主要考点:①支撑长度计算和长细比计算;②稳定系数的查取;③计算不平衡力时,受压支撑提供的竖向力计算值。

题 182:钢梁开孔(2016 年一级题 30)

以下为关于钢梁开孔的描述:

Ⅰ. 框架梁腹板不允许开孔;Ⅱ. 距梁端相当于梁高范围的框架梁腹板不允许开孔;Ⅲ. 次梁腹板不允许开孔;Ⅳ. 所有腹板开孔的孔洞均应补强。

试问,上述说法有几项正确?

　　A. 1　　　　　　B. 2　　　　　　C. 3　　　　　　D. 4

解答过程:根据《高层民用建筑钢结构技术规程》(JGJ 99—2015,《高钢规》)第 8.5.6 条,知Ⅰ、Ⅲ、Ⅳ错误,Ⅱ正确。

正确答案:A

审题要点:钢梁开孔。

主要考点:钢梁开孔的构造要求。

第 14 章 2017 年钢结构

题 183～题 189：某商厦增建钢结构入口大堂，其屋面结构布置如图 14-1 所示，新增钢结构依附于商厦的主体结构。钢材采用 Q235B 钢，钢柱 GZ-1 和钢梁 GL-1 均采用热轧 H 型钢 H446×199×8×12 制作，其截面特性为：$A = 8297\text{mm}^2$，$I_x = 28100 \times 10^4 \text{mm}^4$，$I_y = 1580 \times 10^4 \text{mm}^4$，$i_x = 184\text{mm}$，$i_y = 43.6\text{mm}$，$W_x = 1260 \times 10^3 \text{mm}^3$，$W_y = 159 \times 10^3 \text{mm}^3$，钢柱高 15m，上、下端均为铰接，弱轴方向 5m 和 10m 处各设一道系杆 XG。

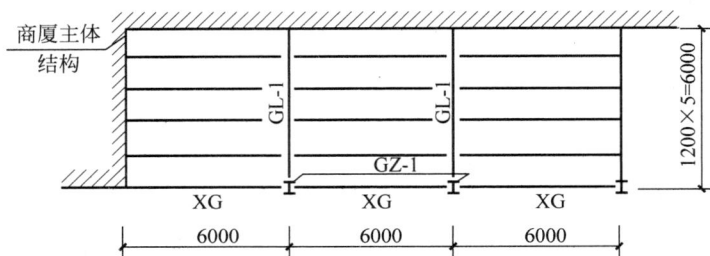

图 14-1 屋面结构布置

题 183：钢梁抗弯强度验算的弯曲应力设计值（2017 年一级题 17）

假定钢梁 GL-1 按简支梁计算，计算简图如图 14-2 所示，永久荷载设计值 $G = 55\text{kN}$，可变荷载设计值 $Q = 15\text{kN}$。试问，对钢梁 GL-1 进行抗弯强度验算时，最大弯曲应力设计值（N/mm^2），与下列何项数值最为接近？

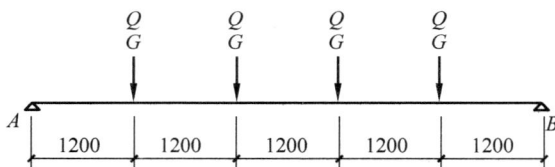

图 14-2 简支梁计算简图（1）

提示：不计钢梁自重。

A. 170   B. 180   C. 190   D. 200

解答过程：由图 14-2 荷载对称布置可知，支座 A 处的反力

$$R_A = 2(G + Q) = 2 \times (55\text{kN} + 15\text{kN}) = 140\text{kN}$$

钢梁 GL-1 按简支梁计算时，对跨中 O 点截面（图 14-3）弯矩的最大值为

$M_{\max} = 140\text{kN} \times (1.2\text{m} + 1.2\text{m} + 0.6\text{m}) - (55\text{kN} + 15\text{kN}) \times (1.2\text{m} + 0.6\text{m}) -$

     $(55\text{kN} + 15\text{kN}) \times 0.6\text{m} = 252\text{kN} \cdot \text{m}$

根据大题干中"钢材采用 Q235B 钢"，由《钢标》表 3.5.1 注 1，得钢号修正系数

$$\varepsilon_k = \sqrt{\frac{235}{f_y}} = \sqrt{\frac{235\text{N/mm}^2}{235\text{N/mm}^2}} = 1$$

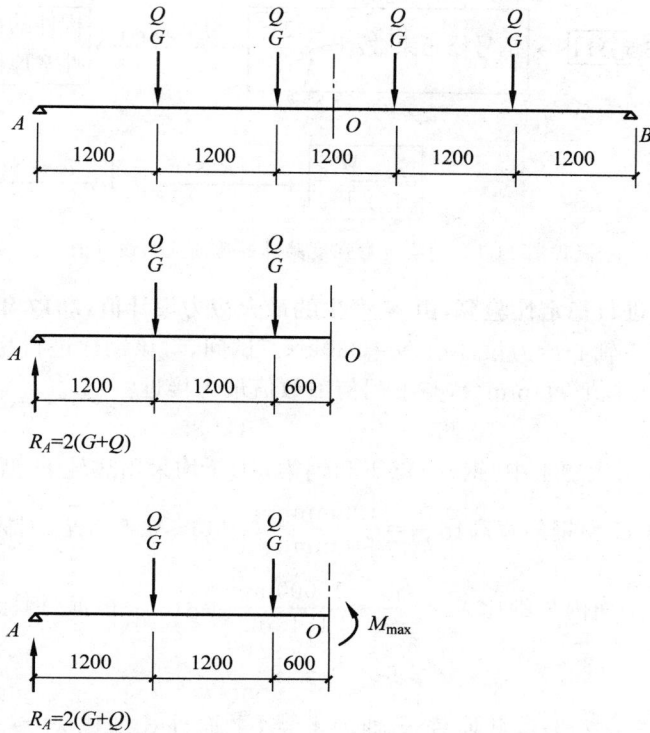

图 14-3 简支梁计算简图（2）

梁受压翼缘的自由外伸宽度与其厚度比

$$\frac{b}{t} = \frac{\dfrac{199\mathrm{mm} - 8\mathrm{mm}}{2}}{12\mathrm{mm}} = 7.96 < 9\varepsilon_k = 9$$

腹板的高厚比为

$$\frac{h_0}{t_w} = \frac{446\mathrm{mm} - 2 \times 12\mathrm{mm}}{8\mathrm{mm}} = 52.75 < 65\varepsilon_k = 65$$

根据《钢标》表 3.5.1 知，构件的截面板件宽厚比等级为 S1 级。

根据《钢标》第 6.1.2 条第 1 款，热轧 H 型钢取塑性发展系数 $\gamma_x = 1.05$；题干中并未提及钢梁 GL-1 是否有截面削弱，取 $W_{nx} = W_x = 1260 \times 10^3 \mathrm{mm}^3$。

根据《钢标》式（6.1.1），对钢梁 GL-1 进行抗弯强度验算时，最大弯曲应力设计值

$$\sigma_x = \frac{M_x}{\gamma_x W_{nx}} = \frac{252 \times 10^6 \mathrm{N \cdot mm}}{1.05 \times 1260 \times 10^3 \mathrm{mm}^3} = 190.5\mathrm{N/mm}^2$$

正确答案：C

解答流程：钢梁抗弯强度验算的弯曲应力设计值计算流程见流程图 14-1。

审题要点：①热轧 H 型钢；②截面特性；③钢梁 GL-1 按简支梁计算；④荷载设计值；⑤抗弯强度验算；⑥提示。

主要考点：①简支构件跨中弯矩的计算；②查取截面塑性发展系数；③钢梁的抗弯强度验算。

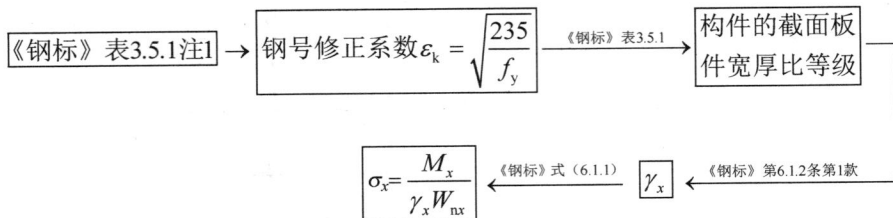

流程图 14-1　钢梁抗弯强度验算的弯曲应力设计值

题 184：钢柱进行稳定性验算，由 N 产生的最大应力设计值（2017 年一级题 18）

假定钢柱 GZ-1 轴心压力设计值 $N=330\text{kN}$。试问，对该钢柱进行稳定性验算，由 N 产生的最大应力设计值（N/mm^2），与下列何项数值最为接近？

A. 50　　　　　　B. 65　　　　　　C. 85　　　　　　D. 100

解答过程：根据大题干中"钢柱 GZ-1 和钢梁 GL-1 均采用热轧 H 型钢 H446×199×8×12 制作"，可得 H 型钢的宽高比 $\dfrac{b}{h}=\dfrac{199\text{mm}}{446\text{mm}}=0.446\leqslant 0.8$。查《钢标》表 7.2.1-1，截面绕 x 轴为 a 类，平面内长细比 $\lambda_x=\dfrac{l_{0x}}{i_x}=\dfrac{15000\text{mm}}{184\text{mm}}=81.5$；根据《钢标》附录表 D.0.1，得稳定系数 $\varphi_x=0.773$。

根据《钢标》表 7.2.1-1，截面绕 y 轴为 b 类，平面外长细比 $\lambda_y=\dfrac{l_{0y}}{i_y}=\dfrac{5000\text{mm}}{43.6\text{mm}}=114.7$；根据《钢标》附录表 D.0.2，得稳定系数 $\varphi_y=0.464$。由此可知，柱子由 y 方向截面的稳定性控制。

根据《钢标》式（7.2.1），对该钢柱进行稳定性验算，由 N 产生的最大应力设计值

$$\frac{N}{\varphi_y A}=\frac{330\times 10^3\text{N}}{0.464\times 8297\text{mm}^2}=85.7\text{N/mm}^2$$

正确答案：C

解答流程：钢柱进行稳定性验算，由 N 产生的最大应力设计值计算流程见流程图 14-2。

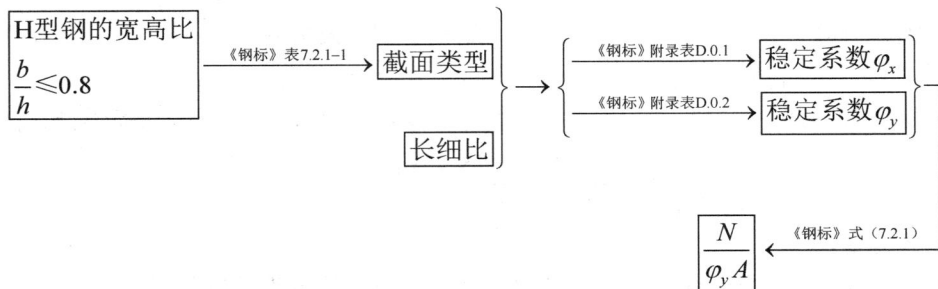

流程图 14-2　钢柱进行稳定性验算，由 N 产生的最大应力设计值

审题要点：①钢柱 GZ-1 轴心压力设计值 $N=330\text{kN}$；②对该钢柱进行稳定性验算。

主要考点：①构件主轴截面的类型判定；②稳定系数的查取；③轴心受压构件稳定

性验算。

题 185：钢柱平面内稳定性验算，仅由 M_x 产生的应力设计值（2017 年一级题 19）

假定钢柱 GZ-1 主平面内的弯矩设计值 $M_x = 88.0$ kN·m。试问，对该钢柱进行平面内稳定性验算，仅由 M_x 产生的应力设计值（N/mm²），与下列何项数值最为接近？

提示：$\dfrac{N}{N'_{Ex}} = 0.135$，$\beta_{mx} = 1.0$。

　　A. 75　　　　　　　B. 90　　　　　　　C. 105　　　　　　　D. 120

解答过程：根据大题干"钢材采用 Q235B 钢"，由《钢标》表 3.5.1 注 1，可得钢号修正系数

$$\varepsilon_k = \sqrt{\frac{235}{f_y}} = \sqrt{\frac{235\text{N/mm}^2}{235\text{N/mm}^2}} = 1$$

柱受压翼缘的自由外伸宽度与其厚度比

$$\frac{b}{t} = \frac{\dfrac{199\text{mm} - 8\text{mm}}{2}}{12\text{mm}} = 7.96 < 9\varepsilon_k = 9 \times 1 = 9$$

腹板的高厚比为

$$\frac{h_0}{t_w} = \frac{446\text{mm} - 2 \times 12\text{mm}}{8\text{mm}} = 52.75 < 65\varepsilon_k = 65$$

根据《钢标》表 3.5.1 知，构件的截面板件宽厚比等级为 S1 级。

根据《钢标》第 6.1.2 条第 1 款，取截面塑性发展系数 $\gamma_x = 1.05$，根据提示，$\beta_{mx} = 1.0$。

根据《钢标》第 8.2.1 条，可得仅由 M_x 产生的应力设计值

$$\frac{\beta_{mx} M_x}{\gamma_x W_{1x}\left(1 - 0.8\dfrac{N}{N'_{Ex}}\right)} = \frac{1.0 \times 88 \times 10^6 \text{N·mm}}{1.05 \times 1260 \times 10^3 \text{mm}^3 \times (1 - 0.8 \times 0.135)}$$

$$= 74.6\text{N/mm}^2$$

正确答案：A

审题要点：①对该钢柱进行平面内稳定性验算，仅由 M_x 产生的应力设计值；②提示。

主要考点：①受压翼缘宽厚比的计算；②查取截面塑性发展系数；③钢柱进行平面内稳定性验算。

题 186：钢柱弯矩作用平面外稳定性验算，仅由 M_x 产生的应力设计值（2017 年一级题 20）

设计条件同题 185。试问，对钢柱 GZ-1 进行弯矩作用平面外稳定性验算，仅由 M_x 产生的应力设计值（N/mm²），与下列何项数值最为接近？

提示：等效弯矩系数 $\beta_{tx} = 1.0$，截面影响系数 $\eta = 1.0$。

　　A. 70　　　　　　　B. 90　　　　　　　C. 100　　　　　　　D. 110

解答过程：根据大题干中"钢材采用 Q235B 钢"，由《钢标》表 3.5.1 注 1，可得钢号修正系数

$$\varepsilon_{\mathrm{k}} = \sqrt{\frac{235}{f_{\mathrm{y}}}} = \sqrt{\frac{235\,\mathrm{N/mm^2}}{235\,\mathrm{N/mm^2}}} = 1$$

平面外长细比

$$\lambda_y = 114.7 < 120\varepsilon_{\mathrm{k}} = 120 \times 1 = 120$$

符合《钢标》附录 C.0.5 条的要求。

根据《钢标》附录式(C.0.5-1),可得整体稳定系数

$$\varphi_{\mathrm{b}} = 1.07 - \frac{\lambda_y^2}{44000\varepsilon_{\mathrm{k}}^2} = 1.07 - \frac{115^2}{44000 \times 1^2} = 0.769 < 1.0$$

根据提示:等效弯矩系数 $\beta_{\mathrm{tx}} = 1.0$,截面影响系数 $\eta = 1.0$。

根据《钢标》式(8.2.1-3),可得构件上最大压应力设计值

$$\eta \frac{\beta_{tx} M_x}{\varphi_{\mathrm{b}} W_{1x}} = 1.0 \times \frac{1.0 \times 88 \times 10^6\,\mathrm{N \cdot mm}}{0.769 \times 1260 \times 10^3\,\mathrm{mm^3}} = 90.8\,\mathrm{N/mm^2}$$

正确答案:B

解答流程:钢柱弯矩作用平面外稳定性验算,仅由 M_x 产生的应力设计值计算流程见流程图 14-3。

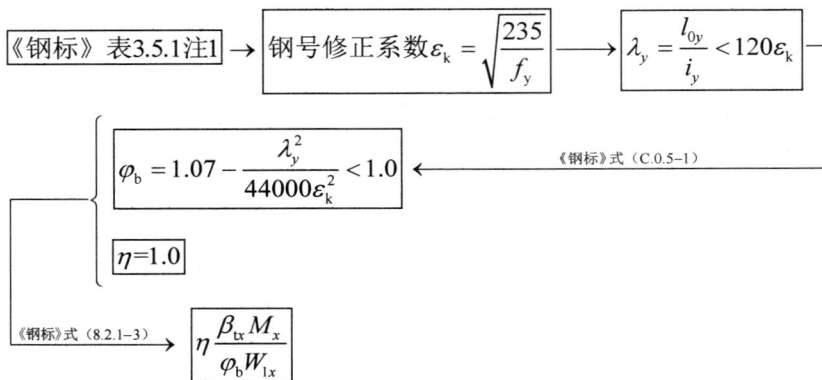

流程图 14-3　钢柱弯矩作用平面外稳定性验算,仅由 M_x 产生的应力设计值

审题要点:①设计条件同题 185;②弯矩作用平面外稳定性验算;③仅由 M_x 产生的应力设计值。

主要考点:①平面内(外)计算长度的计算;②长细比的计算;③压应力设计值;④稳定系数的计算。

题 187:系杆选用何种截面的钢管最为经济(2017 年一级题 21)

假定系杆 XG 采用钢管制作。试问,该系杆选用下列何种截面的钢管最为经济?

　　　　A. d76×5 钢管,$i = 2.52\,\mathrm{cm}$　　　　　　　B. d83×5 钢管,$i = 2.76\,\mathrm{cm}$

　　　　C. d95×5 钢管,$i = 3.19\,\mathrm{cm}$　　　　　　　D. d102×5 钢管,$i = 3.43\,\mathrm{cm}$

解答过程:根据《钢标》表 7.4.6 可知,用于减小受压构件长细比的杆件,其容许长细比 $[\lambda] = 200$。

根据图 14-1 的计算长度 $l_0 = 6000\,\mathrm{mm}$,可得所需最小回转半径

$$i_{\min} = \frac{l_0}{[\lambda]} = \frac{6000\text{mm}}{200} = 30\text{mm}$$

正确答案：C

审题要点：①系杆 XG 采用钢管；②何种截面的钢管最为经济；③图 14-1。

主要考点：①用于减小受压构件长细比的杆件的容许长细比；②准确取用构件的计算长度。

题 188：连接所需的高强度螺栓个数（2017 年一级题 22）

假定次梁和主梁连接采用 8.8 级 M16 高强度螺栓摩擦型连接，接触面抛丸（喷砂），连接节点如图 14-4 所示，考虑连接偏心的影响后，次梁剪力设计值 $V = 38.6\text{kN}$。试问，连接所需的高强度螺栓个数应为下列何项数值？

提示：按《钢标》作答。

A. 2　　　　　　　　　　　B. 3

C. 4　　　　　　　　　　　D. 5

解答过程：根据《钢标》表 11.4.2-1，Q235 钢接触面抛丸（喷砂）的抗滑移系数 $\mu = 0.40$；根据《钢标》表 11.4.2-2 知，8.8 级 M16 高强度螺栓的预拉力 $P = 80\text{kN}$；按标准孔径[①]取 $k = 1.0$，根据《钢标》式（11.4.2-1），单个螺栓的受剪承载力

$$N_v^b = 0.9kn_f\mu P = 0.9 \times 1.0 \times 1 \times 0.4 \times 80\text{kN} = 28.8\text{kN}$$

所需螺栓数

$$n = \frac{V}{N_v^b} = \frac{38.6\text{kN}}{28.8\text{kN}} = 1.34$$

取 2 个。

正确答案：A

审题要点：①8.8 级 M16 高强度螺栓摩擦型连接；②接触面抛丸（喷砂）。

主要考点：①抗滑移系数；②8.8 级 M16 高强度螺栓预拉力；③单个螺栓受剪承载力。

题 189：计算钢梁整体稳定的最大弯矩设计值（2017 年一级题 23）

假定构造不能保证钢梁 GL-1 上翼缘平面外稳定。试问，在计算钢梁 GL-1 的整体稳定时，其允许的最大弯矩设计值 M_x（kN·m），与下列何项数值最为接近？

提示：梁整体稳定的等效临界弯矩系数 $\beta_b = 0.83$。

A. 185　　　　　　B. 200　　　　　　C. 215　　　　　　D. 230

解答过程：根据大题干中"钢材采用 Q235B 钢"，由《钢标》表 3.5.1 注 1，得钢号修正系数

$$\varepsilon_k = \sqrt{\frac{235}{f_y}} = \sqrt{\frac{235\text{N}/\text{mm}^2}{235\text{N}/\text{mm}^2}} = 1$$

根据题干中"假定构造不能保证钢梁 GL-1 上翼缘平面外稳定"，则钢梁 GL-1 的平面

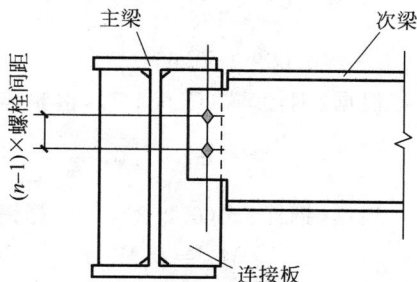

---

① 《钢标》中没有孔形的相关参数，所以在 2018 年之前的考题，解答中均按照标准孔径取 $k = 1.0$ 来处理。

外计算长度为 6m,长细比

$$\lambda_y = \frac{l_{0y}}{i_y} = \frac{6000\text{mm}}{43.6\text{mm}} = 138 > 120\varepsilon_k = 120 \times 1 = 120$$

不符合《钢标》附录 C.0.5 条的要求。

钢梁 GL-1 为双轴对称截面,根据《钢标》第 C.0.1 条,得 $\eta_b = 0$,根据《钢标》式(C.0.1-1),得整体稳定性系数

$$\varphi_b = \beta_b \frac{4320}{\lambda_y^2} \cdot \frac{Ah}{W_x} \left[\sqrt{1 + \left(\frac{\lambda_y t_1}{4.4h}\right)^2} + \eta_b \right] \varepsilon_k^2$$

$$= 0.83 \times \frac{4320}{138^2} \times \frac{8297\text{mm}^2 \times 446\text{mm}}{1260 \times 10^3 \text{mm}^3} \times \left[\sqrt{1 + \left(\frac{138 \times 11\text{mm}}{4.4 \times 446\text{mm}}\right)^2} + 0 \right] \times 1$$

$$= 0.699 > 0.6$$

根据《钢标》式(C.0.1-7),得整体稳定性系数

$$\varphi'_b = 1.07 - \frac{0.282}{\varphi_b} = 1.07 - \frac{0.282}{0.699} = 0.667 < 1.0$$

根据《钢标》式(6.2.2),在计算钢梁 GL-1 整体稳定时,其允许的最大弯矩设计值

$$M_x = \varphi'_b W_x f = 0.667 \times 1260 \times 10^3 \text{mm}^3 \times 215\text{N/mm}^2$$

$$= 180.69 \times 10^3 \text{N} \cdot \text{mm} = 180.69\text{kN} \cdot \text{m}$$

正确答案:A

解答流程:计算钢梁整体稳定的最大弯矩设计值计算流程见流程图 14-4。

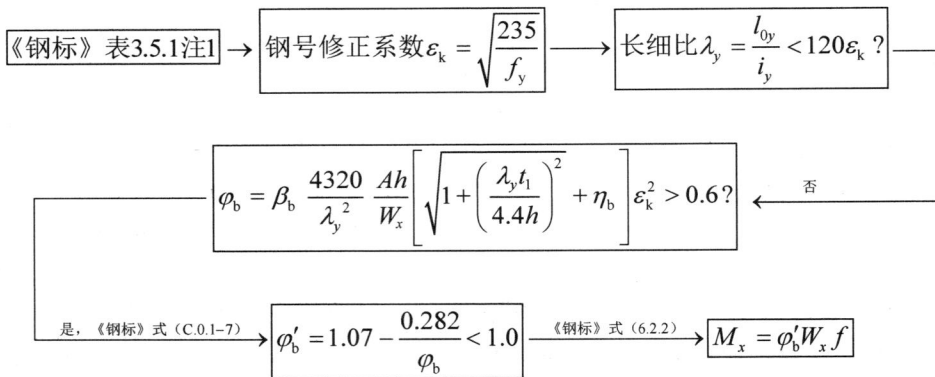

流程图 14-4　计算钢梁整体稳定的最大弯矩设计值

审题要点:①假定;②计算钢梁 GL-1 的整体稳定性时;③提示。

主要考点:①长细比的计算;②稳定系数的计算;③稳定系数计算式的限值及另式重新计算;④弯曲应力设计值的计算;⑤《钢标》附录 C 中各计算情况的正确选取及适用条件。

题 190:连接处翼缘板的最大应力设计值(2017 年一级题 24)

假定钢梁按内力需求拼接,翼缘承受全部弯矩,钢梁截面采用焊接 H 形钢 H450×200×8×12,连接接头处弯矩设计值 $M = 210\text{kN} \cdot \text{m}$,采用摩擦型高强度螺栓连接,如图 14-5 所示。试问,该连接处翼缘板的最大应力设计值 $\sigma(\text{N/mm}^2)$,与下列何项数值最为接近?

提示：翼缘板根据弯矩按轴心受力构件计算。

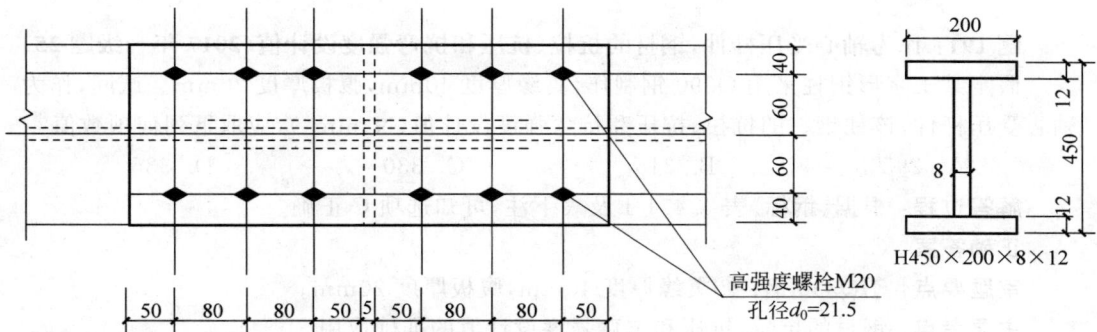

图 14-5 摩擦型高强度螺栓连接节点

A. 120   B. 150   C. 190   D. 215

解答过程：根据题干中"翼缘承受全部弯矩"，且不考虑轴力和剪力，按纯弯连接计算。
对钢梁上、下翼缘中心取矩，连接处翼缘板的轴力

$$N = \frac{M}{z} = \frac{M}{h - 2 \times \dfrac{t_f}{2}} = \frac{210 \times 10^6 \text{N} \cdot \text{mm}}{450 \text{mm} - 2 \times \dfrac{12 \text{mm}}{2}} = 479.5 \times 10^3 \text{N} = 479.5 \text{kN}$$

由孔径 $d_0 = 21.5 \text{mm}$ 可知，翼缘的净面积

$$A_n = (200 \text{mm} - 2 \times 21.5 \text{mm}) \times 12 \text{mm} = 1884 \text{mm}^2$$

根据《钢标》式(7.1.1-3)，高强度螺栓连接部位最大应力

$$\sigma_1 = \left(1 - 0.5 \frac{n_1}{n}\right) \frac{N}{A_n} = \left(1 - 0.5 \times \frac{2}{6}\right) \times \frac{479.5 \times 10^3 \text{N}}{1884 \text{mm}} = 212 \text{N/mm}^2$$

根据《钢标》式(7.1.1-1)，高强度螺栓摩擦型连接处的最大应力计算值

$$\sigma_2 = \frac{N}{A} = \frac{479.5 \times 10^3 \text{N}}{200 \times 12 \text{mm}^2} = 199.8 \text{N/mm}^2 < \sigma_1$$

取二者的较大值。

正确答案：D

解答流程：连接处翼缘板的最大应力设计值计算流程见流程图 14-5。

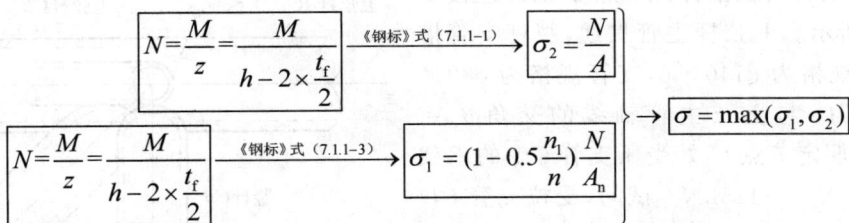

流程图 14-5 连接处翼缘板的最大应力设计值

审题要点：①翼缘承受全部弯矩；②连接接头处弯矩设计值 $M = 210 \text{kN} \cdot \text{m}$；③摩擦型高强度螺栓连接；④提示。

主要考点：①将钢梁的弯矩转换成翼缘的轴力；②高强度螺栓摩擦型连接的计算；

③$1-0.5\dfrac{n_1}{n}$。

题 191：作为轴心受压杆件，钢材的抗拉、抗压和抗弯强度设计值（2017 年一级题 25）

假定某工字形钢柱采用 Q390 钢制作，翼缘厚度 40mm，腹板厚度 20mm。试问，作为轴心受压杆件，该柱钢材的抗拉、抗压和抗弯强度设计值（N/mm²），应取下列何项数值？

　　A. 295　　　　　　　B. 315　　　　　　　C. 330　　　　　　　D. 335

解答过程：根据《钢标》表 4.4.1-1 及表下注，可知选项 C 正确。

正确答案：C

审题要点：①Q390 钢；②翼缘厚度 40mm，腹板厚度 20mm。

主要考点：钢材的抗拉、抗压和抗弯强度设计值的准确取用。

题 192、题 193：某桁架结构如图 14-6 所示。桁架上弦杆、腹杆及下弦杆均采用热轧无缝钢管，桁架腹杆与桁架上、下弦杆直接焊缝连接；钢材均采用 Q235B 钢，手工焊接采用 E43 型焊条。

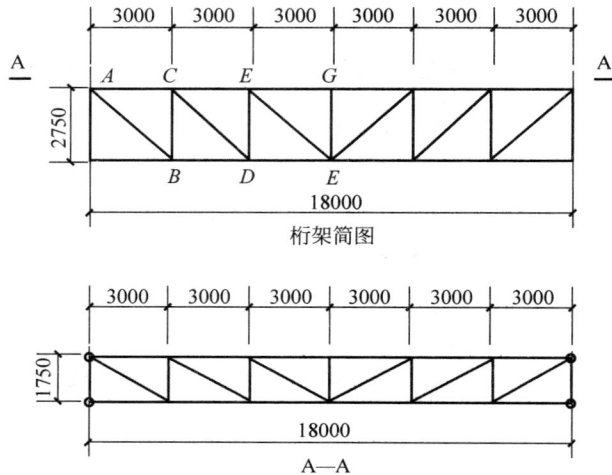

图 14-6　桁架结构简图

题 192：受拉支管的承载力设计值 N_{tk}（2017 年一级题 26）

桁架腹杆与上弦杆在节点 C 处的连接如图 14-7 所示。上弦杆主管贯通，腹杆支管搭接，主管规格为 d140×6，支管规格为 d89×4.5，杆 CD 与上弦主管轴线的交角 $\theta_t=$ 42.51°。假定节点 C 处受压支管 CB 的承载力设计值 $N_{cK}=125$kN。试问，受拉支管 CD 的承载力设计值 N_{tK}（kN），与下列何项数值最为接近？

　　A. 195　　　　　　　B. 185

　　C. 175　　　　　　　D. 165

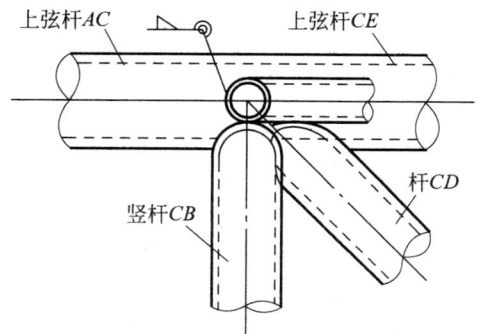

图 14-7　桁架腹杆与上弦杆在节点
　　　　　C 处的连接

解答过程：根据《钢标》式(13.3.2-12)，由

$$\theta_c = 90°, \quad \theta_t = 42.51°, \quad N_{cK} = 125\text{kN}$$

可得

$$N_{tK} = \frac{\sin\theta_c}{\sin\theta_t} N_{cK} = \frac{\sin 90°}{\sin 42.51°} \times 125\text{kN} = 185\text{kN}$$

根据《钢标》第 13.3.3 条第 2 款，对于 KK 形节点，由图 14-7 知，支管为非全搭接型，则空间调整系数为 0.9，受拉支管 CD 的承载力设计值

$$N_{tKK} = 0.9 N_{tK} = 0.9 \times 185\text{kN} = 166.5\text{kN}$$

正确答案：D

审题要点：①图 14-6、图 14-7；②杆 CD 与上弦主管轴线的交角 $\theta_t = 42.51°$；③节点 C 处受压支管 CB 的承载力设计值 $N_{cK} = 125\text{kN}$。

主要考点：①KK 形节点的概念；②节点承载力和支管的轴心力的计算。

题 193：钢管节点焊缝的承载力设计值（2017 年一级题 27）

设计条件及节点构造同题 192。假定支管 CB 与上弦主管间用角焊缝连接，焊缝全周连续焊接并平滑过渡，焊脚尺寸 $h_f = 6\text{mm}$。试问，该焊缝的承载力设计值(kN)，与下列何项数值最为接近？

提示：正面角焊缝的强度设计值增大系数 $\beta_f = 1.0$。

　　A. 190　　　　　　　B. 180　　　　　　　C. 170　　　　　　　D. 160

解答过程：根据《钢标》第 13.3.9 条第 1 款，在圆管结构中，取支管与主管 $D_i/D = 89\text{mm}/140\text{mm} = 0.64 < 0.65, \theta_i = 90°$。

根据《钢标》式(13.3.9-2)，焊缝计算长度

$$l_w = (3.25 D_i - 0.025 D) \times \left(\frac{0.534}{\sin\theta_i} + 0.446\right)$$

$$= (3.25 \times 89\text{mm} - 0.025 \times 140\text{mm}) \times \left(\frac{0.534}{\sin 90°} + 0.446\right) = 280\text{mm}$$

根据提示，增大系数 $\beta_f = 1.0$，根据《钢标》式(11.2.2-1)，得焊缝的承载力设计值

$$N \leqslant 0.7 h_f l_w \beta_f f_f^w = 0.7 \times 6\text{mm} \times 280\text{mm} \times 1.0 \times 160\text{N/mm}^2$$

$$= 188.2 \times 10^3 \text{N} = 188.2\text{kN}$$

正确答案：A

解答流程：钢管节点焊缝的承载力设计值计算流程见流程图 14-6。

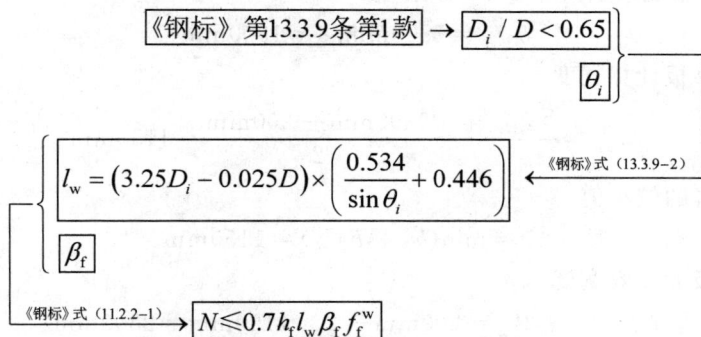

流程图 14-6　钢管节点焊缝的承载力设计值

审题要点：①设计条件及节点构造同题 192；②焊脚尺寸 $h_f=6$mm；③提示。

主要考点：①钢管的焊缝计算长度；②钢管焊缝的承载力设计值。

题 194、题 195：某综合楼标准层楼面采用钢与混凝土组合结构。钢梁 AB 与混凝土楼板通过抗剪连接件(栓钉)形成钢与混凝土组合梁,栓钉在钢梁上按双列布置,其有效截面形式如图 14-8 所示。楼板的混凝土强度等级为 C30,板厚 $h=150$mm,钢材采用 Q235B 钢。

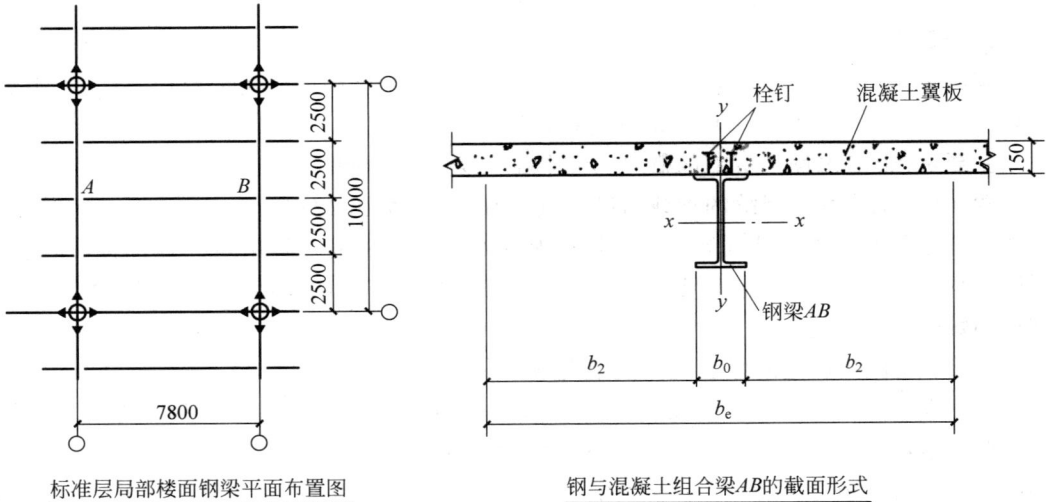

标准层局部楼面钢梁平面布置图　　　　钢与混凝土组合梁 AB 的截面形式

图 14-8　钢与混凝土组合结构

题 194：梁按考虑全截面塑性发展进行组合梁的强度计算时,完全抗剪连接的最大抗弯承载力设计值(**2017 年一级题 28**)

假定组合楼盖施工时设置了可靠的临时支撑,梁 AB 按单跨简支组合梁计算,钢梁采用热轧 H 型钢 H400×200×8×13,截面面积 $A=8337$mm²。试问,梁 AB 按考虑全截面塑性发展进行组合梁的强度计算时,完全抗剪连接的最大抗弯承载力设计值 M(kN·m),与下列何项数值最为接近？

提示：塑性中和轴在混凝土翼板内。

　　A. 380　　　　　　B. 440　　　　　　C. 510　　　　　　D. 570

解答过程：根据《钢标》第 14.1.2 条,有

$$b_{2-1}=7800\text{mm}/6=1300\text{mm}$$

取梁侧面翼板计算宽度

$$b_{2-2}=\frac{S_0-b_f}{2}=\frac{2500\text{mm}-200\text{mm}}{2}=1150\text{mm}$$

取以上两者的较小值

$$b_2=\min(b_{2-1},b_{2-2})=1150\text{mm}$$

混凝土翼板的有效宽度

$$b_e=b_0+2b_2=200\text{mm}+2\times1150\text{mm}=2500\text{mm}$$

根据提示：塑性中和轴在混凝土翼板内,并根据《钢标》第 14.2.1 条,混凝土翼板受

压区高度

$$x = \frac{Af}{b_e f_c} = \frac{8337\text{mm}^2 \times 215\text{N/mm}^2}{2500\text{mm} \times 14.3\text{N/mm}^2} = 50.14\text{mm}$$

根据《钢标》图 14.2.1-1,钢梁截面应力的合力至混凝土受压区截面应力的合力间的距离

$$y = \frac{400\text{mm}}{2} + 150\text{mm} - \frac{x}{2} = 350\text{mm} - \frac{50.14\text{mm}}{2} = 324.9\text{mm}$$

完全抗剪连接的最大抗弯承载力设计

$$M = b_e x f_c = Afy = 8337\text{mm}^2 \times 215\text{N/mm}^2 \times 324.9\text{mm}$$

$$= 582.4 \times 10^6 \text{N} \cdot \text{mm} = 582.4\text{kN} \cdot \text{m}$$

正确答案: D

审题要点: ①栓钉在钢梁上按双列布置;②组合楼盖施工时设置了可靠的临时支撑,梁 AB 按单跨简支组合梁计算;③梁 AB 按考虑全截面塑性发展进行组合梁的强度计算;④提示。

主要考点: 完全抗剪连接的最大抗弯承载力设计值。

题 195:梁按完全抗剪连接设计的全跨需要的最少栓钉数量(2017 年一级题 29)

假定栓钉材料的性能等级为 4.6 级,栓钉钉杆截面面积 $A_s = 190\text{mm}^2$,其余条件同题 194。试问,梁 AB 按完全抗剪连接设计时,其全跨需要的最少栓钉数量 n_f(个),与下列何项数值最为接近?

提示: 钢梁与混凝土翼板交界面的纵向剪力 V_s 按钢梁的截面面积和设计强度确定。

　　A. 38　　　　　　　B. 58　　　　　　　C. 76　　　　　　　D. 98

解答过程: 强度等级 C30 的混凝土弹性模量

$$E_c = 30 \times 10^3 \text{N/mm}^2, \quad f_c = 14.3\text{N/mm}^2$$

根据"栓钉材料的性能等级为 4.6 级",可得

$$f_u = 400\text{N/mm}^2$$

根据《钢标》第 14.3.1 条第 1 款,一个抗剪连接件的承载力设计值

$$N_v^c = 0.43A_s\sqrt{E_c f_c}$$

$$= 0.43 \times 190\text{mm}^2 \times \sqrt{30 \times 10^3 \text{N/mm}^2 \times 14.3\text{N/mm}^2}$$

$$= 53512\text{N} = 53.512\text{kN} > 0.7A_s f_u = 0.7 \times 190\text{mm}^2 \times 400\text{N/mm}^2 = 53.2\text{kN}$$

单个抗剪连接件的承载力设计值

$$N_v^c = 53.2\text{kN}$$

根据提示,钢梁与混凝土翼板交界面的纵向剪力

$$V_s = Af = 8337\text{mm}^2 \times 215\text{N/mm}^2 = 1792 \times 10^3 \text{N} = 1792\text{kN}$$

沿次梁半跨所需连接螺栓为

$$n = \frac{V_s}{N_v^c} = \frac{1792\text{kN}}{53.512\text{kN}} = 33.49$$

结合题目给出的选项取 38 个,则组合次梁连接螺栓的个数 2×38=76 个。

正确答案: C

解答流程：梁按完全抗剪连接设计的全跨需要的最少栓钉数量计算流程见流程图 14-7。

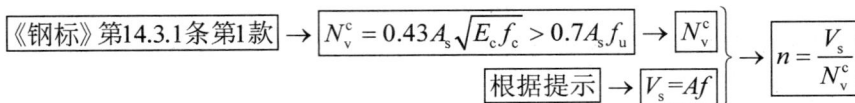

$$\boxed{《钢标》第14.3.1条第1款} \rightarrow \boxed{N_v^c = 0.43A_s\sqrt{E_c f_c} > 0.7A_s f_u} \rightarrow \boxed{N_v^c} \Bigg\} \rightarrow \boxed{n = \dfrac{V_s}{N_v^c}}$$
$$\boxed{根据提示} \rightarrow \boxed{V_s = Af}$$

流程图 14-7　梁按完全抗剪连接设计的全跨需要的最少栓钉数量

审题要点：①栓钉材料的性能等级为 4.6 级，栓钉钉杆截面面积 $A_s = 190\text{mm}^2$；②全跨需要的最少栓钉数量；③提示。

主要考点：①单个栓钉作为抗剪连接件的承载力设计值的计算；②每个剪跨区段内钢梁与混凝土翼板交界面之间纵向剪力的计算；③简支组合梁的剪跨数的确定。

题 196：何项计算应考虑螺栓孔引起的截面削弱（2017 年一级题 30）

试问，某主平面内受弯的实腹构件，当其截面上有螺栓孔时，下列何项计算应考虑螺栓孔引起的截面削弱？

 A. 构件的变形计算

 B. 构件的整体稳定性计算

 C. 高强度螺栓摩擦型连接的构件抗剪强度计算

 D. 构件的抗弯强度计算

解答过程：根据《钢标》第 3.4.2 条，对变形采用毛截面计算，选项 A 错误；根据《钢标》第 6.2.2 条，构件的整体稳定性采用毛截面计算，选项 B 错误；根据《钢标》第 6.1.3 条，对抗剪强度采用毛截面计算，选项 C 错误；根据《钢标》第 6.1.1 条，对抗弯强度用净截面计算，选项 D 正确。

正确答案：D

审题要点：①主平面内受弯的实腹构件；②何项计算应考虑螺栓孔引起的截面削弱。

主要考点：构件的计算中考虑用净截面还是毛截面。

第 15 章　2018 年钢结构

题 197～题 202：某非抗震设计的单层钢结构平台,钢材均为 Q235B,梁柱均采用轧制 H 型钢,X 向采用梁柱刚接的框架结构,Y 向采用梁柱铰接的支撑结构,平台满铺 $t=6\text{mm}$ 的花纹钢板,如图 15-1 所示。假定,平台自重(含梁自重)折算为 1kN/m^2(标准值),活载为 4kN/m^2(标准值),梁均采用 H300×150×6.5×9,柱均采用 H250×250×9×14,所有截面均无削弱,不考虑楼板对梁的影响。

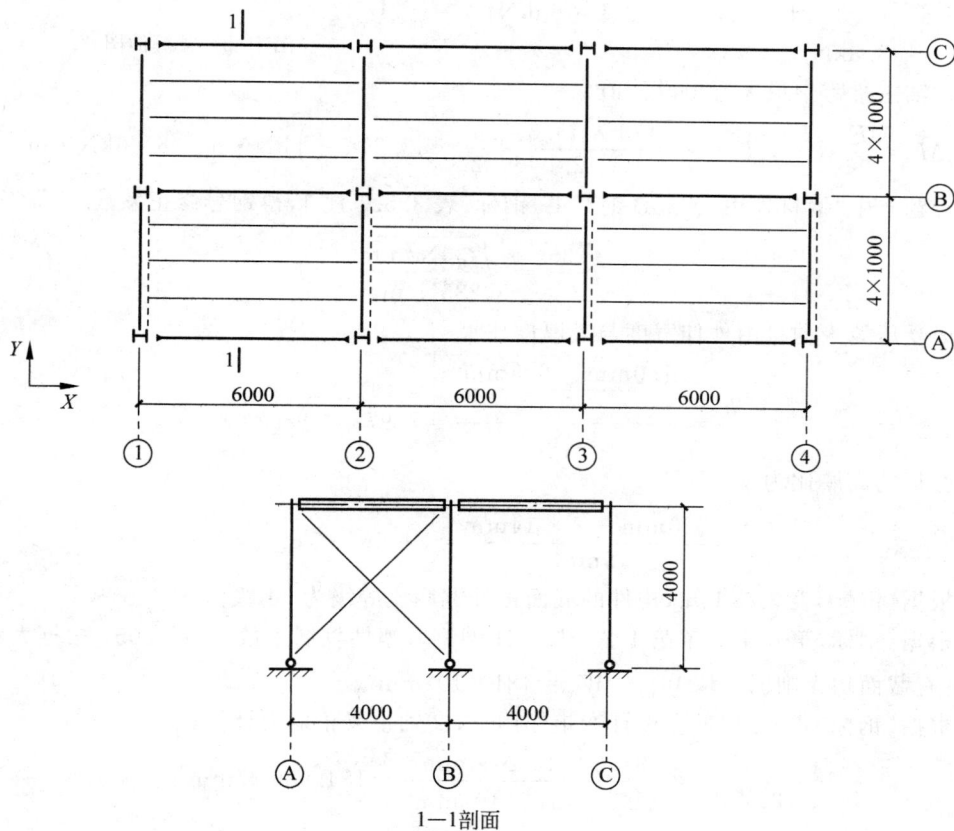

图 15-1　结构计算简图

截面特性见表 15-1。

表 15-1　截面特性

截　　面	面积 A /cm^2	惯性矩 I_x /cm^4	回转半径 i_x/cm	惯性矩 I_y/cm^4	回转半径 i_y/cm	弹性截面模量 W_x/cm^3
H300×150×6.5×9	46.78	7210	12.4	508	3.29	481
H250×250×9×14	91.43	10700	10.8	3650	6.31	860

题 197：②轴主梁正应力计算值（2018 年一级题 17）

假定荷载传递路径为板传递至次梁，次梁传递至主梁。试问，在设计弯矩作用下，②轴主梁正应力计算值（N/mm²），与下列何项数值最为接近？

A. 80　　　　　　　B. 90　　　　　　　C. 120　　　　　　　D. 173

解答过程：根据《建筑结构可靠性设计统一标准》（GB 50068—2018，《可靠性标准》），永久荷载的分项系数 $\gamma_G = 1.3$，可变荷载的分项系数 $\gamma_Q = 1.5$。

传递至②轴主梁的集中力设计值（图 15-2）

$$F = \gamma_G G_k + \gamma_Q Q_k$$
$$= [(1.3 \times 1 + 1.5 \times 4) \times 1 \times 6] kN$$
$$= 43.8 kN$$

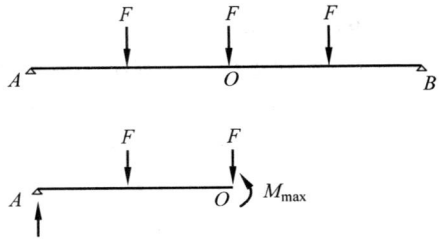

图 15-2　计算简图

②轴主梁跨中最大弯矩设计值

$$M = \frac{3F}{2} \cdot \frac{l}{2} - F \cdot \frac{l}{4} = \left(\frac{3 \times 43.8}{2} \times \frac{4}{2} - 43.8 \times \frac{4}{4} \right) kN \cdot m = 87.6 kN \cdot m$$

根据大题干中"钢材采用 Q235B 钢"，由《钢标》表 3.5.1 注 1，得钢号修正系数

$$\varepsilon_k = \sqrt{\frac{235}{f_y}} = \sqrt{\frac{235 N/mm^2}{235 N/mm^2}} = 1$$

梁受压翼缘的自由外伸宽度与其厚度比

$$\frac{b}{t} = \frac{\dfrac{150 mm - 6.5 mm}{2}}{9 mm} = 7.972 < 9\varepsilon_k = 9$$

腹板的高厚比为

$$\frac{h_0}{t_w} = \frac{250 mm - 2 \times 14 mm}{9 mm} = 24.667 < 65\varepsilon_k = 65$$

根据《钢标》表 3.5.1 知，构件的截面板件宽厚比等级为 S1 级。

根据《钢标》第 6.1.2 条第 1 款，热轧 H 型钢取塑性发展系数 $\gamma_x = 1.05$；根据大题干中"所有截面均无削弱"，取 $W_{nx} = W_x = 481 \times 10^3 mm^3$。

根据《钢标》式（6.1.1）在设计弯矩作用下，②轴主梁正应力计算值

$$\frac{M}{\gamma_x W_{nx}} = \frac{87.6 \times 10^6 N \cdot mm}{1.05 \times 481 \times 10^3 mm^3} = 184.986 N/mm^2$$

正确选项：D

解答流程：主梁正应力计算值计算流程见流程图 15-1。

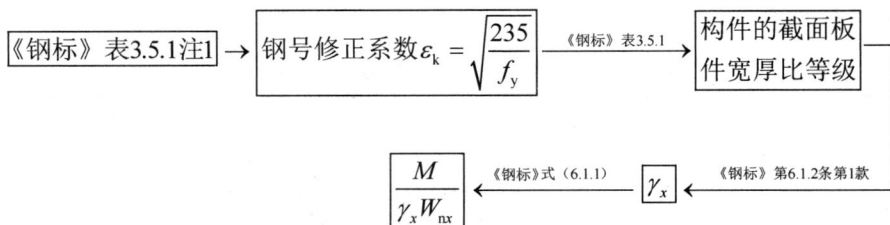

流程图 15-1　主梁正应力计算值

审题要点：①图 15-1；②梁均采用 H300×150×6.5×9；③截面特性见表 15-1；④荷载传递路径为板传递至次梁，次梁传递至主梁。

主要考点：①首先判断主梁是简支梁还是连续梁，其次是简支构件跨中弯矩的计算；②确定构件的截面板件宽厚比等级；③查取截面塑性发展系数；④钢梁的抗弯强度验算。

题 198：柱 X 向平面内计算长度系数（2018 年一级题 18）

假定内力计算采用一阶弹性分析，柱脚铰接，取 $K_2=0$。试问，②轴柱 X 向平面内计算长度系数，与下列何项数值最为接近？

    A. 0.9　　　　　　B. 1.0　　　　　　C. 2.4　　　　　　D. 2.7

解答过程：根据图 15-1，柱 X 向为有侧移框架柱。

根据《钢标》第 8.3.1 条第 1 款应按照《钢标》附录表 E.0.2，相交于柱上端的横梁线刚度之和与柱线刚度之和的比值

$$K_1 = \sum \frac{I_b}{l_b} \bigg/ \sum \frac{I_c}{l_c} = 2 \times \left(\frac{7210\text{cm}^4}{600\text{cm}}\right) \bigg/ \left(\frac{10700\text{cm}^4}{400\text{cm}}\right) = 0.9$$

柱脚铰接

$$K_2 = 0$$

根据《钢标》式(8.3.1-1)，②轴柱 X 向平面内计算长度系数

$$\mu = \sqrt{\frac{7.5K_1K_2 + 4(K_1+K_2) + 1.52}{7.5K_1K_2 + K_1 + K_2}}$$

$$= \sqrt{\frac{7.5 \times 0.9 \times 0 + 4 \times (0.9+0) + 1.52}{7.5 \times 0.9 \times 0 + 0.9 + 0}}$$

$$= 2.385$$

或直接根据《钢标》附录表 E.0.2，经过线性内插得②轴柱 X 向平面内计算长度系数

$$\mu = 2.64 - \frac{2.64 - 2.33}{1 - 0.5} \times (0.9 - 0.5) = 2.392$$

注：读者应该注意到采用《钢标》附录表与《钢标》公式，所得到的数字略有差别，但不影响答案的选取。

正确选项：C

审题要点：①图 15-1；②截面特性见表 15-1；③内力计算采用一阶弹性分析，柱脚铰接，取 $K_2=0$。

主要考点：①柱 X 向是有侧移框架柱，还是无侧移框架柱；②横梁线刚度之和与柱线刚度之和的比值；③《钢标》式(8.3.1-1)确定计算长度系数；④《钢标》附录表 E.0.2 确定计算长度系数。

题 199：框架柱以应力形式表达的弯矩作用平面外稳定性计算最大值（2018 年一级题 19）

假定某框架柱轴心压力设计值为 163.2kN，X 向弯矩设计值 $M_x = 20.4$kN·m，Y 向计算长度系数取为 1。试问，对于框架柱 X 向，以应力形式表达的弯矩作用平面外稳定性计算最大值（N/mm^2），与下列何项数值最为接近？

提示：所考虑构件段无横向荷载作用。

A. 20   B. 40   C. 60   D. 80

解答过程：

根据大题干中"钢材均为 Q235B"，由《钢标》表 3.5.1 注 1，钢号修正系数

$$\varepsilon_k = \sqrt{\frac{235}{f_y}} = \sqrt{\frac{235\mathrm{N/mm^2}}{235\mathrm{N/mm^2}}} = 1$$

根据大题干"钢材均为 Q235B，梁柱均采用轧制 H 型钢"，$\dfrac{b}{h} = \dfrac{250\mathrm{mm}}{250\mathrm{mm}} = 1 > 0.8$，根据《钢标》表 7.2.1-1，截面绕 y 轴属于 b^* 类截面，根据《钢标》表 7.2.1-1 注 1，可知截面对 y 轴为 c 类[①]。

钢架柱（X 向）平面外计算长度取为 4m，长细比 $\lambda_y = \dfrac{l_{0y}}{i_y} = \dfrac{4000\mathrm{mm}}{63.1\mathrm{mm}} = 63.4$，根据《钢标》附录表 D.0.3，得弯矩作用平面外的轴心受压构件稳定系数 $\varphi_y = 0.685$。

长细比 $\lambda_y = 63.4 < 120\varepsilon_k = 120 \times 1 = 120$，符合《钢标》附录 C.0.5 条的要求。

根据《钢标》式（C.0.5-1），均匀弯曲的受弯构件整体稳定系数

$$\varphi_b = 1.07 - \frac{\lambda_y^2}{44000\varepsilon_k^2} = 1.07 - \frac{63.4^2}{44000 \times 0.825^2} = 0.936 < 1$$

根据《钢标》式（8.2.1-12），等效弯矩系数

$$\beta_{tx} = 0.65 + 0.35\frac{M_2}{M_1} = 0.65$$

钢架柱为 H 型截面，则截面影响系数 $\eta = 1.0$；根据《钢标》式（8.2.1-3），对于框架柱 X 向，以应力形式表达的弯矩作用平面外稳定性计算最大值

$$\frac{N}{\varphi_y A} + \eta\frac{\beta_{tx}M_x}{\varphi_b W_{1x}}$$

$$= \frac{163.2\mathrm{kN}}{0.685 \times 91.43\mathrm{cm^2}} + 1.0 \times \frac{0.65 \times 20.4\mathrm{kN \cdot m}}{0.936 \times 860\mathrm{cm^3}}$$

$$= \frac{163.2 \times 10^3\mathrm{N}}{0.685 \times 91.43 \times 10^2\mathrm{mm^2}} + 1.0 \times \frac{0.65 \times 20.4 \times 10^6\mathrm{N \cdot mm}}{0.936 \times 860 \times 10^3\mathrm{mm^3}}$$

$$= 42.176\mathrm{N/mm^2}$$

正确选项： B

解答流程： 弯矩作用平面外稳定性计算最大值的计算流程见流程图 15-2。

审题要点： ①钢材均为 Q235B，梁柱均采用轧制 H 型钢；②框架柱 X 向；③提示。

主要考点： ①确定构件的截面板件宽厚比等级；②构件的截面分类；③弯矩作用平外的轴心受压构件稳定系数；④均匀弯曲的受弯构件整体稳定系数；⑤等效弯矩系数；⑥截面影响系数。

---

① 注意此处的 x、y 坐标与平面图中的 X、Y 正好相反。读者应注意到构件的局部坐标系可与结构的整体坐标系一致，也可以正好相反。

$$\boxed{\lambda_y < 120\varepsilon_k} \leftarrow \boxed{\varepsilon_k = \sqrt{\dfrac{235}{f_y}}} \leftarrow \boxed{《钢标》表3.5.1注1}$$

$$\boxed{《钢标》附录C.0.5条} \xrightarrow{《钢标》式（C.0.5-1）} \boxed{\varphi_b = 1.07 - \dfrac{\lambda_y^2}{44000\varepsilon_k^2}}$$

$$\boxed{《钢标》表7.2.1-1} \rightarrow \boxed{截面类型} \rightarrow \boxed{\lambda_y = \dfrac{l_{0y}}{i_y}} \xrightarrow{《钢标》附录表D.0.3} \boxed{\varphi_y}$$

$$\boxed{《钢标》式（8.2.1-12）} \rightarrow \boxed{\beta_{tx} = 0.65 + 0.35\dfrac{M_2}{M_1}}$$

$$\xrightarrow{《钢标》式（8.2.1-3）} \boxed{\dfrac{N}{\varphi_y A} + \eta \dfrac{\beta_{tx} M_x}{\varphi_b W_{1x}}}$$

$$\boxed{H型截面} \rightarrow \boxed{\eta = 1.0}$$

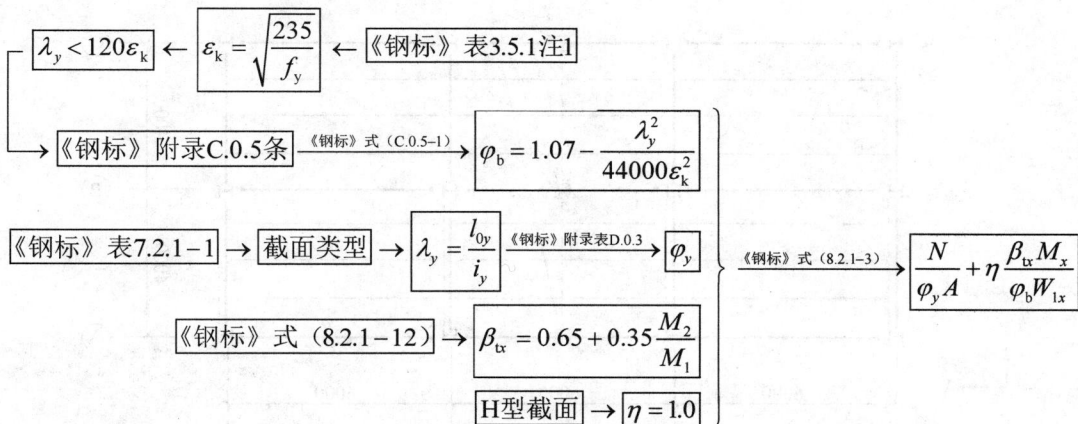

流程图 15-2　弯矩作用平面外稳定性计算最大值

题 200：底板与混凝土基础间的摩擦力（2018 年一级题 20）

假定柱脚竖向压力设计值为 163.2kN，水平反力设计值为 30kN。试问，关于图 15-3 柱脚，下列何项说法符合《钢标》规定？

A. 柱与底板必须采用熔透焊缝

B. 底板下必须设抗剪键承受水平反力

C. 必须设置预埋件与底板焊接

D. 可以通过底板与混凝土基础间的摩擦传递水平反力

解答过程：根据《钢标》第 12.7.4 条，底板与混凝土基础间的摩擦系数 $\mu = 0.4$。

$\mu N = 0.4 \times 163.2\text{kN} = 65.28\text{kN} > 30\text{kN}$，知水平反力可由底板与混凝土基础间的摩擦力承受。

正确选项：D

审题要点：柱脚竖向压力设计值为 163.2kN，水平反力设计值为 30kN。

主要考点：底板与混凝土基础间的摩擦系数。

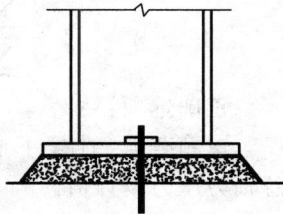

图 15-3　柱脚简图

题 201：框架柱的计算长度（2018 年一级题 21）

由于生产需要图示处（图 15-4）增加集中荷载，故梁下增设 3 根两端铰接的轴心受压柱，其中，边柱（Ⓐ、Ⓒ轴）轴心压力设计值为 100kN，中柱（Ⓑ轴）轴心压力设计值为 200kN。假定 Y 向为强支撑框架，Ⓑ轴框架柱总轴力压力设计值为 486.9kN，Ⓐ、Ⓒ轴框架柱总轴力压力设计值为 243.5kN。试问，与原结构相比，关于框架柱的计算长度，下列何项说法最接近《钢标》规定？

A. 框架柱 X 向计算长度增大系数为 1.2

B. 框架柱 X 向、Y 向计算长度不变

C. 框架柱 X 向及 Y 向计算长度增大系数均为 1.2

D. 框架柱 Y 向计算长度增大系数为 1.2

解答过程：梁下增设三根两端铰接的轴心受压柱为摇摆柱。

根据《钢标》式（8.3.1-2），框架柱 X 向计算长度增大系数

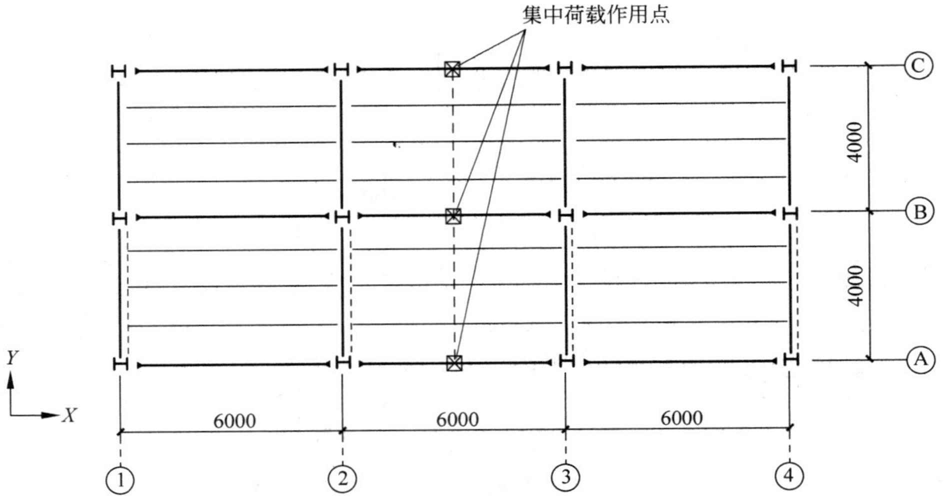

集中荷载作用点

图 15-4　结构布置简图

$$\eta = \sqrt{1 + \frac{\sum(N_1/h_1)}{\sum(N_f/h_f)}} = \sqrt{1 + \frac{200\text{kN} + 2 \times 100\text{kN}}{486.9\text{kN} + 2 \times 243.5\text{kN}}} = 1.19$$

正确选项：A

审题要点：①梁下增设 3 根两端铰接的轴心受压柱；②轴心压力设计值；③框架柱总轴力压力设计值。

主要考点：增设摇摆柱时,框架柱计算长度增大系数。

题 202：轴心受压铰接柱的合理截面（2018 年一级题 22）

假定以用钢量最低作为目标,题 201 中的轴心受压铰接柱采用下列何种截面最为合理？

　　A. 轧制 H 型截面　　　　　　　　B. 钢管截面
　　C. 焊接 H 形截面　　　　　　　　D. 焊接十字形截面

解答过程：双向计算长度相同的轴心受压柱稳定控制时,以用钢量考虑,选择构件 x、y 向回转半径相近的截面最为合理。根据《钢标》第 7.2.1 条可知,轴心受压构件长细比越大,其稳定承载力越低,焊接十字形截面明显不合理,而 H 形截面强弱轴回转半径相差较多,采用钢管截面较 H 形截面更为合理。

正确选项：B

审题要点：①钢量最低作为目标；②轴心受压铰接柱。

主要考点：轴心受压构件的等稳定要求。

题 203：常幅疲劳计算（2018 年一级题 23）

关于常幅疲劳计算,下列何项说法正确？

　　A. 应力变化的循环次数越多,容许应力幅越小；构件和连接的类别序数越大,
　　　　容许应力幅越大

　　B. 应力变化的循环次数越多,容许应力幅越大；构件和连接的类别序数越大,
　　　　容许应力幅越小

　　C. 应力变化的循环次数越少,容许应力幅越小；构件和连接的类别序数越大,
　　　　容许应力幅越大

D. 应力变化的循环次数越少,容许应力幅越大;构件和连接的类别序数越大,
容许应力幅越小

解答过程:根据《钢标》第 16.2.2 条和附录 K,可知应力变化的循环次数越少,容许应力幅越大;构件和连接的类别序数越大,容许应力幅越小。

正确选项: D

审题要点: ①常幅疲劳计算;②应力变化的循环次数;③构件和连接的类别序数。

主要考点: ①常幅疲劳计算;②构件和连接的类别序数。

题 204～题 207:某 4 层钢结构商业建筑,层高 5m,房屋高度 20m,抗震设防烈度 8 度,X 向采用框架结构,Y 向采用框架-中心支撑结构,楼面采用 150mm 厚 C30 混凝土楼板,钢梁顶采用抗剪栓钉与楼板连接,如图 15-5 所示。框架梁柱采用 Q345,各框架柱截面均相同,内力计算采用一阶弹性分析。

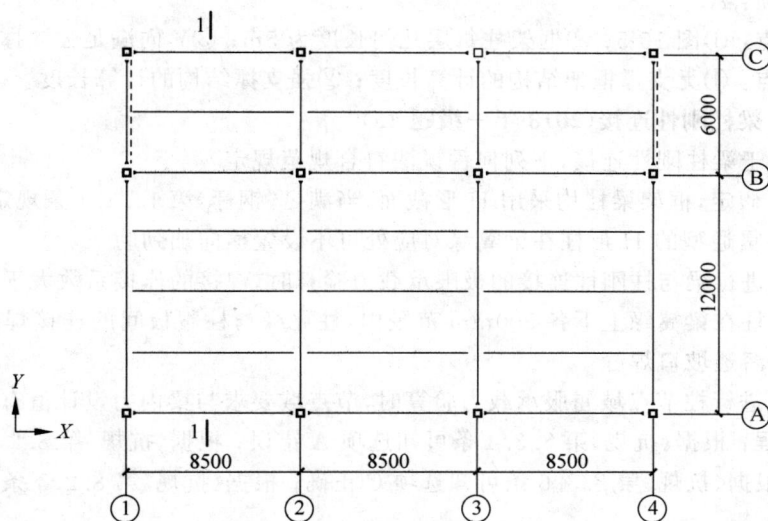

框架柱平面布置图

1—1剖面

图 15-5　框架结构简图

题 204：框架柱计算长度（2018 年一级题 24）

假定框架柱每层几何长度为 5m，Y 向满足强支撑框架要求。试问，关于框架柱计算长度，下列何项符合《钢标》规定？

  A. X 向计算长度大于 5m，Y 向计算长度不大于 5m

  B. X 向计算长度不大于 5m，Y 向计算长度大于 5m

  C. X、Y 向计算长度均可取为 5m

  D. X、Y 向计算长度均大于 5m

解答过程：本结构 X 向为框架结构，根据《钢标》第 8.3.1 条第 1 款第 1 项及附录表 E.0.2，可知其计算长度大于 5m。

本结构 Y 向为强支撑结构，根据《钢标》第 8.3.1 条第 2 款及附录表 E.0.1，可知其计算长度不大于 5m。

正确选项：A

审题要点：①图 15-5；②框架柱每层几何长度为 5m；③Y 向满足强支撑框架要求。

主要考点：①无支撑框架结构的计算长度；②强支撑结构的计算长度。

题 205：梁柱刚性连接（2018 年一级题 25）

试问，关于梁柱刚性连接，下列何种说法符合规范规定？

  A. 假定，框架梁柱均采用 H 形截面，当满足《钢标》第 12.3.4 条规定时，采用柱贯通型的 H 形柱在梁翼缘对应处可不设置横向加劲肋

  B. 进行梁与柱刚性连接的极限承载力验算时，焊接的连接系数大于螺栓连接

  C. 柱在梁翼缘上下各 500mm 范围内，柱翼缘与柱腹板间的连接焊缝应采用全溶透坡口焊缝

  D. 进行柱节点域屈服承载力验算时，节点域要求与梁内力设计值有关

解答过程：根据《抗规》第 8.3.4 条可知选项 A 错误；根据《抗规》第 8.2.8 条可知选项 B 错误；根据《抗规》第 8.3.6 条可知选项 C 正确；根据《抗规》第 8.2.5 条可知选项 D 错误。

正确选项：C

审题要点：梁柱刚性连接。

主要考点：①柱贯通型的 H 形柱在梁翼缘对应处可不设置横向加劲肋；②进行梁与柱刚性连接的极限承载力验算时，焊接的连接系数大于螺栓连接；③柱在梁翼缘上下各 500mm 范围内，柱翼缘与柱腹板间的连接焊缝应采用全溶透坡口焊缝；④进行柱节点域屈服承载力验算时，节点域要求与梁内力设计值有关。

题 206：次梁上翼缘最大的板件宽厚比（2018 年一级题 26）

假定次梁采用 Q345，截面采用工字形，考虑全截面塑性发展进行组合梁的强度计算，上翼缘为受压区。试问，上翼缘最大的板件宽厚比，与下列何项数值最为接近？

  A. 15   B. 13   C. 9   D. 7.4

解答过程：根据《钢标》第 14.1.6 条，组合梁中钢梁的受压区板件宽厚比应符合《钢标》第 10.1.5 条第 2 款，受压区板件宽厚比等级应该为 S2 级，即 $9\varepsilon_k$。

上翼缘最大的板件宽厚比

$$11\sqrt{235/f_y} = 11\sqrt{235/345} = 9.1$$

正确选项：C

审题要点：①次梁采用 Q345；②考虑全截面塑性发展进行组合梁的强度计算；③上翼缘最大的板件宽厚比。

主要考点：组合梁中钢梁的受压区板件宽厚比。

题 207：受压支撑杆的计算长度（2018 年一级题 27）

假定不按抗震设计考虑，柱间支撑采用交叉支撑，支撑两杆截面相同并在交叉点处均不中断并相互连接，支撑杆件一杆受拉，一杆受压。试问，关于受压支撑杆，下列何种说法错误？

    A. 平面内计算长度取节点中心至交叉点间距离

    B. 平面外计算长度不大于桁架节点间距离的 $\sqrt{0.5}$ 倍

    C. 平面外计算长度等于桁架节点中心间的距离

    D. 平面外计算长度与另一杆的内力大小有关

解答过程：根据《钢标》第 7.4.2 条，可知选项 A 正确。

根据《钢标》第 7.4.2 条第 1 款第 3 项，

$$\frac{N_0}{N} \geqslant 0, \quad l_0 = l \sqrt{\frac{1}{2}\left(1 - \frac{3}{4} \cdot \frac{N_0}{N}\right)} \leqslant l \sqrt{0.5}$$

可知选项 B、选项 D 正确、选项 C 错误。

正确选项：C

审题要点：①不按抗震设计考虑；②支撑两杆截面相同并在交叉点处均不中断并相互连接；③一杆受拉，一杆受压。

主要考点：①交叉支撑平面内计算长度；②交叉支撑平面外计算长度。

题 208：钢管连接节点的设计要求（2018 年一级题 28）

关于钢管连接节点，下列何项说法符合《钢标》的规定？

    A. 支管沿周边与主管相焊，焊缝承载力不应小于节点承载力

    B. 支管沿周边与主管相焊，节点承载力不应小于焊缝承载力

    C. 焊缝承载力必须等于节点承载力

    D. 支管轴心内力设计值不应大于节点承载力设计值和焊缝承载力设计值，至于焊缝承载力，大于或小于节点承载力均可

解答过程：根据《钢标》第 13.3.8 条，支管沿周边与主管相焊，焊缝承载力应等于或大于节点承载力，即焊缝承载力不应小于节点承载力，因此选项 A 正确，选项 B、C、D 错误。

正确选项：A

审题要点：①钢管连接节点；②支管沿周边与主管相焊；③焊缝承载力必须等于节点承载力。

主要考点：①钢管连接节点的焊缝承载力；②钢管连接节点的节点承载力。

题 209：支撑合理截面（2018 年一级题 29）

假定某一般建筑的屋面支撑采用按拉杆设计的交叉支撑，截面采用单角钢，两杆截面相同且在交叉点处均不中断并相互连接，支撑节间横向和纵向尺寸均为 6m，支撑截面由构造确定。试问，采用下列何项支撑截面最为合理？

截面几何特性如表 15-2 所示。

表 15-2　截面几何特性

截面	面积 A/cm^2	回转半径 i_x/cm	回转半径 i_{0x}/cm	回转半径 i_{0y}/cm
∟56×5	5.415	1.72	2.17	1.10
∟70×5	6.875	2.16	2.73	1.39
∟90×6	10.637	2.79	3.51	1.84
∟110×7	15.196	3.41	4.30	2.20

　　A. ∟56×5　　　　B. ∟70×5　　　　C. ∟90×6　　　　D. ∟110×7

解答过程：当屋面支撑采用按拉杆设计的交叉支撑时，根据《钢标》表 7.4.7，容许长细比取 $[\lambda]=400$。

根据《钢标》第 7.3.2 条第 2 款，计算长度

$$l=6\sqrt{2}\,\text{m}=8.484\text{m}$$

最小回转半径

$$i=\frac{l}{[\lambda]}=\frac{8484\text{mm}}{400}=21.21\text{mm}$$

根据《钢标》第 7.4.7 条，采用与角钢肢边平行轴的回转半径；综上所述可取 ∟70×5。

正确选项：B

审题要点：①按拉杆设计的交叉支撑；②两杆截面相同且在交叉点处均不中断并相互连接；③支撑截面由构造确定；④表 15-2。

主要考点：拉杆设计的交叉支撑截面由构造确定方法。

题 210：腹板不采用加劲肋加强，计算钢柱的强度和稳定性时，其截面面积（2018 年一级题 30）

某非抗震设计的钢柱采用焊接工字形截面 $H900\times350\times10\times20$，钢材采用 Q235 钢。假定该钢柱作为受压构件，其腹板高厚比不符合《钢标》关于受压构件腹板局部稳定的要求。试问，若腹板不能采用加劲肋加强，在计算该钢柱的强度和稳定性时，其截面面积（mm^2）应采用下列何项数值？

提示：①计算截面无削弱；②$\alpha_0=0.85$。

　　A. $86\times10^2\,\text{mm}^2$　　　　　　　　　　B. $140\times10^2\,\text{mm}^2$

　　C. $200\times10^2\,\text{mm}^2$　　　　　　　　　　D. $226\times10^2\,\text{mm}^2$

解答过程：钢柱的焊接工字形截面

$$\frac{b}{t}=\frac{(350\text{mm}-10\text{mm})/2}{20\text{mm}}=8.5<13\varepsilon_k=13\sqrt{\frac{235}{f_y}}=13\sqrt{\frac{235\text{N}/\text{mm}^2}{235\text{N}/\text{mm}^2}}=13$$

$$\frac{h_w}{t_w}=\frac{900\text{mm}-2\times20\text{mm}}{10\text{mm}}=86>(45+25\alpha_0^{1.66})\varepsilon_k$$

$$=(45+25\times0.85^{1.66})\times1=64.1$$

根据《钢标》表 3.5.1 知，构件的截面板件宽厚比等级为 S5 级。

根据《钢标》第 8.4.2 条，应以有效截面进行计算截面几何特性。

根据《钢标》式（8.4.2-4），参数

$$k_{\sigma} = \frac{16}{2 - \alpha_0 + \sqrt{(2 - \alpha_0)^2 + 0.112\alpha_0^2}}$$

$$= \frac{16}{2 - 0.85 + \sqrt{(2 - 0.85)^2 + 0.112 \times 0.85^2}}$$

$$= 6.853$$

根据《钢标》式(8.4.2-3)，参数

$$\lambda_{n,p} = \frac{h_w/t_w}{28.1\sqrt{k_{\sigma}}} \cdot \frac{1}{\alpha_0} = \frac{86}{28.1 \times \sqrt{6.853}} = 1.169 > 0.75$$

根据《钢标》式(8.4.2-3)，参数

$$\rho = \frac{1}{\lambda_{n,p}}\left(1 - \frac{0.19}{\lambda_{n,p}}\right) = \frac{1}{1.169} \times \left(1 - \frac{0.19}{1.169}\right) = 0.716$$

腹板受压区的有效宽度

$$h_e = \rho h_c = 0.716 \times (900\text{mm} - 2 \times 20\text{mm}) = 616.1\text{mm}$$

根据《钢标》第 5.4.1 条，进行钢柱翼缘板的局部稳定计算。

计算该钢柱的强度和稳定性时，其截面面积

$$A_n = 2h_f t_f + h_e t_w = 2 \times 350\text{mm} \times 20\text{mm} + 616.1\text{mm} \times 10\text{mm} = 201 \times 10^2 \text{mm}^2$$

正确选项：C

解答流程：计算钢柱的强度和稳定性时的截面面积计算流程见流程图 15-3。

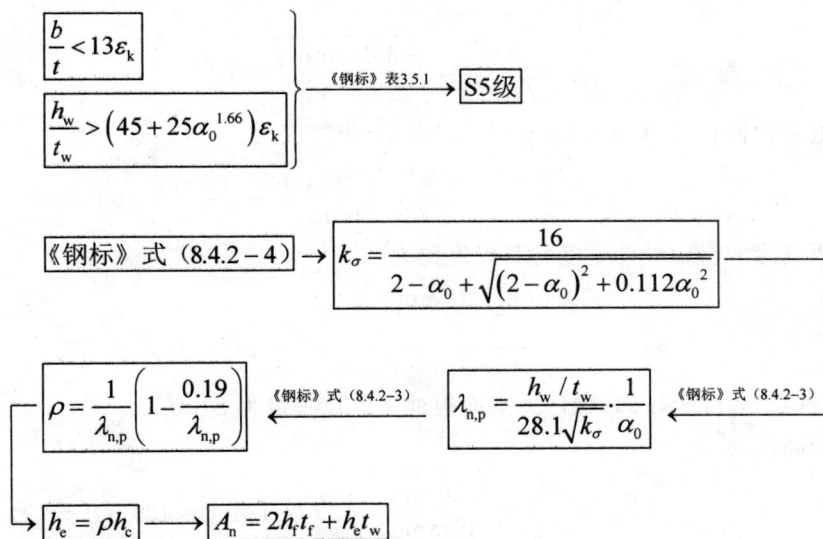

流程图 15-3 计算钢柱的强度和稳定性时的截面面积

审题要点：①钢柱采用焊接工字形截面 H900×350×10×20；②Q235；③腹板不能采用加劲肋加强；④计算该钢柱的强度和稳定性；⑤提示。

主要考点：①截面板件宽厚比等级的确定；②参数 k_{σ}、$\lambda_{n,p}$、ρ 的计算；③腹板受压区的有效宽度。

第16章 2019年钢结构

题 211～题 215：某焊接工字形等截面简支梁跨度为12m，钢材采用 Q235 钢，结构的重要性系数取 1.0，基本组合下简支梁的均布荷载设计值（含自重）$q=95\text{kN/m}$。梁的截面尺寸及截面特性如图 16-1 所示，截面无栓钉孔削弱。焊条采用 E43 型。

毛截面惯性矩 $I_x=590560\times10^4\,\text{mm}^4$，翼缘毛截面对梁中和轴的面积矩 $S_f=3660\times10^3\,\text{mm}^3$，毛截面面积 $A=240\times10^2\,\text{mm}^2$，截面绕 y 轴回转半径 $i_y=61\text{mm}$。

题 211：抗弯强度计算时正应力设计值（2019 年题 17）

试问，对梁的跨中截面进行抗弯强度计算时，其正应力设计值（N/mm^2）与下列何项数值最为接近？

A. 200   B. 190

C. 180   D. 170

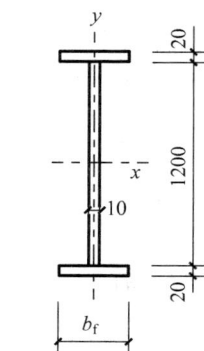

图 16-1 梁的截面尺寸

解答过程：根据题干"钢材采用 Q235 钢"，根据《钢标》表 3.5.1 注 1，得钢号修正系数为

$$\varepsilon_k=\sqrt{\frac{235}{f_y}}=\sqrt{\frac{235\text{N/mm}^2}{235\text{N/mm}^2}}=1$$

根据毛截面面积为 $A=240\times10^2\,\text{mm}^2$ 得，翼缘宽度为

$$b_f=\frac{A-h_wt_w}{2t_f}=\frac{240\times10^2\,\text{mm}^2-1200\text{mm}\times10\text{mm}}{2\times20\text{mm}}=300\text{mm}$$

梁受压翼缘的自由外伸宽度与其厚度比为

$$\frac{b}{t}=\frac{\dfrac{300\text{mm}-10\text{mm}}{2}}{20\text{mm}}=7.25<9\varepsilon_k=9$$

根据《钢标》表 3.5.1 知，构件的截面板件宽厚比等级为 S1 级。

腹板的高厚比

$$93\varepsilon_k=93\times1=93<\frac{h_w}{t_w}=\frac{1200\text{mm}}{10\text{mm}}=120<124\varepsilon_k=124\times1=124$$

根据《钢标》表 3.5.1 知，构件的截面板件宽厚比等级为 S4 级。

综上所述，取以上两者的不利情况，则板件宽厚比等级为 S4 级。

根据《钢标》第 6.1.2 条第 1 款，热轧 H 型钢取塑性发展系数为 $\gamma_x=1.0$；题干中"截面无栓钉孔削弱"。截面模量为

$$W_{nx}=W_x=\frac{I_x}{h/2}=\frac{590560\times10^4\,\text{mm}^4}{(1200\text{mm}+20\text{mm}+20\text{mm})/2}=9525.161\times10^3\,\text{mm}^3$$

钢梁按简支梁计算时，跨中截面弯矩的最大值为

$$M_{\max} = \frac{1}{8}ql^2 = \frac{1}{8} \times 95\text{kN/m} \times (12\text{m})^2 = 1710\text{kN} \cdot \text{m}$$

根据《钢标》式(6.1.1),对钢梁进行抗弯强度验算时,最大弯曲应力设计值为

$$\frac{M_{\max}}{\gamma_x W_{nx}} = \frac{1710\text{kN} \cdot \text{m}}{1.0 \times 9525.161 \times 10^3\text{mm}^3} = \frac{1710 \times 10^6\text{N} \cdot \text{mm}}{1.0 \times 9525.161 \times 10^3\text{mm}^3} = 179.52\text{N/mm}^2$$

正确答案:C

解答流程:抗弯强度计算时正应力设计值计算流程见流程图 16-1。

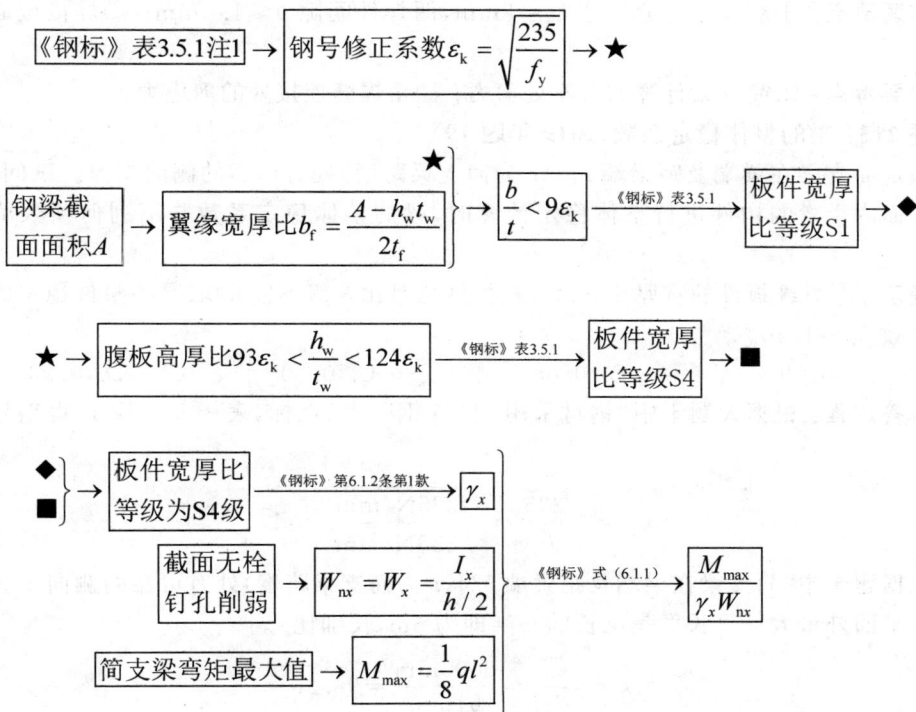

流程图 16-1　抗弯强度计算时正应力设计值

审题要点:①钢材采用 Q235;②图 16-1;③毛截面面积 $A = 240 \times 10^2\text{mm}^2$。

主要考点:①截面宽厚比等级的计算;②截面塑性发展系数的查取;③弯曲应力设计值的计算。

题 212:角焊缝的连接应力与角焊缝强度设计值之比(2019 年题 18)

假定简支梁翼缘与腹板的双面角焊缝尺寸 $h_f = 8\text{mm}$,两焊件间隙 $b \leqslant 1.5\text{mm}$。试问,进行焊接截面工字形梁翼缘与腹板的焊缝连接强度计算时,最大剪力作用下,该角焊缝的连接应力与角焊缝强度设计值之比,与下列何项数值最为接近?

A. 0.2　　　　　B. 0.3　　　　　C. 0.4　　　　　D. 0.5

解答过程:焊条采用 E43 型,根据《钢标》表 4.4.5,得焊缝抗拉强度设计值 $f_f^w = 160\text{N/mm}^2$。

钢梁按简支梁计算时,支座处剪力的最大值为

$$V_{\max} = \frac{1}{2}ql = \frac{1}{2} \times 95\text{kN/m} \times 12\text{m} = 570\text{kN} = 570 \times 10^3\text{N}$$

根据《钢标》第 11.2.7 条，角焊缝连接处的剪应力

$$\tau = \frac{V_{max} S_f}{2 h_e I_x} = \frac{570 \times 10^3 N \times 3660 \times 10^3 mm^3}{2 \times 0.7 \times 8mm \times 590560 \times 10^4 mm^4} = 31.54 N/mm^2$$

角焊缝的连接应力与角焊缝强度设计值之比

$$\frac{\tau}{f_f^w} = \frac{31.54 N/mm^2}{160 N/mm^2} = 0.1971$$

正确答案：A

审题要点：①双面角焊缝尺寸 $h_f = 8mm$，两焊件间隙 $b \leqslant 1.5mm$；②焊接截面工字形梁。

主要考点：①简支梁计算的支座处剪力；②角焊缝连接处的剪应力。

题 213：梁的整体稳定系数（2019 年题 19）

假定简支梁在梁端及距梁端 $l/4$（l 为简支梁跨度）处有可靠的侧向支撑。试问，作为在主平面内受弯的构件进行整体稳定计算时，梁的整体稳定系数与下列何项数值最为接近？

提示：①翼缘板件的宽厚比 S1，腹板板件宽厚比等级 S4；②取梁的整件稳定的等效弯矩系数 $\beta_b = 1.20$。

  A. 0.52   B. 0.65   C. 0.80   D. 0.90

解答过程：根据大题干中"钢材采用 Q235 钢"，由《钢标》表 3.5.1 注 1，得钢号修正系数

$$\varepsilon_k = \sqrt{\frac{235}{f_y}} = \sqrt{\frac{235 N/mm^2}{235 N/mm^2}} = 1$$

根据题干中"简支梁在梁端及距梁端 $l/4$（l 为简支梁跨度）处有可靠的侧向支撑"，则钢梁的平面外最大计算长度是梁长的一半即 6m，长细比

$$\lambda_y = \frac{l_{0y}}{i_y} = \frac{6000mm}{61mm} = 98.36$$

钢梁为双轴对称截面，根据《钢标》第 C.0.1 条，得 $\eta_b = 0$。

根据《钢标》式（C.0.1-1），得整体稳定性系数为

$$\varphi_b = \beta_b \frac{4320}{\lambda_y^2} \cdot \frac{Ah}{W_x} \left[\sqrt{1 + \left(\frac{\lambda_y t_1}{4.4h}\right)^2} + \eta_b \right] \varepsilon_k^2$$

$$= 1.20 \times \frac{4320}{98.36^2} \times \frac{240 \times 10^2 mm^2 \times 1240mm}{9525.161 \times 10^3 mm^3} \times$$

$$\left[\sqrt{1 + \left(\frac{98.36 \times 20mm}{4.4 \times 1240mm}\right)^2} + 0 \right] \times 1^2$$

$$= 1.78 > 0.6$$

根据《钢标》式（C.0..1-7），得整体稳定性系数

$$\varphi_b' = 1.07 - \frac{0.282}{\varphi_b} = 1.07 - \frac{0.282}{1.78} = 0.91 < 1.0$$

正确答案：D

审题要点：①简支梁在梁端及距梁端 $l/4$（l 为简支梁跨度）处有可靠的侧向支撑；

②提示。

主要考点：①钢梁的平面外最大计算长度及其长细比计算；②计算整体稳定性系数及其调整。

题 214：梁腹板计算高度边缘处的折减应力（2019 年题 20）

假定简支梁某截面的正应力和剪应力均较大，基本组合弯矩设计值 1282kN·m，剪力设计值为 1296kN。试问，该截面梁腹板计算高度边缘处的折减应力（N/mm²）与下列哪项数值最为接近。

提示：①不计局部压应力；②翼缘板件宽厚比 S1，腹板板件宽厚比 S4。

  A. 145   B. 170   C. 190   D. 205

解答过程：根据《钢标》式(6.1.5-2)，正应力为

$$\sigma = \frac{M}{I_n}y_1 = \frac{1282kN \cdot m}{590560 \times 10^4 mm^4} \times 600mm = 130.25N/mm^2$$

根据《钢标》式(6.1.3)，剪应力为

$$\tau = \frac{VS_f}{It_w} = \frac{1296kN \times 3660 \times 10^3 mm^3}{590560 \times 10^4 mm^4 \times 10mm} = 80.32N/mm^2$$

式中，$I = I_n = 590560 \times 10^4 mm^4$。

根据《钢标》式(6.1.5-1)，截面梁腹板计算高度边缘处的折减应力为

$$\sqrt{\sigma^2 + \sigma_c^2 - \sigma\sigma_c + 3 \times \tau^2} = \sqrt{(130.25N/mm^2)^2 + 3 \times (80.32N/mm^2)^2}$$
$$= 190.58N/mm^2$$

正确答案：C

审题要点：①基本组合弯矩设计值 1282kN·m，剪力设计值为 1296kN；②提示。

主要考点：①截面梁腹板计算高度边缘处的正应力；②截面梁腹板计算高度边缘处的剪应力；③截面梁腹板计算高度边缘处的折减应力。

题 215：简支梁的最大挠度与其跨度之比（2019 年题 21）

假定简支梁上承受的均布荷载标准值为 $q_k = 90kN/m$，不考虑起拱因素。试问，简支梁的最大挠度与其跨度之比与下列哪项数值最为接近？

  A. 1/300   B. 1/400   C. 1/500   D. 1/600

解答过程：简支梁的最大挠度为

$$f = \frac{5q_k l^4}{384EI_x} = \frac{5 \times 90kN/m \times (12000mm)^4}{384 \times 2.06 \times 10^5 N/mm^2 \times 590560 \times 10^4 mm^4} = 19.97mm$$

简支梁的最大挠度与其跨度之比

$$f/l = 19.97mm/12000mm = 1/600$$

正确答案：D

审题要点：①简支梁上承受的均布荷载标准值；②不考虑起拱因素。

主要考点：①简支梁的最大挠度；②简支梁的最大挠度与其跨度之比。

题 216～题 219：某单层钢结构平台布置如图 16-2 所示，不进行抗震设计且不承受动力荷载，结构的重要系数取 1.0。横向（y 向）结构为框架结构，纵向（x 向）设置支撑保证侧向稳定。所有构件均采用 Q235 钢制作，且钢材各项指标均满足塑性设计要求，截面板

件宽厚比等级为 S1。

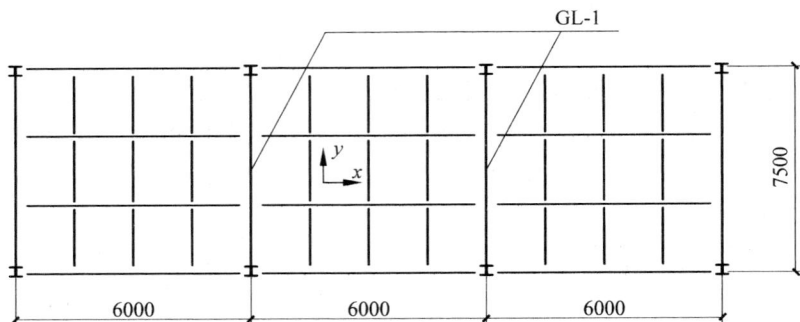

图 16-2　单层钢结构平台布置

题 216：框架塑性铰部位的受弯承载力设计值（2019 年题 22）

框架梁 GL-1 采用焊接工字形截面 H500×250×12×16，如图 16-3 所示，按塑性设计。试问，该框架塑性铰部位的受弯承载力设计值（kN·m），与下列何项数值最为接近？

提示：①不考虑轴力对框架梁的影响；②框架梁剪力为 $V < 0.5h_w t_w f_v$；③计算截面无栓钉削弱。

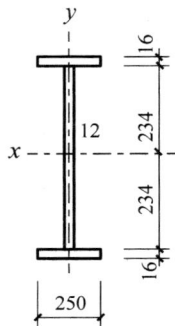

图 16-3　框架梁 GL-1 焊接
工字形截面

A. 440　　　　　　　　B. 500

C. 550　　　　　　　　D. 600

解答过程：根据提示，应采用《钢标》式（10.3.4-2）计算塑性设计时框架塑性铰部位的受弯承载力设计值为

$$0.9W_{npx}f$$

$$= 0.9 \times \frac{250mm \times (500mm)^2 - (250mm - 12mm) \times (500mm - 2 \times 16mm)^2}{4} \times$$

$$215N/mm^2$$

$$= 501.76 \times 10^6 N \cdot mm = 501.76 kN \cdot m$$

正确答案：B

审题要点：①图 16-2；②框架梁 GL-1 采用焊接工字形截面；③塑性设计；④提示。

主要考点：①矩形截面塑性截面模量的计算；②框架塑性铰部位的受弯承载力设计值的计算。

题 217：梁截面剪应力与抗剪强度设计值之比（2019 年题 23）

设计条件同题 216，假定框架梁 GL-1 最大剪力设计值 $V = 650kN$，进行受弯构件塑性铰部位的剪切强度计算时，梁截面剪应力与抗剪强度设计值之比，与下列何项数值最为接近？

A. 0.93　　　　　　B. 0.83　　　　　　C. 0.73　　　　　　D. 0.63

解答过程：根据《钢标》第 10.3.2 条，受弯构件的剪切强度为

$$\tau = \frac{V}{h_w t_w} = \frac{650 \times 10^3 N}{468mm \times 12mm} = 115.741N/mm^2$$

梁截面剪应力与抗剪强度设计值之比为

$$\frac{\tau}{f_v} = \frac{115.741\text{N/mm}^2}{125\text{N/mm}^2} = 0.926$$

正确答案：A

审题要点：①框架梁 GL-1 最大剪力设计值；②受弯构件塑性铰部位的剪切强度计算时。

主要考点：受弯构件的剪切强度。

题 218：加劲肋的最大间距（2019 年题 24）

设计条件同题 216，假定框架梁 GL-1 上翼缘有楼板与钢梁可靠连接，通过设置加劲肋保证梁端塑性铰的发展。试问，加劲肋的最大间距（mm），与下列何项数值最为接近？

　　A. 900　　　　　　　B. 1000　　　　　　　C. 1100　　　　　　　D. 1200

解答过程：根据《钢标》第 10.4.3 条第 2 款，加劲肋的最大间距为

$$s \leqslant 2h = 2 \times 500\text{mm} = 1000\text{mm}$$

正确答案：B

审题要点：①框架梁 GL-1 上翼缘有楼板与钢梁可靠连接；②通过设置加劲肋保证梁端塑性铰的发展。

主要考点：加劲肋的最大间距。

题 219：框架梁连接能传递的弯矩设计值（2019 年题 25）

设计条件同题 216，假定框架梁 GL-1 在跨内某拼接接头处基本组合的最大弯矩设计值为 250kN·m。试问，该连接能传递的弯矩设计值至少应为下列何项数值？

　　提示：截面模量 $W_x = 2285 \times 10^3 \text{mm}^3$

　　A. 250　　　　　　　B. 275　　　　　　　C. 305　　　　　　　D. 350

解答过程：根据《钢标》第 10.4.5 条，构件拼接和构件间的连接应能传递该处最大弯矩设计值的 1.1 倍，则弯矩为

$$M_1 = 1.1 \times 250\text{kN} \cdot \text{m} = 275\text{kN} \cdot \text{m}$$

且不得低于

$$M_2 = 0.5\gamma_x W_x f = 0.5 \times 1.05 \times 2285 \times 10^3 \text{mm}^3 \times 215\text{N/mm}^2$$

$$= 257.92 \times 10^6 \text{N} \cdot \text{mm} = 257.92\text{kN} \cdot \text{m} < M_1$$

$$= 275\text{kN} \cdot \text{m}$$

连接能传递的弯矩设计值至少应为

$$M = \max(M_1, M_2) = \max(275\text{kN} \cdot \text{m}, 257.92\text{kN} \cdot \text{m}) = 275\text{kN} \cdot \text{m}$$

正确答案：B

审题要点：①拼接接头处基本组合的最大弯矩设计值；②提示。

主要考点：框架梁连接能传递的弯矩设计值。

题 220～题 224：某钢结构建筑采用框架结构体系，框架简图如图 16-4 所示。结构位于 8 度（0.20g）抗震设防区，抗震设防类别丙类。框架柱采用焊接箱形截面，框架梁采用焊接工字形截面，梁柱钢材均为 Q345，框架结构总高度 $H = 50\text{m}$，按《钢标》作答。

题 220：钢结构构件性能系数（2019 年题 26）

在钢结构抗震性能化设计中，假定塑性耗能区承载性能等级采用性能 7，试问，下列

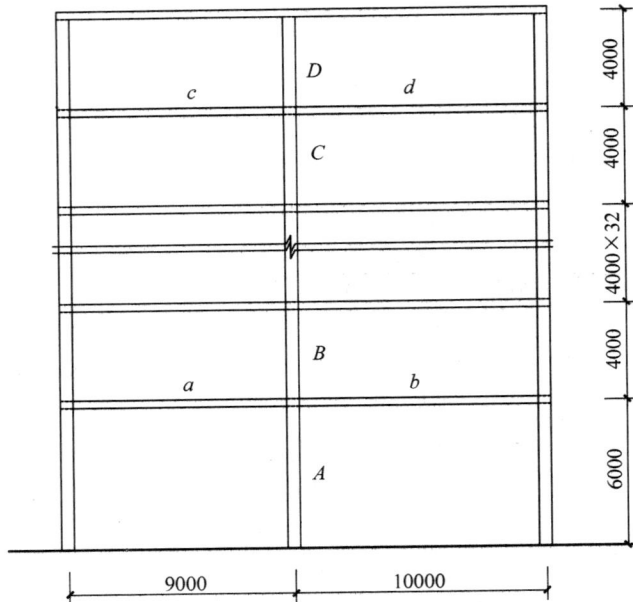

图 16-4　钢结构框架简图

关于构件性能系数的描述,哪项不符合《钢标》中有关钢结构构件性能系数的有关规定?

  A. 框架柱 A 的性能系数宜高于框架梁 a、b 的性能系数

  B. 框架柱 A 的性能系数不应低于框架柱 C、D 的性能系数

  C. 当该框架底层设置偏心支撑后,框架柱 A 的性能系数可以低于框架梁 a、b 的性能系数

  D. 框架梁 a、b 和框架梁 c、d 可有不同的性能系数

解答过程:

根据《钢标》第 17.1.5 条第 2 款,性能系数柱高于梁,选项 A 正确;

根据《钢标》第 17.1.5 条第 5 款及第 17.1.4 条文说明,底部 1/3 高度为关键构件性能系数应高于上部一般构件,选项 B 正确;

根据《钢标》第 17.1.5 条第 4 款,性能系数柱高于偏心支撑杆、偏心支撑杆高于框架梁,选项 C 错误;

根据《钢标》第 17.1.5 条第 1 款,性能系数不同部位可以不同,选项 D 正确。

正确答案:C

审题要点:①图 16-4;②塑性耗能区承载性能等级采用性能 7。

主要考点:性能系数与结构部位的关系。

题 221:外包式柱脚与基础的连接极限承载力(2019 年题 27)

在塑性耗能区的连接计算中,假定框架柱柱底承载能力极限状态最大组合弯矩设计值为 M,考虑轴力影响的柱塑性受弯承载力为 M_{pc}。试问,采用外包式柱脚时,柱脚与基础的连接极限承载力,应按下列何项取值?

  A. $1.0M$ B. $1.2M$ C. $1.0M_{pc}$ D. $1.2M_{pc}$

解答过程:根据大题干"梁柱钢材均为 Q345",采用外包式柱脚,根据《钢标》

表 17.2.9，得连接系数为 $\eta_j = 1.2$。根据《钢标》式(17.2.9-5)，得柱脚与基础的连接极限承载力为

$$M^j_{u,base} \geq \eta_j M_{pc}$$

$$M^j_{u,base} \geq 1.2 M_{pc}$$

正确答案：D

审题要点：①梁柱钢材均为 Q345；②塑性耗能区的连接；③承载能力极限状态最大组合弯矩设计值为 M；④考虑轴力影响的柱塑性受弯承载力为 M_{pc}；⑤外包式柱脚。

主要考点：①《钢标》表 17.2.9 的连接系数；②$M^j_{u,base}$ 的计算。

题 222：梁柱节点采用梁端加强的办法来保证塑性铰外移（2019 年题 28）

假定梁柱节点采用梁端加强的办法来保证塑性铰外移。试问，采用下述哪些措施符合《钢标》的规定？

Ⅰ. 上下翼缘加盖板；

Ⅱ. 加宽翼缘板且满足宽厚比的规定；

Ⅲ. 增加翼缘板的厚度；

Ⅳ. 增加腹板的厚度。

　　A. Ⅰ、Ⅱ、Ⅲ　　　　B. Ⅰ、Ⅱ、Ⅳ　　　　C. Ⅱ、Ⅲ、Ⅳ　　　　D. Ⅰ、Ⅲ、Ⅳ

解答过程：

根据《钢标》第 17.3.9 条第 2 款，措施Ⅰ正确；根据《钢标》第 17.3.9 条第 3 款，措施Ⅱ正确；根据《钢标》第 17.3.9 条第 4 款，措施Ⅲ正确；Ⅳ增加腹板厚度，梁端的截面抵抗矩增加有限，措施Ⅳ错误。

正确答案：A

审题要点：梁端加强的办法来保证塑性铰外移。

主要考点：塑性铰外移。

题 223：计算框架梁的性能系数时构件塑性耗能区截面模量（2019 年题 29）

假定框架梁截面如图 16-5 所示，弹性截面模量为 W，塑性截面模量为 W_p。试问，计算框架梁的性能系数时，该构件塑性耗能区截面模量 W_E，应按下列何项取值？

　　A. $1.05W_p$　　　　　　B. $1.05W$

　　C. $1.0W_p$　　　　　　D. $1.0W$

解答过程：根据大题干"梁柱钢材均为 Q345"，根据《钢标》表 3.5.1 注 1，得钢号修正系数为

$$\varepsilon_k = \sqrt{\frac{235}{f_y}} = \sqrt{\frac{235 N/mm^2}{345 N/mm^2}} = 0.825$$

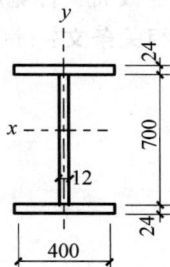

图 16-5　框架梁截面

框架梁截面受压翼缘的自由外伸宽度与其厚度比为

$$9\varepsilon_k = 9 \times 0.825 = 7.425 < \frac{b}{t} = \frac{\dfrac{400mm - 12mm}{2}}{24mm} = 8.083 < 11\varepsilon_k$$

$$= 11 \times 0.825 = 9.075$$

根据《钢标》表 3.5.1，知构件的截面板件宽厚比等级为 S2 级。

腹板的高厚比为

$$65\varepsilon_k = 65 \times 0.825 = 53.625 < \frac{h_w}{t_w} = \frac{700\text{mm} - 2 \times 24\text{mm}}{12\text{mm}}$$

$$= 54.33 < 72\varepsilon_k = 72 \times 0.825 = 59.4$$

根据《钢标》表 3.5.1 知，构件的截面板件宽厚比等级为 S2 级。

综上所述，板件宽厚比等级为 S2 级。

根据《钢标》表 17.2.2-2，构件塑性耗能区截面模量 $W_E = W_p$。

正确答案：C

审题要点：①梁柱钢材均为 Q345；②图 16-5；③计算框架梁的性能系数时，该构件塑性耗能区截面模量。

主要考点：①截面宽厚比（高厚比）等级的确定；②构件塑性耗能区截面模量。

题 224：抗性能化设计时，框架塑性耗能区（梁端）截面板件宽厚比（2019 年题 30）

假定该框架结构增加一层至 $H = 54\text{m}$。试问，进行抗性能化设计时，框架塑性耗能区（梁端）截面板件宽厚比，采用下列何项等级最为合适？

    A. S1   B. S2   C. S3   D. S4

解答过程：根据《钢标》表 17.1.4-1，框架结构增加一层至 $H = 54\text{m}$，塑性耗能区承载性能等级为性能 7。

根据《钢标》表 17.1.4-2，抗震设防类别丙类，性能 7，所对应的塑性耗能区最低延性等级为 Ⅰ 级。

根据《钢标》表 17.3.4-1，塑性耗能区最低延性等级为 Ⅰ 级的截面板件宽厚比等级为 S1。

正确答案：A

审题要点：①抗震设防类别丙类；②框架结构增加一层至 $H = 54\text{m}$。

主要考点：①确定塑性耗能区承载性能等级；②确定塑性耗能区最低延性等级；③确定截面板件宽厚比等级。

相关条文：《钢标》第 17.1.4 条、第 17.1.5 条、第 17.2.2 条、第 17.2.9 条、第 17.3.4 条。

第17章 木 结 构

2003 年木结构

题 1、题 2：某 12m 跨食堂，采用三角形木桁架，如图 17-1 所示。下弦杆截面尺寸为 140mm×160mm，采用干燥的 TC11 西北云杉；其接头为双木夹板对称连接，位于跨中附近。

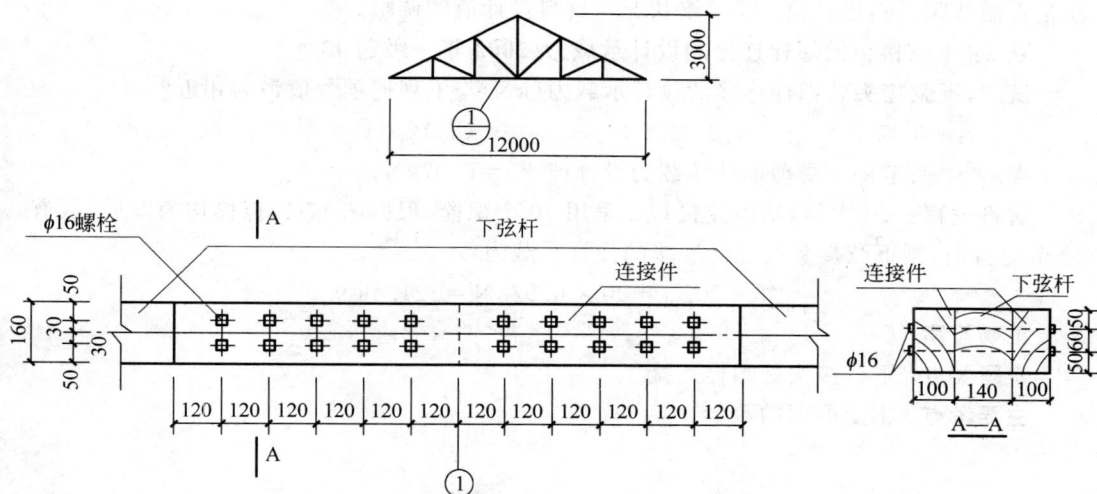

图 17-1

题 1：桁架下弦杆轴向承载力（2003 年一级题 42）

试问，桁架下弦杆轴向承载力（kN）与下列何项数值最为接近？

    A. 134.4   B. 128.2   C. 168   D. 179.2

解答过程：由《木结构设计标准》（GB 50005—2017，《木标》）第 5.1.1 条知，计算 A_n 时应扣除分布在 150mm 长度上的缺孔投影面积（虽在 150mm 的范围内有 4 个螺栓孔，但在断面图 A—A 中其投影重叠为 2 个孔，所以仅需扣除 2 个螺栓的面积），下弦的面积应扣除保险螺栓处削弱的面积。

由《木标》表 4.3.1-1 知，西北云杉组别为 TC11A；查《木标》表 4.3.1-3 得

$$f_c = 10 \text{N/mm}^2, \quad f_t = 7.5 \text{N/mm}^2$$

根据图 17-1 中 A—A，知下弦杆短边为 140mm 小于 150mm，木材干燥，无须根据《木标》第 4.3.2 条第 2、3 款进行强度调整。

根据《木标》式（5.1.1），得桁架下弦杆轴向承载力

$$N = f_t A_n = 7.5 \text{N/mm}^2 \times (160 \text{mm} - 2 \times 16 \text{mm}) \times 140 \text{mm}$$

$$= 134.4 \times 10^3 \text{N} = 134.4 \text{kN}$$

正确答案：A

解答流程：下弦杆轴向承载力的计算流程见流程图 17-1。

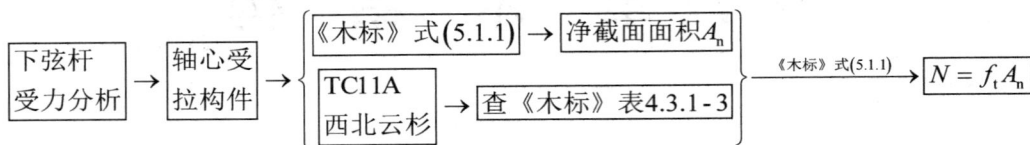

流程图 17-1　下弦杆轴向承载力

审题要点：①木桁架下弦杆；②尺寸为 140mm×160mm；③干燥的 TC11 西北云杉；④双木夹板对称连接；⑤下弦杆轴向承载力。

主要考点：①150mm 长度范围内缺口的考虑；②横截面尺寸与 150mm 的比较，判断是否需调整材料设计值；③干湿状况与材料设计值的调整。

题 2：下弦接头处螺栓连接的设计承载力（2003 年一级题 43）

试问，下弦接头处螺栓连接的设计承载力（kN）与下列何项数值最为相近？

　　A. 60.7　　　　　　B. 242.8　　　　　　C. 121.4　　　　　　D. 52.6

提示①：假定每个受剪面的承载力设计值 $Z_d = 6.07\text{kN}$。

解答过程：由《木标》知因连接每侧采用 10 个螺栓，根据图 17-1，螺栓均为双剪，故有 20 个受剪面，则下弦接头处螺栓连接的设计承载力

$$N = 20Z_d = 20 \times 6.07\text{kN} = 121.4\text{kN}$$

正确答案：C

审题要点：下弦接头处螺栓连接。

主要考点：①受剪面的数量。

2004 年木结构

题 3、题 4：某三角形木屋架端节点如图 17-2 所示，单齿连接，齿深 $h_c = 30\text{mm}$，上下弦杆采用干燥的西南云杉 TC15B，方木截面 150mm×150mm，设计使用年限 50 年，结构重要系数 1.0。

题 3：作用在端节点上弦杆的最大轴向压力设计值（2004 年一级题 42）

作用在端节点上弦杆的最大轴向压力设计值 N（kN）应与下列何值接近？

　　A. 34.6　　　　　　B. 39.9　　　　　　C. 45.9　　　　　　D. 54.1

解答过程：根据《木标》表 4.3.1-3，可得木材强度设计值②$f_{c,90} = 3.1\text{N/mm}^2$，$f_c = 12\text{N/mm}^2$，$f_v = 1.5\text{N/mm}^2$，$f_t = 9.0\text{N/mm}^2$。

---

① 因《木标》在此处条文变化非常大，题目给定的参数不足，为了保持考题的完整可答，提出本假定。

② 虽然题目中有"方木截面 150mm×150mm"，但因计算端节点处为齿连接，截面有削弱，所以木材的强度设计值不考虑增大 10% 进行调整。

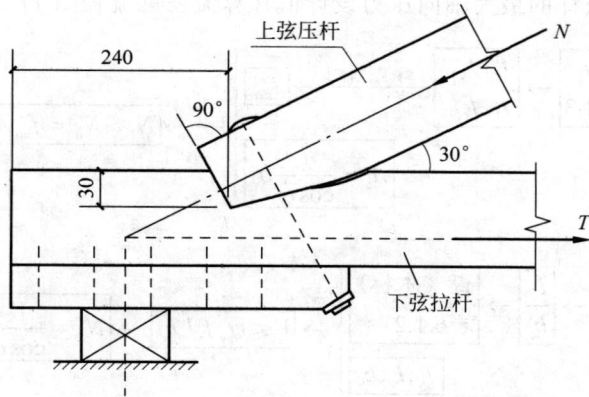

图 17-2

① 上弦杆受压承载力

因 $10° < \alpha = 30° < 80°$，由《木标》式(4.3.3-2)，

$$f_{c\alpha} = \frac{f_c}{1 + \left(\frac{f_c}{f_{c,90}} - 1\right)\frac{\alpha - 10°}{80°}\sin\alpha}$$

$$= \frac{12\text{N/mm}^2}{1 + \left(\frac{12\text{N/mm}^2}{3.1\text{N/mm}^2} - 1\right) \times \frac{30° - 10°}{80°} \times \sin30°}$$

$$= 8.8\text{N/mm}^2$$

局部受压面积

$$A_c = \frac{h_c}{\cos\alpha}b_v = \frac{30\text{mm}}{\cos30°} \times 150\text{mm} = 5196\text{mm}^2$$

代入《木标》式(6.1.2-1)，得

$$N_1 \leqslant N_u = f_{c\alpha}A_c = 8.8\text{N/mm}^2 \times 5196\text{mm}^2 = 45724.8\text{N} = 45.72\text{kN}$$

② 下弦杆单齿承载力

根据《木标》式(6.1.2-2)，有

$$l_v = 240\text{mm} \leqslant 8h_c = 8 \times 30\text{mm} = 240\text{mm}, \qquad \frac{l_v}{h_c} = 8$$

查《木标》表 6.1.2，得 $\psi_v = 0.64$，有

$$V \leqslant \psi_v f_v l_v b_v = 0.64 \times 1.5\text{N/mm}^2 \times 240\text{mm} \times 150\text{mm} = 34560\text{N} = 34.56\text{kN}$$

$V = N_2\cos\alpha$，则

$$N_2 = \frac{V}{\cos\alpha} = \frac{34.56\text{kN}}{\cos30°} = 39.9\text{kN}$$

取 39.9kN 与 45.72kN 较小者作为 N 值，即作用在端节点上弦杆的最大轴向压力设计值

$$N = \min(N_1, N_2) = 39.9\text{kN}$$

正确答案：B

解答流程：上弦杆的最大轴向压力设计值计算流程见流程图 17-2。

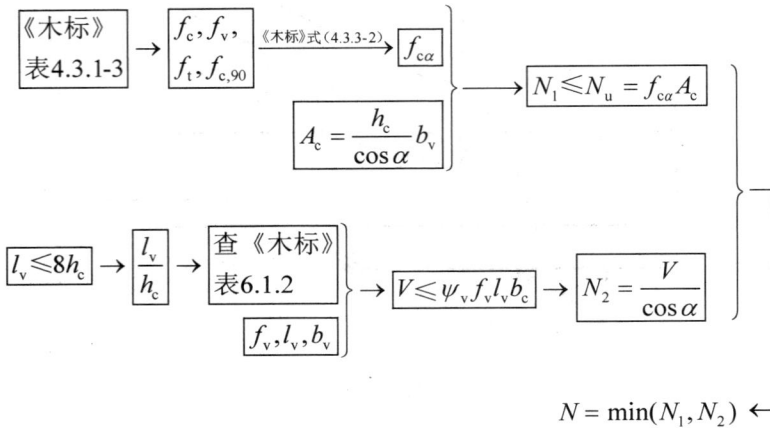

流程图 17-2　上弦杆的最大轴向压力设计值

审题要点：①单齿连接；②干燥的西南云杉；③方木截面 $150\text{mm} \times 150\text{mm}$；④设计使用年限 50 年；⑤端节点上弦杆的最大轴向压力设计值。

主要考点：①木材斜纹承载力设计值的计算；②单齿连接承载力降低系数；③不同受力方式计算所得承载力设计值的比较；④已知树种,查其强度设计值。

题 4：下弦拉杆接头处采用双钢夹板螺栓连接（2004 年一级题 43）

下弦拉杆接头处采用双钢夹板螺栓连接,如图 17-3 所示,木材顺纹受力。试问,下弦最大拉力设计值 $T(\text{kN})$ 与下列何项数值接近?

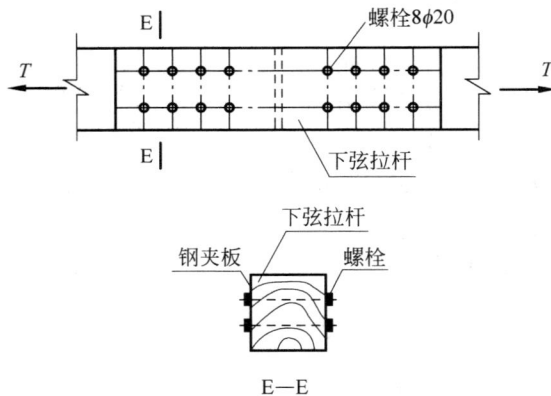

图 17-3

提示：连接构造满足规范,连接钢板的强度有足够保证,不考虑螺栓对杆件截面的削弱。

　　　A. 144.0　　　　　　B. 148.5　　　　　　C. 166.3　　　　　　D. 202.5

提示①：假定每个受剪面的承载力设计值 $Z_\text{d} = 10.4\text{kN}$。

---

① 因《木标》在此处条文变化非常大,题目给定的参数不足,为了保持考题的完整可答,提出本假定。

解答过程：上下弦杆采用干燥的西南云杉 TC15B，则根据《木标》表 4.3.1-3，得 $f_c=$ 12N/mm^2，$f_t=9\text{N/mm}^2$。大题干中有"方木截面 $150\text{mm}\times150\text{mm}$"，则在计算下弦杆本身的承载力时，可以考虑将 f_t 提高 10%。

双钢夹板螺栓连接的最大拉力设计值

$$N_1=2Z_d=2\times8\times10.4\text{kN}=166.4\text{kN}$$

根据"提示：连接构造满足规范，连接钢板的强度有足够保证，不考虑螺栓对杆件截面的削弱"。按受拉构件计算下弦杆的抗拉强度设计值，有

$$N_2\leqslant f_tA_n=1.1\times9\text{N/mm}^2\times(150\text{mm})^2=222750\text{N}=222.75\text{kN}$$

比螺栓的抗剪强度大，则下弦最大拉力设计值取 166.4kN。

正确答案：C

审题要点：①下弦拉杆接头；②双钢夹板螺栓连接；③木材顺纹受力；④下弦最大拉力设计值。

主要考点：①螺栓连接承载力系数的查取；②受拉构件抗拉强度设计值计算；③已知树种，查其强度设计值。

2005 年木结构

题 5、题 6：一粗皮落叶松（TC17）制作的轴心受压杆件，截面 $b\times h=100\text{mm}\times$ 100mm，其计算长度为 3000mm，杆件中部有一个 $30\text{mm}\times100\text{mm}$ 的矩形通孔，如图 17-4 所示。该受压杆件处于露天环境，安全等级为三级，设计使用年限为 25 年。

题 5：按强度验算时，杆件的承载能力设计值（2005 年一级题 42）

试问，当按强度验算时，该杆件的承载能力设计值（kN）与下列何项数值最为接近？

A. 105　　　　　　B. 125

C. 145　　　　　　D. 165

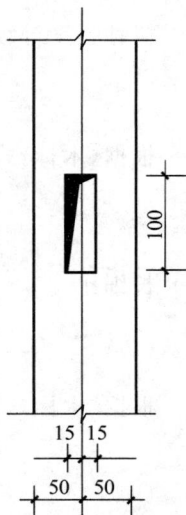

图 17-4

解答过程：根据《木标》[1]表 4.3.1-3，粗皮落叶松 TC17A 的顺纹抗压强度设计值 $f_c=16\text{N/mm}^2$，根据《木标》表 4.3.9-1，露天环境下木材强度设计值的调整系数为 0.9；根据《木标》表 4.3.9-2，使用年限 25 年强度设计值的调整系数为 1.05，则木材抗压强度设计值

$$f_c'=16\text{N/mm}^2\times0.9\times1.05=15.12\text{N/mm}^2$$

腹杆的净截面面积

$$A_n=100\text{mm}\times100\text{mm}-100\text{mm}\times(15\text{mm}+15\text{mm})=7000\text{mm}^2$$

根据《木标》式（5.1.2-1），按强度验算的受压承载力

$$f_c'A_n=15.12\text{N/mm}^2\times7000\text{mm}^2=105.84\times10^3\text{N}=105.84\text{kN}$$

正确答案：A

---

[1]　虽然题干中提到"安全等级为三级"，但因本小题要求计算"杆件的承载能力设计值"，即为抗力 R，不应考虑《木标》第 4.1.7 条第 3 款来调整结构重要系数 γ_0，由《木标》式（4.1.6）知，γ_0 是对荷载效应的调整。

解答流程：杆件的承载能力设计值计算流程见流程图 17-3。

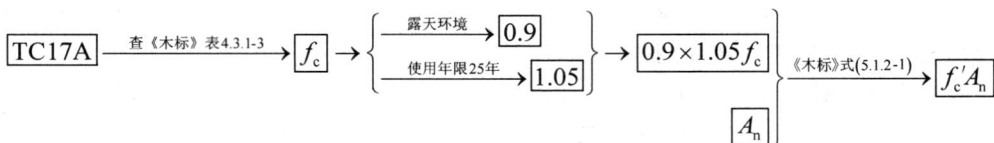

$$\boxed{\text{TC17A}} \xrightarrow{\text{查《木标》表4.3.1-3}} \boxed{f_c} \rightarrow \left\{ \begin{array}{l} \xrightarrow{\text{露天环境}} \boxed{0.9} \\ \xrightarrow{\text{使用年限25年}} \boxed{1.05} \end{array} \right\} \rightarrow \boxed{0.9 \times 1.05 f_c} \xrightarrow{\text{《木标》式(5.1.2-1)}} \boxed{f_c' A_n}$$
$$\boxed{A_n}$$

流程图 17-3　杆件的承载能力设计值

审题要点：①粗皮落叶松（TC17A）；②轴心受压；③中部有一个 $30\,\text{mm} \times 100\,\text{mm}$ 的矩形通孔；④处于露天环境，安全等级为三级，设计使用年限为 25 年；⑤按强度验算时。

主要考点：①不同设计年限、环境中木结构构件的强度调整；②净截面面积计算；③已知树种，查其强度设计值。

题 6：按稳定性验算时，杆件的承载能力设计值（2005 年一级题 43）

已知杆件全截面回转半径 $i = 28.87\,\text{mm}$，当按稳定性验算时，试问，该杆件的承载能力设计值（kN）与下列何项数值最为接近？

　　A. 42　　　　　　　　B. 38　　　　　　　　C. 34　　　　　　　　D. 26

解答过程：根据《木标》表 4.3.1-3，TC17A 的顺纹抗压强度设计值 $f_c = 16\,\text{N/mm}^2$，根据《木标》表 4.3.9-1，露天环境下木材强度设计值的调整系数为 0.9，根据《木标》表 4.3.9-2，使用年限 25 年强度设计值的调整系数为 1.05，则

$$f_c = 16\,\text{N/mm}^2 \times 0.9 \times 1.05 = 15.12\,\text{N/mm}^2$$

根据《木标》第 5.1.3 条，缺口位于构件中部，则受压构件的计算面积

$$A_0 = 0.9A = 0.9 \times 100\,\text{mm} \times 100\,\text{mm} = 9000\,\text{mm}^2$$

树种强度等级为 TC17，查《木标》表 5.1.4 得

$$\alpha_c = 0.92, \quad \frac{E_k}{f_{ck}} = 330, \quad \beta = 1.00, \quad c_c = 4.13, \quad b_c = 1.96$$

根据《木标》式（5.1.4-1），得

$$\lambda_c = c_c \sqrt{\frac{\beta E_k}{f_{ck}}} = 4.13 \times \sqrt{1.00 \times 330} = 75$$

长细比

$$\lambda = \frac{l_0}{i} = \frac{3000\,\text{mm}}{28.87\,\text{mm}} = 103.9 > \lambda_c = 75$$

根据《木标》式（5.1.4-3），可得稳定系数

$$\varphi = \frac{\alpha_c \pi^2 \beta E_k}{\lambda^2 f_{ck}} = \frac{0.92 \times 3.14^2 \times 1.00 \times 330}{103.9^2} = 0.277$$

根据《木标》式（5.1.2-2），得按稳定强度验算的受压承载力

$$N_u = \varphi A_0 f_c = 0.277 \times 9000\,\text{mm}^2 \times 15.12\,\text{N/mm}^2 = 37.694 \times 10^3\,\text{N} = 37.694\,\text{kN}$$

正确答案：B

解答流程：杆件的承载能力设计值计算流程见流程图 17-4。

审题要点：按稳定性验算。

$$\boxed{\begin{array}{c}\text{树种强度}\\\text{等级}\end{array}}\xrightarrow{\text{TC17A}}\boxed{\begin{array}{c}《木标》\\\text{式}(5.1.4\text{-}1)\end{array}}\to\boxed{\lambda_c=c_c\sqrt{\dfrac{\beta E_k}{f_{ck}}}}$$

$$\boxed{\lambda=\dfrac{l_0}{i}}\Bigg\}\to\boxed{\lambda>\lambda_c}$$

$$\boxed{N_u=\varphi A_0 f_c}\xleftarrow{《木标》式 (5.1.2\text{-}2)}\boxed{\varphi=\dfrac{a_c\pi^2\beta E_k}{\lambda^2 f_{ck}}}\xleftarrow{《木标》式 (5.1.4\text{-}3)}$$

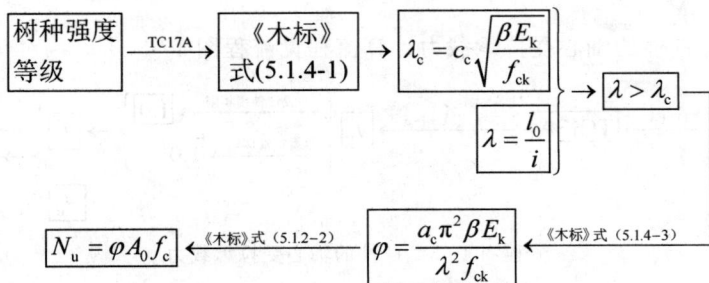

流程图 17-4　杆件的稳定性承载能力设计值

主要考点：①不同设计年限、环境中木结构构件的强度调整；②验算稳定时，缺口的考虑；③长细比的计算与稳定系数的选取。

2006 年木结构

题 7、题 8：某受拉木构件由两段干燥的矩形截面油松木连接而成，顺纹受力，接头采用螺栓木夹板连接，夹板木材与主杆件相同；连接节点处的构造如图 17-5 所示。该构件处于室内正常环境，安全等级为二级，设计使用年限为 50 年；螺栓采用 4.6 级普通螺栓，其排列方式为两纵行齐列；螺栓纵向中距为 $9d$，端距为 $7d$。

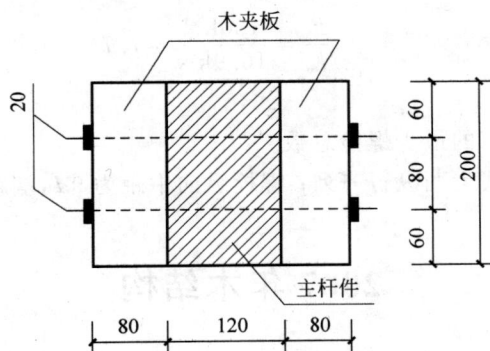

图 17-5　连接节点处的构造

题 7：杆件的轴心受拉承载力（2006 年一级题 42）

当构件接头部位连接强度足够时，试问，该杆件的轴心受拉承载力（kN）与下列何项数值最为接近？

　　A. 160　　　　　B. 180　　　　　C. 200　　　　　D. 220

解答过程：由《木标》表 4.3.1-1 知，油松为 TC13A，由《木标》表 4.3.1-3 知，$f_t=8.5\text{N/mm}^2$，根据《木标》表 4.3.9-2，设计使用年限为 50 年，处于室内正常环境，则不对 f_t 进行调整。

根据《木标》式（5.1.1），杆件的轴心受拉承载力

$$N=f_t A_n=8.5\text{N/mm}^2\times120\text{mm}\times(200\text{mm}-2\times20\text{mm})=163.2\times10^3\text{N}=163.2\text{kN}$$

正确答案：A

解答流程：杆件的轴心受拉承载力计算流程见流程图 17-5。

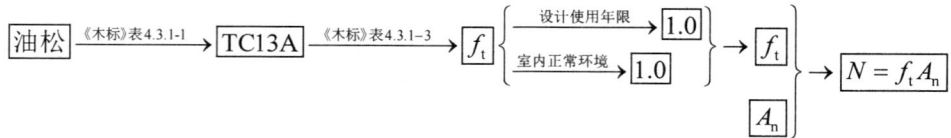

$$\boxed{油松} \xrightarrow{《木标》表4.3.1\text{-}1} \boxed{TC13A} \xrightarrow{《木标》表4.3.1\text{-}3} \boxed{f_t} \begin{cases} 设计使用年限 \to \boxed{1.0} \\ 室内正常环境 \to \boxed{1.0} \end{cases} \to \begin{matrix} \boxed{f_t} \\ \boxed{A_n} \end{matrix} \to \boxed{N = f_t A_n}$$

流程图 17-5　杆件的轴心受拉承载力

审题要点：①干燥的油松木；②顺纹受力；③室内正常环境，设计使用年限为 50 年；④构件接头部位连接强度足够；⑤轴心受拉承载力。

主要考点：①不同设计年限、环境中木结构构件的强度调整；②横截面净截面计算；③已知树种，查其强度设计值。

题 8：接头每端所需的最少螺栓总数（2006 年一级题 43）

若该杆件的轴心拉力设计值为 130kN，试问，接头每端所需的最少螺栓总数（个）应与下列何项数值最为接近？

A. 14　　　　　　　B. 12　　　　　　　C. 10　　　　　　　D. 8

提示[①]：假定每个受剪面的承载力设计值 $Z_d = 8.45$kN。

解答过程：由《木标》知，每个螺栓的受剪承载力设计值

$$N_v = n Z_d = 2 \times 8.45\text{kN} = 16.9\text{kN}$$

接头每端所需的最少螺栓总数（个）为

$$m = \frac{T}{N_v} = \frac{130\text{kN}}{16.9\text{kN}} = 7.7$$

正确答案：D

审题要点：每端所需的最少螺栓总数。

主要考点：排列方式为两纵行齐列；螺栓纵向中距为 $9d$，端距为 $7d$。

2007 年木结构

题 9、题 10：东北落叶松（TC17B）原木檩条（未经切削），标注直径为 162mm，计算简图如图 17-6 所示。该檩条处于正常使用条件，安全等级为二级，设计使用年限为 50 年。

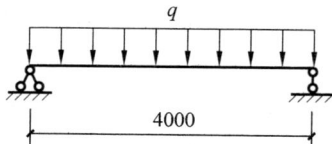

图 17-6

---

① 因《木标》在此处条文变化非常大，老题目给定的参数不足，为了保持考题的完整可答，提出本提示。

题 9：檩条达到最大抗弯承载力时，所能承担的最大均布荷载设计值（2007 年一级题 42）

若不考虑檩条自重，试问，该檩条达到最大抗弯承载力时，所能承担的最大均布荷载设计值 q（kN/m）与下列何项数值最为接近？

A. 6.0　　　　　　　B. 5.5　　　　　　　C. 5.0　　　　　　　D. 4.5

解答过程：根据《木标》表 4.3.1-3，得东北落叶松 TC17B 的抗弯强度设计值 $f_m = 17\text{N/mm}^2$，该檩条处于正常使用条件，安全等级为二级，设计使用年限为 50 年。根据《木标》表 4.3.9-2 得强度调整系数为 1.0。

根据《木标》第 4.3.2 条第 1 款，原木的 f_m 可以提高 15%，则

$$f'_m = 1.15 f_m = 1.15 \times 17\text{N/mm}^2 = 19.55\text{N/mm}^2$$

根据《木标》第 4.3.18 条，抗弯强度计算时，可取最大弯矩处的截面即简支梁跨中截面，则直径

$$d = 162\text{mm} + 9\text{mm/m} \times \frac{4\text{m}}{2} = 180\text{mm}$$

由《木标》式（5.2.1）知

$$W_n = W = \frac{\pi d^3}{32}$$

$$\gamma_0 M \leqslant f_m W_n = f_m W = f_m \frac{\pi d^3}{32} = 19.55\text{N/mm}^2 \times \frac{3.14 \times (180\text{mm})^3}{32}$$

$$= 11.188 \times 10^6 \text{N} \cdot \text{mm} = 11.188\text{kN} \cdot \text{m}$$

又

$$q = \frac{8M}{l^2} = \frac{8 \times 11.188\text{kN} \cdot \text{m}}{(4\text{m})^2} = 5.6\text{kN/m}$$

与 5.5kN/m 最为接近。

正确答案：B

解答流程：檩条达到最大抗弯承载力时，所能承担的最大均布荷载设计值计算流程见流程图 17-6。

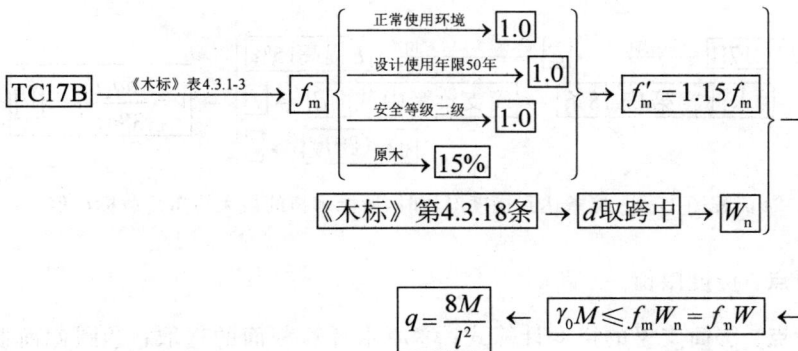

流程图 17-6　檩条达到最大抗弯承载力时，所能承担的最大均布荷载设计值

审题要点：①(TC17B)原木檩条(未经切削)；②标注直径；③处于正常使用条件,安全等级为二级,设计使用年限为50年；④最大抗弯承载力。

主要考点：①已知树种,查其强度设计值；②不同设计年限、环境中木结构构件的强度调整；③原木构件挠度和稳定验算截面的选用；④简支梁在均布荷载作用下最大弯矩计算式。

题10：檩条达到挠度限值时,所能承担的最大均布荷载标准值(2007 年一级题 43)

若不考虑檩条自重,试问,该檩条达到挠度限值 $\dfrac{l}{250}$ 时,所能承担的最大均布荷载标准值 q_k(kN/m)与下列何项数值最为接近?

　　A. 1.6　　　　　　　　B. 1.9　　　　　　　　C. 2.5　　　　　　　　D. 2.9

解答过程[①]：由简支梁的挠度计算式 $v=\dfrac{5q_k l^4}{384EI}\leqslant[v]$,挠度限值 $[v]=\dfrac{l}{250}$,得

$$q_k=\frac{384EI}{5\times250l^3}$$

查《木标》表 4.3.1-3 得,东北落叶松 TC17B 的 $E=10000\text{N/mm}^2$,由《木标》第 4.3.2 条第 1 款知,原木的弹性模量可以提高 15%,则

$$E=10000\text{N/mm}^2\times1.15=11500\text{N/mm}^2$$

由《木标》第 4.3.18 条知,挠度计算时,可取简支梁跨中截面,则直径

$$d=162\text{mm}+9\text{mm/m}\times\frac{4\text{m}}{2}=180\text{mm}$$

惯性矩

$$I=\frac{\pi d^4}{64}=\frac{3.14\times(180\text{mm})^4}{64}=51503850\text{mm}^4$$

所能承担的最大均布荷载标准值

$$q_k=\frac{384EI}{5\times250l^3}=\frac{384\times11500\text{N/mm}^2\times51503850\text{mm}^4}{5\times250\times(4000\text{mm})^3}=2.84\text{N/mm}=2.84\text{kN/m}$$

正确答案：D

解答流程：檩条达到挠度限值时,所能承担的最大均布荷载标准值计算流程见流程图 17-7。

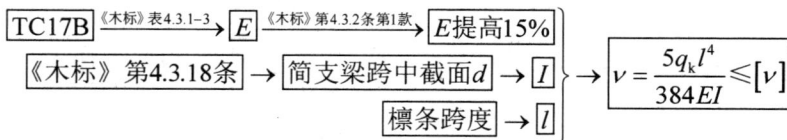

流程图 17-7　檩条达到挠度限值时,所能承担的最大均布荷载标准值

审题要点：挠度限值 $\dfrac{l}{250}$。

主要考点：①简支梁的挠度计算式；②原木计算截面的选取；③圆截面惯性矩计算

---

① 本题解答中,应注意各个参数的单位统一为 N、mm 制。

式(面积二次矩计算式)。

2008 年木结构

题 11：弦杆的轴心受拉承载力设计值(2008 年一级题 42)

一红松(TC13)桁架轴心受拉下弦杆,截面尺寸为 100mm×200mm。弦杆上有 5 个直径为 14mm 的圆孔,圆孔的分布如图 17-7 所示。正常使用条件下该桁架安全等级为二级,设计使用年限为 50 年。试问,该弦杆的轴心受拉承载力设计值(kN)与下列何项数值最为接近?

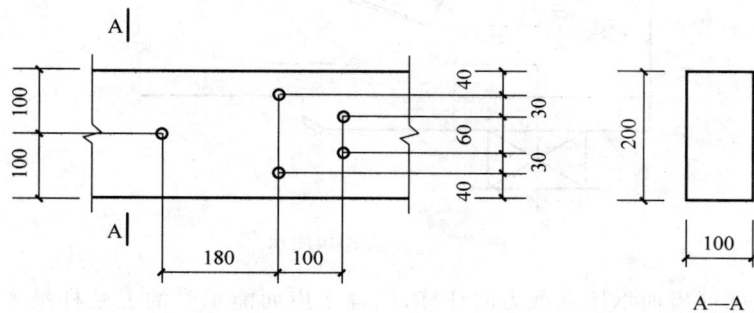

图 17-7

　　　A. 115　　　　　　　B. 125　　　　　　　C. 160　　　　　　　D. 175

解答过程：根据《木标》表 4.3.1-3,得红松 TC13B 的 $f_t = 8\text{N}/\text{mm}^2$。根据《木标》第 5.1.1 条知,计算 A_n 应扣除 150mm 范围内的缺孔投影。

由图 17-7 知,100mm 范围内有 4 个直径为 14mm 的孔,则构件净截面面积

$$A_n = 100\text{mm} \times (200\text{mm} - 4 \times 14\text{mm}) = 14400\text{mm}^2$$

根据《木标》式(5.1.1),弦杆的轴心受拉承载力设计值

$$N_u = A_n f_t = 14400\text{mm}^2 \times 8\text{N}/\text{mm}^2 = 115.2 \times 10^3 \text{N} = 115.2\text{kN}$$

正确答案：A

解答流程：弦杆的轴心受拉承载力设计值计算流程见流程图 17-8。

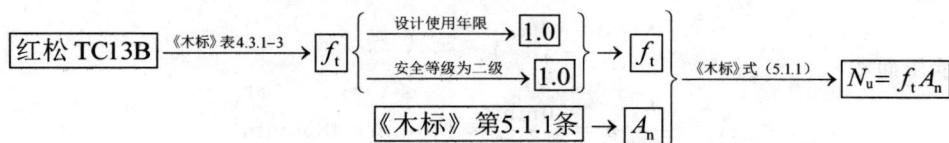

流程图 17-8　弦杆的轴心受拉承载力设计值

审题要点：①红松(TC13)桁架轴心受拉下弦杆;②截面尺寸为 100mm×200mm;③有 5 个直径为 14mm 的圆孔;④正常使用条件下该桁架安全等级为二级,设计使用年限为 50 年。

主要考点：①已知树种,查其强度设计值;②横截面净截面面积计算;③150mm 长

度范围内缺口的考虑。

题 12：齿面能承受的上弦杆最大轴向压力设计值（2008 年一级题 43）

某三角形木桁架的上弦杆和下弦杆在支座节点处采用单齿连接，如图 17-8 所示。齿深 $h_c = 30\text{mm}$，上弦轴线与下弦轴线的夹角为 30°。上下弦杆采用红松（TC13），其截面尺寸均为 140mm×140mm。该桁架处于室内正常环境，安全等级为二级，设计使用年限 50 年。

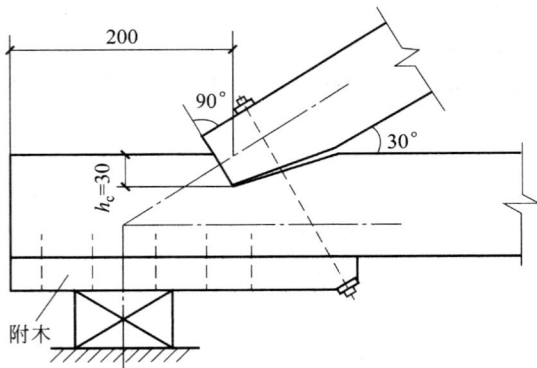

图 17-8　单齿连接图示

根据对下弦杆齿面承压承载力的计算，试确定齿面能承受的上弦杆最大轴向压力设计值（kN）与下列何项数值最为接近？

　　A. 28　　　　　　　　B. 37　　　　　　　　C. 49　　　　　　　　D. 60

解答过程：根据《木标》表 4.3.1-3，可知 TC13B 的材料强度设计值

$$f_{c,90} = 2.9\text{N/mm}^2, \quad f_c = 10\text{N/mm}^2, \quad f_v = 1.4\text{N/mm}^2, \quad f_t = 8.0\text{N/mm}^2$$

由 $10° < \alpha = 30° < 90°$，根据《木标》第 4.3.3 条得，木材斜纹承压的强度设计值

$$f_{c\alpha} = \frac{f_c}{1 + \left(\dfrac{f_c}{f_{c,90}} - 1\right)\dfrac{\alpha - 10°}{80°}\sin\alpha}$$

$$= \frac{10\text{N/mm}^2}{1 + \left(\dfrac{10\text{N/mm}^2}{2.9\text{N/mm}^2} - 1\right) \times \dfrac{30° - 10°}{80°} \times \sin 30°}$$

$$= 7.7\text{N/mm}^2$$

承压面积

$$A_c = \frac{h_c}{\cos\alpha}b = \frac{30\text{mm}}{\cos 30°} \times 140\text{mm} = 4850\text{mm}^2$$

根据《木标》第 6.1.2 条，齿面能承受的上弦杆最大轴向压力设计值

$$N_u = f_{c\alpha}A_c = 7.7\text{N/mm}^2 \times 4850\text{mm}^2 = 37.3 \times 10^3\text{N} = 37.3\text{kN}$$

正确答案：B

解答流程：齿面能承受的上弦杆最大轴向压力设计值计算流程见流程图 17-9。

审题要点：①采用单齿连接；②采用红松（TC13），其截面尺寸均为 140mm×140mm；③处于室内正常环境，安全等级为二级，设计使用年限 50 年；④上弦杆最大轴

$$\boxed{\text{TC13B}} \rightarrow \boxed{\begin{array}{l}\text{《木标》}\\ \text{表4.3.1-3}\end{array}} \rightarrow \left.\boxed{\begin{array}{l}f_{c},f_{v},\\ f_{t},f_{c,90}\end{array}} \xrightarrow{\text{《木标》第4.3.3条}} \boxed{f_{c\alpha}} \atop \boxed{A_{c}=\dfrac{h_{c}}{\cos\alpha}b}\right\} \rightarrow \boxed{N_{u}=f_{c\alpha}A_{c}}$$

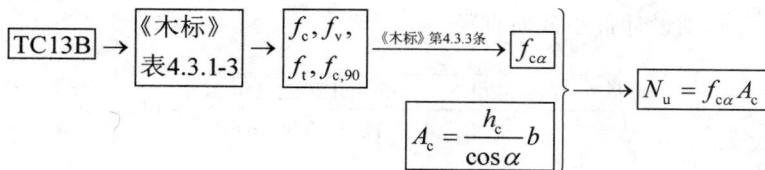

流程图 17-9　齿面能承受的上弦杆最大轴向压力设计值

向压力设计值。

　　主要考点：①斜纹承载力设计值的计算；②承压面面积的计算（几何关系）；③受压承载力计算；④已知树种，查其强度设计值。

2009 年木结构

　　题 13、题 14：一芬克式木屋架，几何尺寸及杆件编号如图 17-9 所示。处于正常环境，设计使用年限为 25 年。选用西北云杉 TC11A 制作。

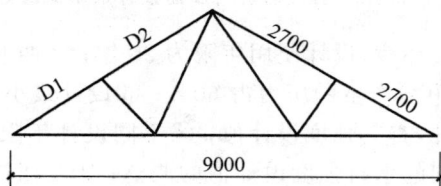

图 17-9

　　题 13：**按强度验算时，其设计最小截面直径（2009 年一级题 42）**

　　若该屋架为原木屋架，杆件 D1 未经切削，轴心压力设计值 $N=120\text{kN}$，其中恒载产生的压力占 60%，试问，当按强度验算时，其设计最小截面直径（mm）与下列何项数值最为接近？

　　A. 90　　　　　　B. 100　　　　　　C. 120　　　　　　D. 130

　　解答过程[①]：根据《木标》表 4.3.1-3 得，TC11A 的顺纹抗压强度 $f_{c}=10\text{N/mm}^2$。

　　根据《木标》表 4.3.9-2，使用年限 25 年的木材强度设计值调整系数为 1.05。

　　根据《木标》第 4.3.2 条第 1 款，采用原木未经切削，抗压强度设计值调整系数为 1.15，则

$$f_{c}=1.05\times1.15\times10\text{N/mm}^2=12.075\text{N/mm}^2$$

　　根据《可靠性标准》（GB 50068—2001 此规范现已作废，2009 年时采用本规范）第 7.0.3 条，设计使用年限为 25 年，结构的重要性系数为 $\gamma_0=0.95$。

　　当按强度验算时，根据《木标》第 5.1.2 条第 1 款，有

$$\frac{\gamma_0 N}{A_n}\leqslant f_c$$

---

　　① 本题解答中，应注意各个参数的单位统一为 N、mm 制。

又 $A_n = \dfrac{\pi d^2}{4}$，则设计最小截面直径

$$d \geqslant \sqrt{\dfrac{4\gamma_0 N}{\pi f_c}} = \sqrt{\dfrac{4 \times 0.95 \times 120 \times 10^3 \text{N}}{3.14 \times 12.075 \text{N/mm}^2}} = 110\text{mm}$$

正确答案：C

解答流程：强度验算时所需设计最小截面直径的计算流程见流程图 17-10。

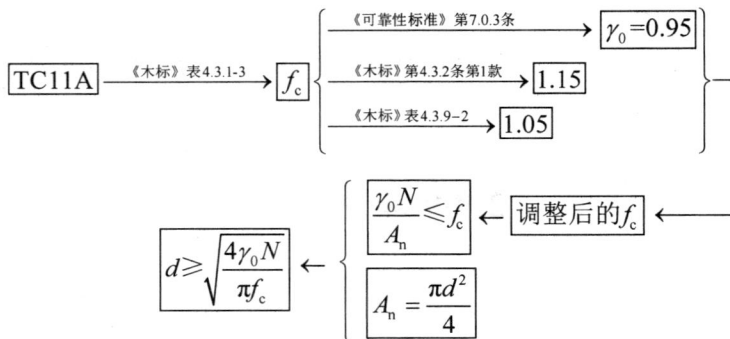

流程图 17-10　强度验算时所需设计最小截面直径

审题要点：①处于正常环境，设计使用年限为 25 年；②西北云杉 TC11A；③原木屋架，杆件 D1 未经切削；④恒载产生的压力占 60%；⑤设计最小截面直径（mm）。

主要考点：①已知树种，查其强度设计值；②不同设计年限、环境中木结构构件的强度调整；③原木是否经切削的木材强度设计值的调整；④受压构件强度计算式。

题 14：**按稳定验算时，考虑轴向力与初始弯矩共同作用的折减系数（2009 年一级题 43）**

若杆件 D2 采用断面 120mm×160mm（宽×高）的方木，跨中承受的最大初始弯矩设计值 $M_0 = 3.1\text{kN} \cdot \text{m}$，轴向压力设计值 $N = 100\text{kN}$，构件的初始偏心距 $e_0 = 0$，已知恒载产生的内力不超过全部荷载所产生内力的 80%。试问，按稳定验算时，考虑轴向力与初始弯矩共同作用的折减系数 φ_m 值应与下列何项数值最为接近？

提示：小数点后四舍五入取两位。

　　A. 0.46　　　　　　B. 0.48　　　　　　C. 0.52　　　　　　D. 0.54

解答过程：根据《木标》表 4.3.1-3，TC11A 的顺纹抗压强度 $f_c = 10\text{N/mm}^2$，抗弯强度 $f_m = 11\text{N/mm}^2$，根据《木标》表 4.3.9-2，使用年限 25 年的木材强度设计值调整系数为 1.05，则

$$f_c = 1.05 \times 10\text{N/mm}^2 = 10.5\text{N/mm}^2, \quad f_m = 1.05 \times 11\text{N/mm}^2 = 11.55\text{N/mm}^2$$

截面面积 $A = 120\text{mm} \times 160\text{mm} = 19200\text{mm}^2$，截面抵抗矩

$$W = \dfrac{1}{6}bh^2 = \dfrac{1}{6} \times 120\text{mm} \times (160\text{mm})^2 = 512000\text{mm}^3$$

根据《木标》第 5.3.2 条，得

$$k = \dfrac{Ne_0 + M_0}{Wf_m\left(1 + \sqrt{\dfrac{N}{Af_c}}\right)}$$

$$= \frac{(100 \times 10^3 \text{N}) \times 0 + 3.1 \times 10^6 \text{N} \cdot \text{mm}}{512000 \text{mm}^3 \times 11.55 \text{N/mm}^2 \times \left(1 + \sqrt{\dfrac{100 \times 10^3 \text{N}}{19200 \text{mm}^2 \times 10.5 \text{N/mm}^2}}\right)} = 0.3075$$

$$k_0 = \frac{Ne_0}{Wf_m\left(1 + \sqrt{\dfrac{N}{Af_c}}\right)} = \frac{100 \times 10^3 \text{N} \times 0}{100 \times 10^3 \text{N} \times 0 + 3.1 \times 10^6 \text{N} \cdot \text{mm}} = 0$$

考虑轴向力与初始弯矩共同作用的折减系数

$$\varphi_m = (1-k)^2(1-k_0) = (1-0.3075)^2 \times (1-0) = 0.48$$

正确答案：B

解答流程：稳定验算时，考虑轴向力与初始弯矩共同作用的折减系数计算流程见流程图 17-11。

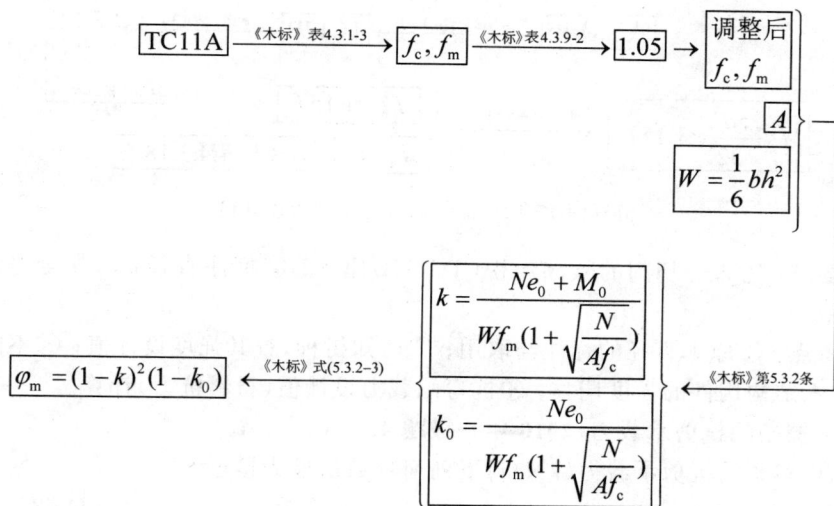

流程图 17-11　稳定验算时，考虑轴向力与初始弯矩共同作用的折减系数

审题要点：①初始偏心距 $e_0 = 0$；②恒载产生的内力不超过全部荷载所产生内力的 80%；③稳定验算；④断面 120mm×160mm。

主要考点：①已知树种，查其强度设计值；②不同设计年限、环境中木结构构件的强度调整；③截面的面积特性（抵抗矩）计算；④压弯构件折减系数 φ_m 值计算。

2010 年木结构

题 15、题 16：一未经切削的欧洲赤松（TC17B）原木简支檩条，标注直径为 120mm，支座间的距离为 6m，该檩条的安全等级为二级，设计使用年限为 50 年。

题 15：檩条的抗弯承载力设计值（2010 年一级题 42）

试问，该檩条的抗弯承载力设计值（kN·m）与下列何项最接近？

　　A. 3　　　　　　　　B. 4　　　　　　　　C. 5　　　　　　　　D. 6

解答过程：根据《木标》第 4.3.18 条，在进行抗弯计算时，跨中截面弯矩为最大，取此处直径 $d_m = 120\text{mm} + 3\text{m} \times 9\text{mm/m} = 147\text{mm}$。查《木标》表 4.3.1-3 得，木材的抗弯强度设计值 $f_m = 17\text{N/mm}^2$。

根据《木标》第 4.3.1 条第 1 款，因为原木且未经切削，则强度设计值调整系数为 1.15；又因为安全等级为二级，则强度值不需调整。

根据《木标》第 5.2.1 条，可得檩条的抗弯承载力设计值 $M \leqslant W_n f_m$，即

$$M = \frac{\pi d^3}{32} \times 1.15 f_m = \frac{3.14 \times (147\text{mm})^3}{32} \times 1.15 \times 17\text{N/mm}^2$$

$$= 6.1 \times 10^6 \text{N} \cdot \text{mm} = 6.1\text{kN} \cdot \text{m}$$

正确答案：D

解答流程：檩条的抗弯承载力设计值见流程图 17-12。

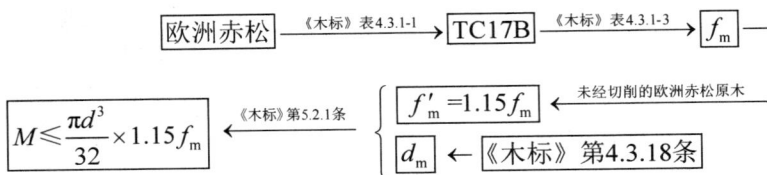

流程图 17-12　檩条的抗弯承载力设计值

审题要点：①未经切削的欧洲赤松（TC17B）原木；②标注直径；③安全等级；④设计使用年限。

主要考点：①原木直径的标注与取用；②已知树种，查其强度设计值；③不同设计年限、环境中木结构构件的强度调整；④抗弯承载力设计值（材料抗力）计算。

题 16：檩条的抗剪承载力（2010 年一级题 43）

试问，该檩条的抗剪承载力（kN）与下列何项数值最为接近？

　　A. 14　　　　　　　B. 18　　　　　　　C. 20　　　　　　　D. 27

解答过程：查《木标》表 4.3.1-3，得 $f_v = 1.6\text{N/mm}^2$，根据《木标》第 5.2.4 条，由 $\frac{VS}{Ib} \leqslant f_v$，得 $V \leqslant \frac{Ib}{S} f_v$。

进行抗剪计算：取檩条的小头直径，因为支座处反力最大，此处剪力最大，有 $d = 120\text{mm}$。

$$I = \frac{\pi d^4}{64}, \quad S = \frac{d^3}{12}, \quad b = d, \quad f_v = 1.6\text{N/mm}^2$$

檩条的抗剪承载力

$$V = \frac{\pi d^4}{64} \cdot \frac{d \times 12}{d^3} f_v = \pi \frac{12}{64} d^2 f_v = 3.14 \times \frac{12}{64} \times (120\text{mm})^2 \times 1.6\text{N/mm}^2$$

$$= 13.56 \times 10^3 \text{N} = 13.56\text{kN}$$

正确答案：A

解答流程：檩条的抗剪承载力计算流程见流程图 17-13。

审题要点：抗剪承载力。

主要考点：①已知树种，查其强度设计值；②截面的面积特性（形心矩、面积的二次

$$《木标》表4.3.1\text{-}3 \rightarrow \boxed{f_v}$$

$$截面的惯性矩 \rightarrow \boxed{I = \frac{\pi d^4}{64}}$$

$$截面的形心矩 \rightarrow \boxed{S = \frac{d^3}{12}}$$

$$\boxed{b = d}$$

《木标》第5.2.4条

$$V = \frac{\pi d^4}{64} \cdot \frac{d \times 12}{d^3} \cdot f_v$$

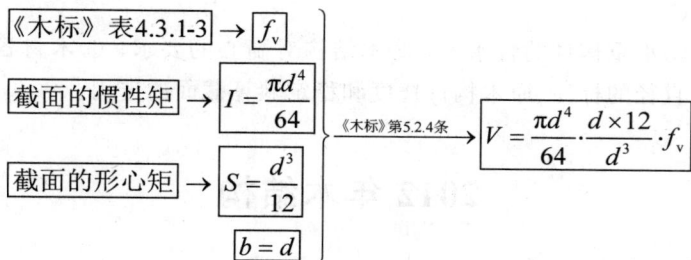

流程图 17-13　檩条的抗剪承载力

矩)计算;③原木是否经切削的木材强度设计值的调整;④抗剪承载力设计值(材料抗力)计算。

2011 年木结构

题 17:原木轴心抗压强度最大设计值(2011 年一级题 41)

露天环境下某工地采用红松原木制作混凝土梁底模立柱,强度验算部位未经切削加工。试问,在确定设计指标时,该红松原木轴心抗压强度最大设计值(N/mm^2),与下列何项数值最为接近?

　　A. 10　　　　　　B. 12　　　　　　C. 14　　　　　　D. 15

解答过程:根据《木标》表 4.3.1-1 知,红松组别为 TC13B,查《木标》表 4.3.1-3 得,顺纹抗压强度设计值 $f_c = 10N/mm^2$;根据《木标》表 4.3.9-1 可知,露天环境下木材强度设计值的调整系数为 0.9,施工现场强度设计值调整系数为 1.2。

根据《木标》第 4.3.2 条第 1 款可知,原木未经切削顺纹抗压强度设计值调整系数为 1.15;则该红松原木轴心抗压强度最大设计值

$$f = 0.9 \times 1.15 \times 1.2 \times 10N/mm^2 = 12.42N/mm^2$$

正确答案:B

主要考点:①已知树种,查其强度设计值;②不同设计年限、环境中木结构构件的强度调整;③原木是否经切削的木材强度设计值的调整。

题 18:关于木结构设计的一些说法(2011 年一级题 42)

关于木结构,下列哪一种说法是不正确的?

　　A. 现场制作的原木、方木承重构件,木材的含水率不应大于 25%

　　B. 普通木结构受弯或压弯构件当采用原木时,对髓心不做限制指标

　　C. 木材顺纹抗压强度最高,斜纹承压强度最低,横纹承压强度介于两者之间

　　D. 标注原木直径时,应以小头为准;验算原木构件挠度和稳定时,可取中央截面

解答过程:根据《木标》第 3.1.13 条,选项 A 正确;根据《木标》第 3.1.2 条和表 A.1.1、表 A.1.2,选项 B 正确;根据《木标》表 4.3.1-3,选项 C 错误;根据《木标》第 4.3.18 条,选项 D 正确。

正确答案：C

主要考点：①承重构件的含水率；②木结构对髓心的要求；③木材各种设计强度大小关系；④原木直径的标注、原木构件挠度和稳定验算截面的选用。

2012 年木结构

题 19：木结构的论述（2012 年一级题 41）

关于木结构有以下论述：

Ⅰ. 用原木、方木制作承重构件时，木材的含水率不应大于 30%；Ⅱ. 木结构受拉或拉弯构件应选用 I_a 级材质的木材；Ⅲ. 验算原木构件挠度和稳定时，可取中央截面；Ⅳ. 对设计使用年限为 25 年的木结构构件，结构重要性系数 γ_0 不应小于 0.9。

试问，针对以上述论述正确性的判断，下列何项正确？

A. Ⅰ、Ⅱ正确，Ⅲ、Ⅳ错误　　　　　B. Ⅱ、Ⅲ正确，Ⅰ、Ⅳ错误

C. Ⅰ、Ⅳ正确，Ⅱ、Ⅲ错误　　　　　D. Ⅲ、Ⅳ正确，Ⅰ、Ⅱ错误

解答过程：根据《木标》第 3.1.13 条，用原木、方木做承重构件时，含水率不应大于 25%，则Ⅰ错误。

根据《木标》表 3.1.3-1，木结构受拉或拉弯构件应选用 I_a 级材质的木材，则Ⅱ正确。

根据《木标》第 4.3.18 条，验算原木挠度和稳定时，可取中央截面，则Ⅲ正确。

根据《木标》第 4.1.7 条，按照《可靠性标准》第 7.0.3 条，设计使用年限为 25 年时，结构的重要性系数为 $\gamma_0 = 0.95$，则Ⅳ错误。

正确答案：B

主要考点：①承重构件的含水率；②木结构的材质选用；③原木构件挠度和稳定验算截面的选用；④不同设计使用年限的木结构构件，结构重要性系数。

题 20：按稳定验算时，柱的轴心受压承载力（2012 年一级题 42）

用西伯利亚落叶松原木制作的轴心受压柱，两端铰接，柱计算长度为 3.2m，在木柱 1.6m 高度处有一个 $d=22$mm 的螺栓孔穿过截面中央，原木标注直径 $d=150$mm。该受压杆件处于室内正常环境，安全等级为二级，设计使用年限为 25 年。试问，当按稳定验算时，柱的轴心受压承载力（kN），应与下列何项数值最为接近？

提示：验算部位按经过切削考虑。

A. 95　　　　　　B. 100　　　　　　C. 105　　　　　　D. 110

解答过程：查《木标》表 4.3.1-1 知，西伯利亚落叶松的树种强度等级为 TC13A，查《木标》表 4.3.1-3 得，顺纹抗压强度设计值 $f_c = 12 \text{N/mm}^2$，查《木标》表 4.3.9-2 知，设计年限 25 年时，强度调整系数为 1.05，则调整后的顺纹抗压强度设计值

$$f_c = 1.05 \times 12 \text{N/mm}^2 = 12.6 \text{N/mm}^2$$

根据《木标》第 4.3.18 条，构件的中央截面直径

$$d = 150 \text{mm} + 9 \text{mm/m} \times 1.6 \text{m} = 164.4 \text{mm}$$

根据《木标》第 5.1.3 条第 5 款，验算稳定时，螺栓孔可不作为缺口考虑，

则构件的中央截面面积

$$A_0 = A = \frac{\pi d^2}{4} = \frac{3.14 \times (164.4\,\text{mm})^2}{4} = 21216\,\text{mm}^2$$

树种强度等级为 TC13A，查《木标》表 5.1.4 得

$$\frac{E_k}{f_{ck}} = 300, \quad \beta = 1.00, \quad c_c = 5.08, \quad b_c = 1.43$$

根据《木标》式(5.1.4-1)，可得

$$\lambda_c = c_c \sqrt{\frac{\beta E_k}{f_{ck}}} = 5.08 \times \sqrt{1.00 \times 300} = 87.988$$

长细比

$$\lambda = \frac{l_0}{i} = \frac{3200\,\text{mm}}{164.4\,\text{mm}/4} = 77.9 < \lambda_c = 87.988$$

根据《木标》式(5.1.4-4)得，稳定系数

$$\varphi = \frac{1}{1 + \dfrac{\lambda^2 f_{ck}}{b_c \pi^2 \beta E_k}} = \frac{1}{1 + \dfrac{77.9^2}{1.43 \times 3.14^2 \times 1.00 \times 300}} = 0.41$$

代入《木标》式(5.1.2-2)，柱轴心受压承载力(材料抗力)

$$N_u = \varphi f_c A_0 = 0.41 \times 12.6\,\text{N/mm}^2 \times 21216\,\text{mm}^2 = 109.6 \times 10^3\,\text{N} = 109.6\,\text{kN}$$

正确答案：D

解答流程：稳定验算时，柱的轴心受压承载力计算流程见流程图 17-14。

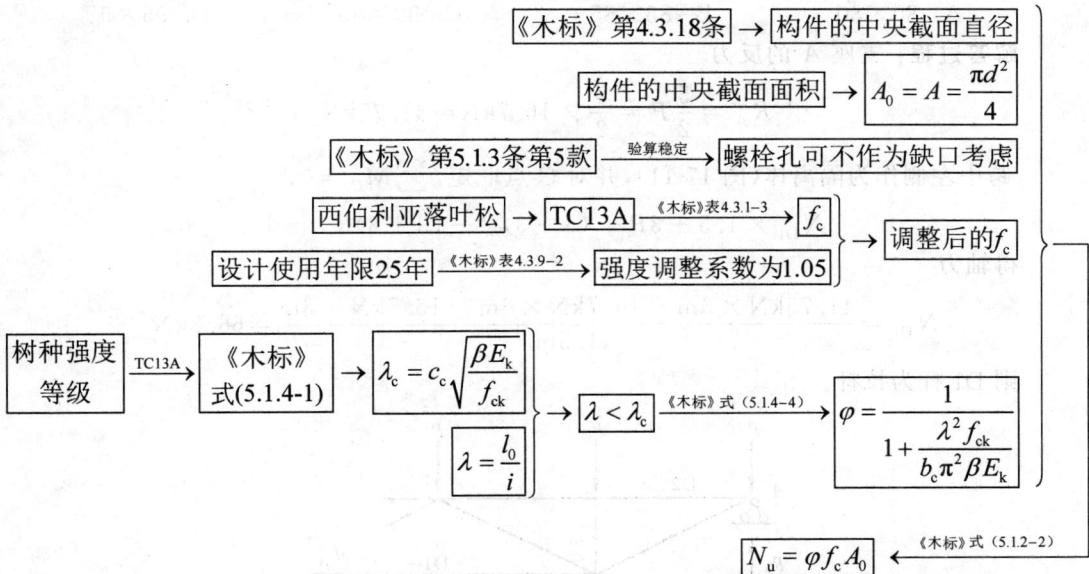

流程图 17-14 稳定验算时，柱的轴心受压承载力

审题要点：①西伯利亚落叶松原木制作的轴心受压柱；②两端铰接；③木柱 1.6m 高度处有螺栓孔穿过截面中央；④原木标注直径；⑤室内正常环境，安全等级为二级，设计使用年限为 25 年；⑥按稳定验算。

主要考点：①不同设计年限的木结构构件的强度调整；②原木直径的标注与取用；③验算稳定时，缺口的考虑；④长细比与稳定系数的计算。

2013 年木结构

题 21、题 22：一下撑式木屋架，形状及尺寸如图 17-10 所示，两端铰支于下部结构。其空间稳定措施满足规范要求。P 为由檩条（与屋架上弦锚固）传至屋架的节点荷载。要求屋架露天环境下设计使用年限 5 年。选用西北云杉 TC11A 制作。

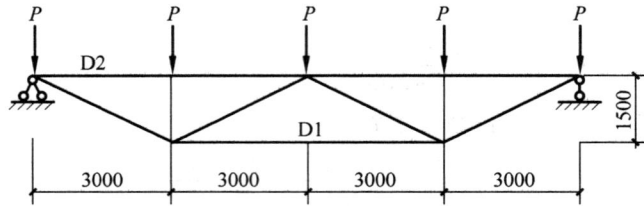

图 17-10

题 21：按强度验算时，受拉构件的最小截面尺寸（2013 年一级题 41）

假定杆件 D1 采用截面为正方形的方木，$P=16.7\text{kN}$（设计值）。试问，当按强度验算时，其设计最小截面尺寸（mm×mm）与下列何项数值最为接近？

提示：强度验算时不考虑构件自重。

A. 80×80　　　　　　B. 85×85　　　　　　C. 90×90　　　　　　D. 95×95

解答过程：支座 A 的反力

$$R_A = \frac{5}{2}P = \frac{5}{2} \times 16.7\text{kN} = 41.75\text{kN}$$

跨中左侧作为隔离体（图 17-11），并对 C 点取矩，$\sum M_C = 0$，

$$N_{D1} \times 1.5 + 3P + (3+3)P - (3+3)R_A = 0$$

得轴力

$$N_{D1} = \frac{41.75\text{kN} \times 6\text{m} - 16.7\text{kN} \times 6\text{m} - 16.7\text{kN} \times 3\text{m}}{1.5\text{m}} = 66.8\text{kN}$$

则 D1 杆为拉杆。

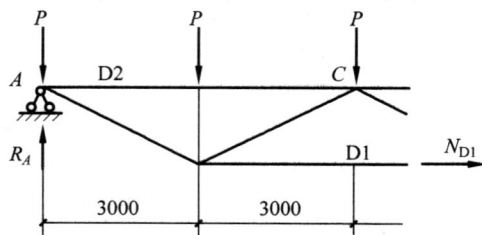

图 17-11

由树种 TC11A,查《木标》表 4.3.1-3 得,木材的抗拉强度设计值 $f_t=7.5\text{N/mm}^2$;木构件处于露天环境,查《木标》表 4.3.9-1 知,强度调整系数为 0.9;设计使用年限 5 年,查《木标》表 4.3.9-2 知,强度调整系数为 1.1。

根据《木标》第 4.1.7 条,按《可靠性标准》第 7.0.3 条,设计使用年限为 5 年,结构的重要性系数 $\gamma_0=0.9$。

根据《木标》式(5.1.1),当按强度验算时,其设计值最小截面

$$A=\frac{\gamma_0 N}{f_t}=\frac{0.9\times 66800\text{N}}{0.9\times 1.1\times 7.5\text{N/mm}^2}=8096.97\text{mm}^2$$

则正方形截面的边长

$$a=\sqrt{A}=\sqrt{8096.97\text{mm}^2}=89.98\text{mm}$$

正确答案:C

解答流程:强度验算时所需设计最小截面尺寸的计算流程见流程图 17-15。

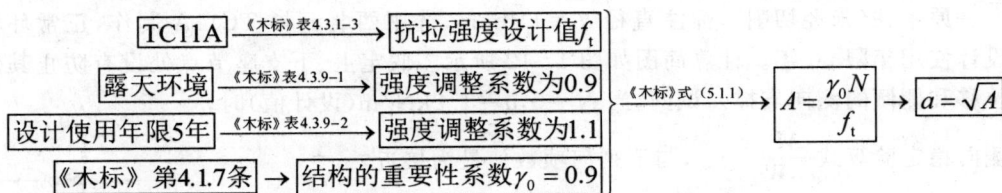

流程图 17-15　强度验算时所需设计最小截面尺寸

审题要点:①正方形的方木;②$P=16.7\text{kN}$(设计值);③按强度验算;④提示。

主要考点:①不同设计年限、环境中木结构构件的强度调整;②结构的力学计算;③不同设计使用年限的木结构构件,结构重要性系数。

题 22:满足长细比要求的最小截面边长(2013 年一级题 42)

假定杆件 D2 采用截面为正方形的方木。试问,满足长细比要求的最小截面边长(mm)与下列何项数值最为接近?

A. 60　　　　　　B. 70　　　　　　C. 90　　　　　　D. 100

解答过程:由图 17-11 知杆件 D2 为轴心受压构件,根据《木标》表 4.3.17 得,容许长细比$[\lambda]=120$。

桁架杆件按两端铰接考虑,查《木标》表 5.1.5 得 $k=1.0$,杆件 D2 的计算长度

$$l_0=k\times l=1.0\times 3000\text{mm}=3000\text{mm}$$

最小的回转半径

$$i=\frac{l_0}{[\lambda]}=\frac{3000\text{mm}}{120}=25\text{mm}$$

又矩形截面的回转半径 $i=\dfrac{a}{\sqrt{12}}$,则边长

$$a\geqslant \sqrt{12}\times 25\text{mm}=86.6\text{mm}$$

正确答案:C

解答流程:满足长细比要求的最小截面边长计算流程见流程图 17-16。

审题要点:①正方形的方木;②满足长细比要求的最小截面边长。

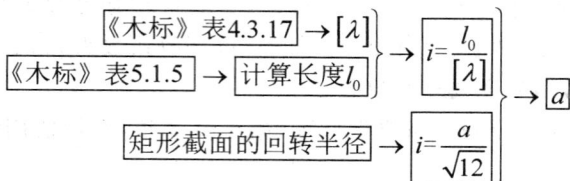

流程图 17-16　满足长细比要求的最小截面边长

主要考点：①查取容许长细比；②杆件的计算长度；③回转半径的计算。

2014 年木结构

题 23：侧向稳定验算（2014 年一级题 41）

一原木柱（未经切削），标注直径 $d=110\text{mm}$，选用西北云杉 TC11A 制作，正常环境下设计使用年限 50 年。计算简图如图 17-12 所示。假定上、下支座节点处设有防止其侧向位移和侧倾的侧向支撑。试问，当 $N=0$，$q=1.2\text{kN/m}$（设计值）时，其侧向稳定验算式 $\dfrac{M}{\varphi_l W} \leqslant f_\text{m}$，与下列何项数值最为接近？

提示：①不考虑构件自重；②小数点后四舍五入取两位。

　　A. $7.30 < 11.00$　　　　　　B. $8.30 < 11.00$

　　C. $7.30 < 12.65$　　　　　　D. $10.33 < 12.65$

解答过程：根据《木标》表 4.3.1-3 可知，西北云杉 TC11A 的抗弯强度设计值 $f_\text{m}=11\text{N/mm}^2$，由《木标》第 4.3.2 条第 1 款知，原木（未经切削）的抗弯强度设计值 f_m 可以提高 15%，则

$$f'_\text{m}=1.15 f_\text{m}=1.15 \times 11\text{N/mm}^2=12.65\text{N/mm}^2$$

由《木标》第 4.3.18 条知，抗弯强度计算时，可取最大弯矩处的截面即柱中截面，则直径

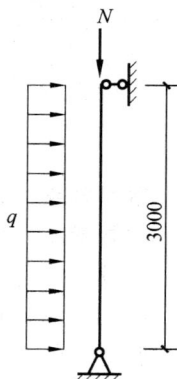

图 17-12

$$d=110\text{mm}+9\text{mm/m} \times \frac{3\text{m}}{2}=123.5\text{mm}$$

根据《木标》第 5.2.3 条，上、下支座节点处有防止其侧向位移和侧倾的侧向支撑，受弯构件的侧向稳定系数 $\varphi_l=1.0$。

截面模量

$$W=\frac{\pi d^3}{32}, \quad q=1.2\text{kN/m}=1.2\text{N/mm}$$

根据《木标》式（5.2.1-2），侧向稳定验算式

$$\frac{M}{\varphi_l W}=\frac{\dfrac{1}{8} \times 1.2\text{N/mm} \times (3000\text{mm})^2}{1.0 \times \dfrac{3.14 \times (123.5\text{mm})^3}{32}}=7.3\text{N/mm}^2 \leqslant f'_\text{m}=12.65\text{N/mm}^2$$

正确答案：C

解答流程：原木柱侧向稳定验算的计算流程见流程图 17-17。

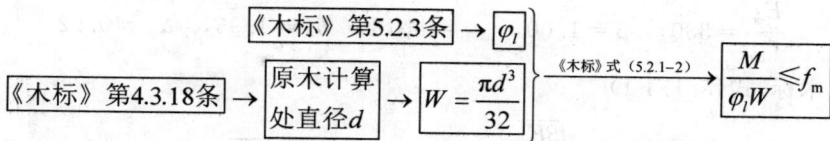

$$《木标》第5.2.3条 \rightarrow \boxed{\varphi_l}$$

$$《木标》第4.3.18条 \rightarrow \boxed{\begin{array}{c}原木计算\\处直径d\end{array}} \rightarrow \boxed{W = \frac{\pi d^3}{32}} \quad \overset{《木标》式(5.2.1-2)}{\Longrightarrow} \quad \boxed{\frac{M}{\varphi_l W} \leq f_m}$$

流程图 17-17　原木柱侧向稳定验算

审题要点：①原木柱（未经切削）；②标注直径；③上、下支座节点处有防止其侧向位移和侧倾的侧向支撑；④提示。

主要考点：①原木抗弯强度设计值的查取；②原木直径 d 的取值；③侧向稳定验算。

题 24：作用于顶部的附加水平地震作用（2014 年一级题 42）

关于木结构房屋设计，下列说法中何种选择是错误的？

    A. 对于木柱木屋架房屋，可采用贴砌在木柱外侧的烧结普通砖砌体，并应与木柱采取可靠拉结措施

    B. 对于有抗震要求的木柱木屋架房屋，其屋架与木柱连接处均须设置斜撑

    C. 对于木柱木屋架房屋，当有吊车使用功能时，屋盖除应设置上弦横向支撑外，尚应设置垂直支撑

    D. 对于设防烈度为 8 度地震区建造的木柱木屋架房屋，除支撑结构与屋架采用螺栓连接外，椽与檩条、檩条与屋架连接均可采用钉连接

解答过程：根据《抗规》第 11.3.10 条第 1 款，选项 A 正确；根据《抗规》第 11.3.6 条，选项 B 正确；根据《木标》第 7.7.4 条第 3 款，选项 C 正确；根据《抗规》第 11.3.8 条，选项 D 错误。

正确答案：D

2016 年木结构

题 25：杆件的稳定承载力（2016 年一级题 41）

某设计使用年限为 50 年的木结构办公建筑中，有一轴心受压柱，两端铰接，使用未经切削的东北落叶松原木，计算高度为 3.9m，中央截面直径 180mm，回转半径为 45mm，中部有一通过圆心贯穿整个截面的缺口。试问，该杆件的稳定承载力（kN），与下列何项数值最为接近？

    A. 100   B. 120   C. 140   D. 160

解答过程：根据《木标》表 4.2.1-3，东北落叶松适用的强度等级为 TC17B；TC17B 的顺纹抗压强度设计值 $f_c = 15 \text{N/mm}^2$；未经切削的东北落叶松原木，根据《木标》第 4.3.2 条第 1 款，强度设计值的调整系数为 1.15，则

$$f_c = 15 \text{N/mm}^2 \times 1.15 = 17.25 \text{N/mm}^2$$

根据《木标》第 5.1.3 条第 2 款，缺口位于构件中部，则受压构件的计算面积

$$A_0 = 0.9A = 0.9 \times \frac{3.14 \times (180 \text{mm})^2}{4} = 22891 \text{mm}^2$$

树种强度等级为 TC17B,查《木标》表 5.1.4,得

$$\frac{E_k}{f_{ck}}=330, \quad \beta=1.00, \quad c_c=4.13, \quad b_c=1.96, \quad a_c=0.92$$

根据《木标》式(5.1.4-1)

$$\lambda_c=c_c\sqrt{\frac{\beta E_k}{f_{ck}}}=4.13\times\sqrt{1.00\times330}=75$$

长细比

$$\lambda=\frac{l_0}{i}=\frac{3900\text{mm}}{45\text{mm}}=86.7>\lambda_c=75$$

根据《木标》式(5.1.4-3),稳定系数

$$\varphi=\frac{a_c\pi^2\beta E_k}{\lambda^2 f_{ck}}=\frac{0.92\times3.14^2\times1.0\times330}{86.7^2}=0.398$$

根据《木标》式(5.1.2-2),按稳定强度验算的受压承载力

$$N_u=\varphi f_c A_0=0.398\times17.25\text{N/mm}^2\times22891\text{mm}^2=157.6\times10^3\text{N}=157.6\text{kN}$$

正确答案:D

解答流程:杆件的稳定承载力计算流程见流程图 17-18。

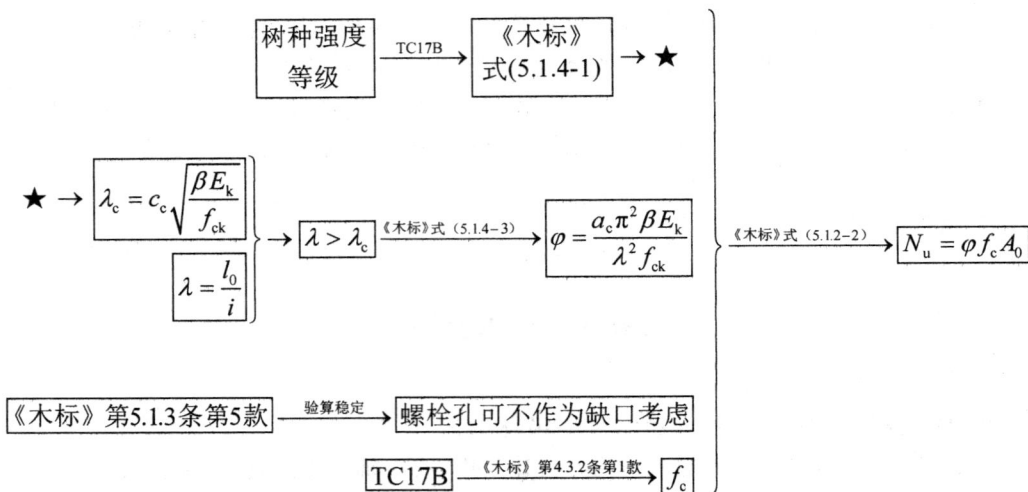

流程图 17-18　杆件的稳定承载力

审题要点:①轴心受压柱,两端铰接;②未经切削的东北落叶松原木,计算高度为3.9m,中央截面直径为 180mm,回转半径为 45mm;③中部有一通过圆心贯穿整个截面的缺口。

主要考点:①不同设计年限的木结构构件的强度调整;②原木直径的标注与取用;③验算稳定时,缺口的考虑;④长细比与稳定系数的计算。

题 26:木结构设计的说法(2016 年一级题 42)

关于木结构设计的下列说法,其中何项正确?

A. 设计桁架上弦杆时,不允许用Ⅰ$_b$胶合木结构板材

B. 制作木构件时,受拉构件的连接板木材含水率不应大于 25%

C. 承重结构方木材质标准对各材质等级中的髓心均不作限制规定

D. "破心下料"的制作方法可以有效减小木材因干缩引起的开裂,但规范不建议大量使用

解答过程:根据《木标》第 3.1.10 条和附录 A.2 节知,选项 A 错误。

根据《木标》第 3.1.13 条知,选项 B 错误。

根据《木标》附录表 A.1.1 知,选项 C 错误。

根据《木标》第 3.1.13 条第 3 款及条文解释知,选项 D 正确。

正确答案:D

主要考点:①桁架上弦杆时,不允许用 I_b 胶合木结构板材;②受拉构件的连接板木材含水率不应大于 25%;③承重结构方木材质标准对各材质等级中的髓心均不作限制;④"破心下料"的制作方法可以有效减小木材因干缩引起的开裂,但规范不建议大量使用。

2017 年木结构

题 27、题 28:一屋面下撑式木屋架,形状及尺寸如图 17-13 所示,两端铰支于下部结构上。假定该屋架的空间稳定措施满足规范要求。P 为传至屋架节点处的集中恒载,屋架处于正常使用环境,设计使用年限为 50 年,材料选用未经切削的 TC17B 东北落叶松。

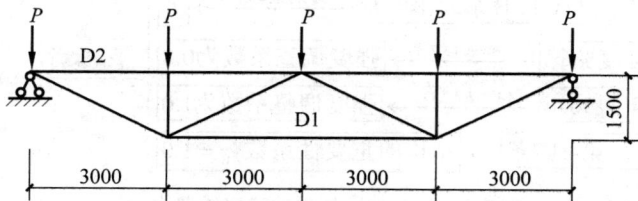

图 17-13

题 27:不计杆件自重,按恒载进行强度验算时,能承担的节点荷载(2017 年一级题 41)

假定杆件 D1 采用截面标注直径为 120mm 原木。试问,当不计杆件自重,按恒载进行强度验算时,能承担的节点荷载 P(设计值,kN),与下列何项数值最为接近?

A. 17　　　　　　　B. 19　　　　　　　C. 21　　　　　　　D. 23

解答过程:由 TC17B 东北落叶松,查《木标》表 4.3.1-3 得,木材的抗拉强度设计值 $f_t = 9.5 \text{N/mm}^2$;按恒载进行强度验算时,查《木标》表 4.3.9-1 知,强度调整系数为 0.8。设计使用年限 50 年,查《木标》表 4.3.9-2 知,木材强度调整系数为 1.0;则调整后的 TC17B 抗拉强度设计值

$$f_t = 0.8 \times 1.0 \times 9.5 \text{N/mm}^2 = 7.6 \text{N/mm}^2$$

根据《木标》第 4.1.7 条,按《可靠性标准》第 7.0.3 条,结构的重要性系数 $\gamma_0 = 1.0$。

根据《木标》式(5.1.1),当按强度验算时,其拉力设计值

$$N = \frac{f_t A}{\gamma_0} = \frac{7.6 \text{N/mm}^2 \times \dfrac{3.14 \times (120 \text{mm})^2}{4}}{1.0} = 85.91 \times 10^3 \text{N} = 85.91 \text{kN}$$

支座 A 的反力 $R_A = \dfrac{5}{2}P$，跨中左侧作为隔离体（图17-14），并对 C 点取矩，$\sum M_C = 0$，有

$$N_{D1} \times 1.5 + 3P + (3+3)P - (3+3)R_A = 0$$

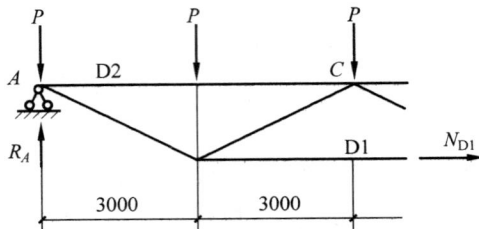

图 17-14

得轴力

$$N_{D1} = \frac{2.5P \times 6 - P \times 6 - P \times 3}{1.5} = 4P = 85.91\text{kN}$$

能承担的节点荷载 $P = 21.48\text{kN}$。

正确答案：C

解答流程：杆件的稳定承载力计算流程见流程图17-19。

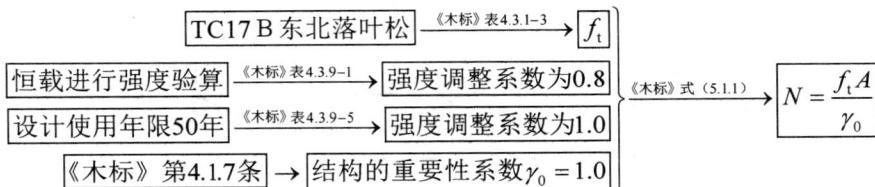

流程图 17-19　杆件的稳定承载力

审题要点：按恒载进行强度验算时。

主要考点：①不同设计年限、环境中木结构构件的强度调整；②结构的力学计算；③不同设计使用年限的木结构构件，结构重要性系数。

题28：按照强度验算且不计杆件自重时，该杆件所能承受的最大轴压力设计值（2017年一级题42）

假定杆件 D2 拟采用标注直径 $d = 100\text{mm}$ 的原木。试问，当按照强度验算且不计杆件自重时，该杆件所能承受的最大轴压力设计值（kN），与下列何项数值最为接近？

提示：不考虑施工和维修时的短暂情况。

　　A. 118　　　　　　　B. 124　　　　　　　C. 130　　　　　　　D. 136

解答过程：根据《木标》表 4.3.1-3 知，东北落叶松 TC17B 的顺纹抗压强度设计值 $f_c = 15\text{N/mm}^2$，根据《木标》第 4.3.2 条第 1 款，可得未经切削的顺纹抗压强度设计值提高系数为 1.15；则顺纹抗压强度设计值

$$f_c = 1.15 \times 15\text{N/mm}^2 = 17.25\text{N/mm}^2$$

根据《木标》第 5.1.2 条第 1 款，得净截面面积

$$A_n = \frac{3.14 \times (100\text{mm})^2}{4} = 7850\text{mm}^2$$

根据《木标》式(5.1.2-1),按强度验算的受压承载力

$$f_c A_n = 17.25\text{N/mm}^2 \times 7850\text{mm}^2 = 135.4 \times 10^3\text{N} = 135.4\text{kN}$$

正确答案: D

解答流程: 强度验算时,杆件所能承受的最大轴压力设计值计算流程见流程图 17-20。

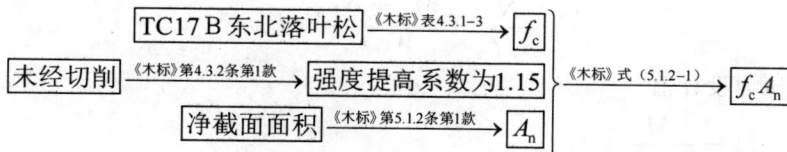

流程图 17-20　强度验算时,杆件所能承受的最大轴压力设计值

审题要点: ①杆件 D2 拟采用标注直径 $d = 100\text{mm}$ 的原木;②按照强度验算且不计杆件自重;③提示。

主要考点: ①不同设计年限、环境中木结构构件的强度调整;②净截面面积计算;③已知树种,查其强度设计值。

2018 年木结构

题 29、题 30: 一正方形截面木柱,木柱截面尺寸为 $200\text{mm} \times 200\text{mm}$,选用东北落叶松 TC17B 制作,正常环境下设计使用年限为 50 年。计算简图如图 17-15 所示。上、下支座节点处设有防止其侧向位移和侧倾的侧向支撑。

题 29:强度验算时,木柱轴向压力设计值(2018 年一级题 39)

假定侧向荷载设计值 $q = 1.2\text{kN/m}$。试问,当按强度验算时,其轴向压力设计值 $N(\text{kN})$ 的最大值,与下列何项数值最为接近?

提示: ①不考虑构件自重;②构件初始偏心距 $e_0 = 0$。

A. 400　　　　　　B. 500

C. 600　　　　　　D. 700

解答过程:

根据《木标》第 4.3.2 条第 2 款,木柱截面尺寸为 $200\text{mm} \times 200\text{mm}$,强度设计值可以提高 10%。

根据《木标》表 4.3.1-3,TC17B 的抗弯强度设计值

$$f_m = 1.1 \times 17\text{N/mm}^2 = 18.7\text{N/mm}^2$$

TC17B 的顺纹抗压强度设计值

$$f_c = 1.1 \times 15\text{N/mm}^2 = 16.5\text{N/mm}^2$$

根据提示②构件初始偏心距 $e_0 = 0$,构件截面面积

$$A_n = 200\text{mm} \times 200\text{mm} = 40000\text{mm}^2$$

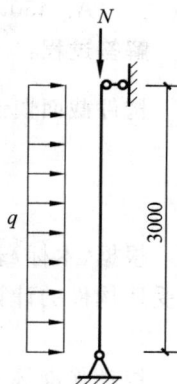

图 17-15

跨中最大初始弯矩设计值

$$M_0 = \frac{1}{8} \times 1.2\text{kN/m} \times (3\text{m})^2 = 1.35\text{kN} \cdot \text{m}$$

构件截面抵抗矩

$$W_n = \frac{1}{6} \times 200\text{mm} \times (200\text{mm})^2 = 1.33 \times 10^6 \text{mm}^3$$

当按强度验算时,根据《木标》式(5.3.2-1)

$$\frac{N}{A_n f_c} + \frac{M_0 + N e_0}{W_n f_m} \leqslant 1$$

则轴向压力设计值

$$N \leqslant \left(1 - \frac{M}{W_n f_m}\right) A_n f_c$$

$$= \left(1 - \frac{1.35 \times 10^6 \text{N} \cdot \text{mm}}{1.33 \times 10^6 \text{mm}^3 \times 18.7\text{N/mm}^2}\right) \times 40000\text{mm}^2 \times 16.5\text{N/mm}^2$$

$$= 624.175\text{kN}$$

正确选项:C

审题要点: ①TC17B;②上、下支座节点处设有防止其侧向位移和侧倾的侧向支撑;③侧向荷载设计值 $q = 1.2\text{kN/m}$;④提示。

主要考点: ①截面尺寸不小于 150mm 与材料设计值的调整;②构件截面几何特性的计算;③弯矩设计值的计算;④轴向压力设计值的计算。

题 30:按稳定验算时,木柱轴向压力设计值(2018 年一级题 40)

假定侧向荷载设计值 $q = 0$。试问,当按稳定验算时,其轴向压力设计值 $N(\text{kN})$ 的最大值,与下列何项数值最为接近?

提示: 不考虑构件自重。

A. 450   B. 550   C. 650   D. 750

解答过程:

构件截面惯性矩 $I = \frac{1}{12}b^4$,构件截面面积 $A = b^2$,则构件截面的回转半径

$$i = \sqrt{\frac{I}{A}} = \frac{200\text{mm}}{\sqrt{12}} = 57.74\text{mm}$$

根据《木标》表 5.1.5,长度计算系数 $k_l = 1.0$,根据《木标》式(5.1.5),两端铰接条件下受压构件的计算长度

$$l_0 = k_l l = 1.0 \times 3000\text{mm} = 3000\text{mm}$$

树种强度等级为 TC17 B,查《木标》表 5.1.4,得

$$\frac{E_k}{f_{ck}} = 330, \quad \beta = 1.00, \quad c_c = 4.13, \quad b_c = 1.96, \quad a_c = 0.92$$

根据《木标》式(5.1.4-1)

$$\lambda_c = c_c \sqrt{\frac{\beta E_k}{f_{ck}}} = 4.13 \times \sqrt{1.00 \times 330} = 75$$

长细比

$$\lambda = \frac{l_0}{i} = \frac{3000\mathrm{mm}}{57.74\mathrm{mm}} = 51.96 \leqslant \lambda_c = 75$$

根据《木标》式(5.1.4-4)，稳定系数

$$\varphi = \frac{1}{1 + \dfrac{\lambda^2 f_{ck}}{b_c \pi^2 \beta E_k}} = \frac{1}{1 + \dfrac{51.96^2}{1.96 \times 3.14^2 \times 1.00 \times 330}} = 0.703$$

根据《木标》式(5.1.2-2)，按稳定强度验算的受压承载力

$$\varphi f_c A_0 = 0.703 \times 16.5 \mathrm{N/mm^2} \times (200\mathrm{mm})^2 = 464 \mathrm{kN}$$

正确选项：A

审题要点：①侧向荷载设计值 $q = 0$；②稳定验算。

主要考点：①构件截面几何特性的计算；②长度计算系数；③树种强度等级与相关系数的取值；④长细比的计算；⑤稳定系数的计算；⑥稳定强度验算的受压承载力的计算。

2019 年木结构

题 31、题 32： 某露天环境木屋架，采用云南松 TC13A 制作，计算简图如图 17-16 所示，其设计稳定措施满足《木标》的要求，P 为檩条（与屋架上弦锚固）传至屋架的节点荷载，设计使用年限 5 年，$\gamma_0 = 1.0$。

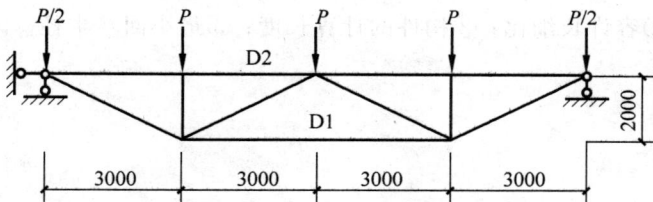

图 17-16　计算简图

题 31：强度验算时，其最小截面边长（2019 年一级题 39）

假设杆件 D1 为正方形的方木，在恒载和活载共同作用下 $P = 20\mathrm{kN}$（设计值）。试问，此工况进行强度验算时，其最小截面边长（mm），与下列何项数值最为接近？

提示： 强度验算时不考虑构件自重。

A. 70　　　　　　　B. 85　　　　　　　C. 100　　　　　　　D. 110

解答过程： 根据图 17-16 知，D1 为轴心受拉构件，根据《木标》表 4.3.1-3，$f_t = 8.5\mathrm{N/mm^2}$。

露天环境，设计使用年限 5 年，根据《木标》第 4.3.9 条进行调整，$f_t = 8.5 \times 0.9 \times 1.1 = 8.4\mathrm{N/mm^2}$。

用截面截断 D2、D1，取左侧隔离体，对 D2 右端节点取矩，可得：

杆件的轴力设计值为

$$N = 3P = 3 \times 20 = 60\text{kN}$$

根据《木标》第 5.1.1 条,净截面面积为

$$A_n = N/f_t = 60 \times 10^3/8.4 = 7142.86\text{mm}^2$$

边长

$$b = \sqrt{7142.86\text{mm}^2} = 84.5\text{mm}$$

正确答案:B

审题要点:①杆件 D1 为正方形方木;②强度验算时,其最小截面边长;③提示。

主要考点:①构件内力设计值的求取;②材料设计值的查取;③构件净截面面积。

题 32:满足长细比要求的最小截面边长(2019 年一级题 40)

假设杆件 D2 采用截面为正方形的方木。试问。满足长细比要求的最小截面边长(mm)与下列何项数值最为接近?

 A. 90 B. 100 C. 110 D. 120

解答过程:根据《木标》第 4.3.17 条,D2 为桁架弦杆,容许长细比为 $[\lambda] = 120$。构件的计算长度为 $l_0 = 3000\text{mm}$,则最小回转半径为

$$i_{min} = \frac{l_0}{[\lambda]} = \frac{3000\text{mm}}{120} = 25\text{mm}$$

又

$$i_{min} = \sqrt{I/A} = \sqrt{1/12}\,h = 25\text{mm}$$

满足长细比要求的最小截面边长 $h = 86.6\text{mm}$。

正确答案:A

审题要点:①D2 采用截面为正方形的方木;②满足长细比要求的最小截面边长。

主要考点:①容许长细比;②构件的计算长度;③最小回转半径。

附录 钢结构、木结构历年考题分布表

附表 1 钢结构历年考题在《钢标》的分布①

章	节	2003	2004	2005	2006	2007	2008	2009	2010	2011	2012	2013	2014	2016	2017	2018	2019
3. 基本设计规定	3.1 一般规定						28			29							
	3.2 结构体系					16			17								
	3.3 作用				17												
	3.4 结构或构件变形及舒适度的规定				28							17					
4. 材料	4.3 材料选用							27,29			17			17			
	4.4 设计指标和设计参数						29			28					25		
5. 结构分析与稳定性设计	—																
6. 受弯构件	6.1 受弯构件强度		17	18	18,28	17	16	16,18	16,18			18,21		19	17,30	17	17,20
	6.2 受弯构件的整体稳定			28	26,28		17				27	19,22			23,30		
	6.3 局部稳定							28	24			21	23,29	20			
	6.4 焊接截面梁考虑屈曲后的计算		28									21					

① 本表中题号为当年考卷中题号。因考题一般会涉及多个条文,所以同一年的考题题号有出现在多处的情况。

续表

章	节	2003	2004	2005	2006	2007	2008	2009	2010	2011	2012	2013	2014	2016	2017	2018	2019
7. 轴心受力构件	7.1 截面强度计算	27,29		19			22					28			24		
	7.2 轴心受压构件的稳定计算	23	19,23,24,28	27	23	26,28	19,20,25,26,27	22	22,24		19,20		20		18	22	
	7.3 实腹式轴心受压构件的局部稳定和屈曲后强度								23			29					
	7.4 构件的计算长度和容许长细比	19,20,21			25		27	22	26					22	21	27,29	
	7.6 单边连接的单角钢	19															
8. 拉弯、压弯构件	8.1 截面强度计算							24			23						
	8.2 构件的稳定定性计算			29	27	24,25	25			21	29	24,25	17,19		19,20	19	
	8.3 框架柱的计算长度												24			18,21,24,25	
	8.4 压弯构件的局部稳定和屈曲后强度															30	
10. 塑性及弯矩调幅设计	10.1 一般规定																
	10.3 构件的计算								29		18						
	10.4 容许长细比的构造要求															22,23	24,25

续表

章	节	2003	2004	2005	2006	2007	2008	2009	2010	2011	2012	2013	2014	2016	2017	2018	2019
11. 连接	11.1 一般规定										17						18
	11.2 焊缝连接计算	26	20、25、27	20、21	19	20、27、29			19、20、24、25、26、27	25	23	26			27		
	11.3 焊缝连接的构造要求									25	21						
	11.4 紧固件连接计算	25		22	20		21、22、23	21		18	17、22	27			22		
	11.5 紧固件连接的构造要求			23													
12. 节点	12.1 一般规定				21												
	12.2 连接板节点																
	12.3 梁柱连接节点							26			21						
	12.6 支座															20	
	12.7 柱脚																
13. 钢管连接节点	13.1 一般规定		29							19		20	26				
	13.2 构造要求																
	13.3 圆钢管直接焊接节点和局部加劲节点的计算														26、27	28	
14. 钢与混凝土组合梁	14.1 一般规定														28		
	14.2 组合梁连接件的计算														28	26	
	14.3 抗剪连接件的计算							23									
	14.4 挠度计算													27			
	14.7 构造要求																

续表

章	节	2003	2004	2005	2006	2007	2008	2009	2010	2011	2012	2013	2014	2016	2017	2018	2019
16. 疲劳计算及防脆断设计	16.1 一般规定																
	16.2 疲劳计算												23			23	
	16.4 防脆断设计									27							
17. 钢结构抗震性能化设计	17.1 一般规定																26、30
	17.2 计算要点																27、29
	17.3 基本抗震措施																28、30
附录	C 梁的整体稳定系数			29	26						26、27	22			23	19	19
	D 轴心受压构件的稳定系数							22									
	E 柱的计算长度系数					24				20	28		17	24		18	

附表 2　钢结构考题在其他规范、力学分布

规范名称	考题所在章节	2003	2004	2005	2006	2007	2008	2009	2010	2011	2012	2013	2014	2016	2017	2018	2019
《抗规》	8.1 一般规定																
	8.2 计算要点		26							17、22		30	27	26、28、29			
	9.2 单层钢结构厂房										24、25、30	23		21、22、23			
《荷规》	5.4 屋面积灰荷载											17					
	6.1 吊车竖向和水平荷载				16				21								
	6.3 吊车荷载的动力系数				18				18								
	7.1 雪荷载标准值及基本雪压	24											17				

续表

规范名称	考题所在章节	年份														
		2003	2004	2005	2006	2007	2008	2009	2010	2011	2012	2013	2014	2016	2017	2018	2019
《高钢标》	—													30			
《网格规》	—												30				
力学计算	—		16,17,18,22	16,18,19,24,25,26	22,24	18,19,22,23	18	17					22	18			21
等稳定原则	—	28	27		29								28				

附表 3　钢结构历年考题中概念题数、涉及抗震题数

	年份														
	2003年	2004年	2005年	2006年	2007年	2008年	2009年	2010年	2011年	2012年	2013年	2014年	2016年	2017年	2018年	2019年
涉及抗震题数	5	7	4	6	10	3	8	7	10	6	8	8	3	9	0	5
概念题数	2	2	1	3	1	3	2	3	3	3	2	0	2	4	4	4
总题数	14	14	14	14	14	14	14	14	14	14	14	14	14	14	14	14

附表 4　木结构历年考题在《木标》中的分布①

所在章	节	年份														
		2003年	2004年	2005年	2006年	2007年	2008年	2009年	2010年	2011年	2012年	2013年	2014年	2016年	2017年	2018年	2019年
3. 材料			42			43											
4. 基本规定	4.3 强度设计指标和变形值									41,42	41			42			40

---

① 本表中的题号为当年考卷中的题号，下午卷从 41～80 题进行编号。因考题一般会涉及多个条文，所以同一年的考题题号有在多处出现的情况。

续表

所在章	节	年份																
		2003	2004	2005	2006	2007	2008	2009	2010	2011	2012	2013	2014	2016	2017	2018	2019
5. 构件计算	5.1 轴心受拉和轴心受压构件	42		42,43	42		42	42			42	41,42		41	41,42	40	39
	5.2 受弯构件					42			42,43				41			39	
	5.3 拉弯和压弯构件							43									
6. 连接设计	6.1 齿连接		42				43										
	6.2 销连接	43	43		43												
7. 方木原木结构	7.7 支撑												42				